new Jersey
New Port Mall
7-

Quentin Bacon

Sobre los autores

STEVEN PRATT, M.D., oftalmólogo sénior del Scripps Memorial Hospital en La Jolla, California, es un experto reconocido mundialmente en el papel que desempeña la nutrición y el estilo de vida en la prevención de las enfermedades y en el mejoramiento de la salud. Actualmente reside en Del Mar, California.

KATHY MATTHEWS es coautora de varios bestsellers sobre nutrición y salud, entre los que se encuentran: *Medical Makeover* y *Natural Prescriptions*. Reside en Pelham, Nueva York.

Superalimentos Rx

Catorce Alimentos Que le Cambiarán la Vida

STEVEN PRATT, M.D.,

Y KATHY MATTHEWS

Prólogo de Hubert Greenway, M.D., CEO
emérito de la Scripps Clinic

Una rama de HarperCollins*Publishers*

El propósito de este libro es el de constituirse en una fuente de información sobre los efectos que tienen la comida, las vitaminas y los suplementos alimenticios sobre el cuerpo. Está basado en investigaciones y observaciones del autor. La información que contiene no debe ser considerada como un sustituto del consejo del médico personal del lector, o cualquier otro profesional de la salud, a los cuales siempre debe consultárseles antes de empezar una dieta o programa similar de salud.

La información contenida en este libro ha sido investigada cuidadosamente y se han hecho todos los esfuerzos posibles para que su validez se mantenga hasta la fecha de publicación. Los lectores, en particular los que tengan un problema de salud preexistente o que estén tomando algún medicamento, deben consultar con su médico sobre las recomendaciones específicas para el uso de los suplementos y cuál debe ser la dosis pertinente en su caso particular. Tanto el autor como el editor renuncian expresamente a toda responsabilidad por cualquier efecto adverso que surja como consecuencia del uso o aplicación de la información contenida en este libro.

SUPERALIMENTOS RX. Copyright © 2004 por Steven G. Pratt y Kathy Matthews, Inc. Traducción © 2006 por Adriana Delgado. Todos los derechos reservados. Impreso en Estados Unidos de América. Se prohíbe reproducir, almacenar o transmitir cualquier parte de este libro en manera alguna ni por ningún medio sin previo permiso escrito, excepto en el caso de citas cortas para críticas. Para recibir información, diríjase a: HarperCollins Publishers, 10 East 53rd Street, New York, NY 10022.

Los libros de HarperCollins pueden ser adquiridos para uso educacional, comercial o promocional. Para recibir más información, diríjase a: Special Markets Department, HarperCollins Publishers, 10 East 53rd Street, New York, NY 10022.

Diseño del libro por Cassandra J. Pappas

Este libro fue publicado originalmente en inglés en el año 2004 en Estados Unidos por William Morrow, una rama de HarperCollins Publishers.

PRIMERA EDICIÓN RAYO, 2007

Library of Congress ha catalogado la edición en inglés.

ISBN: 978-0-06-118954-8

ISBN -10: 0-06-118954-5

07 08 09 10 11 PA/RRD 10 9 8 7 6 5 4 3 2 1

A la memoria de Alex Szekely

Contenido

PARTE III ■ MENÚS CON LOS SUPERALIMENTOS E INFORMACIÓN NUTRICIONAL

Agradecimientos

Quisiera agradecerle a toda mi familia, a mi esposa Patty, a mis hijos Mike, Ty, Torey y Brian y a la esposa de Mike, Diane, por su tiempo, esfuerzo y paciencia en el transcurso de la realización de este proyecto. Ha sido en verdad un esfuerzo familiar. También quisiera agradecerles a mis compañeros, David Stern y Ray Sphire, quienes creyeron en este proyecto desde el principio e hicieron grandes contribuciones al desarrollo y publicación del libro. Les agradezco a mi paciente y amiga Nancy Stanley por su receta saludable y divertida y a Michelle McHose, compañera de trabajo, por toda su investigación. Les agradezco también a todas las personas de mi oficina, especialmente a Carol Henry y Maurya Hernández, por ayudar a que mi práctica clínica continuara satisfactoriamente mientras estuve ausente de la oficina trabajando en este libro.

Muchas gracias también a mi buen amigo y colega el doctor Hugh Greenway por su visión del libro y por su dedicación y participación en nuestra idea original, la dieta SPF, en la cual seguiremos trabajando a fin de ampliar el conocimiento y los esfuerzos necesarios para su investigación, siempre concentrados en alcanzar la meta de efectuar los cambios en la nutrición y en el estilo de vida para prevenir las enfermedades.

No podemos agradecer lo suficiente al comprometido grupo de personas del Golden Door Spa y del Rancho La Puerta por asumir un proyecto que su líder, Alex Szekeley, creyó que tendría un impacto en la vida y salud de los demás. Deborah Szekeley, fundadora del Rancho La Puerta y del Golden Door, ha sido una fuente de estímulo e inspiración.

Debo agradecerles particularmente a Mary-Elizabeth Gifford, directora de comunicaciones del Rancho La Puerta y de Golden Door, por su apoyo incondicional y generosidad al darnos su tiempo y sabiduría a los integrantes del equipo de *Superalimentos Rx* y a Michel Stroot, chef ejecutivo de Golden Door, quien ha hecho una enorme contribución a nuestro libro, y cuya visión y guía dieron como resultado recetas que han demostrado claramente que uno puede encontrar maneras maravillosas de preparar los ingredientes más saludables en su propia casa. Todo el mundo debería tratar de encontrar la oportunidad de experimentar la comida del chef Michel en su propio ambiente, en el Golden Door y el Rancho La Puerta. Así mismo, trabajó en este proyecto el chef asistente del Golden Door, Dean Rucker. La doctora Wendy Bazilian, Dr. P.H., M.A., R.D., consultora nutricional y dietista registrada del Golden Door, que a pesar de ser una de las personas más ocupadas que conocemos, siempre sacó tiempo para desarrollar y coordinar los ingredientes que hacen parte de las recetas y las directrices nutricionales de *Superalimentos Rx*. Yvonne Nienstadt, directora de nutrición del Rancho La Puerta, y el chef Gonzalo Mendoza contribuyeron con recetas creativas y opiniones agudas para hacer de este libro una experiencia gratificante para sus lectores. Gracias a Mary Goodbody por la prueba experta de las recetas y a Lori Winterstein, dietista registrada, por su gran trabajo al analizar el contenido nutricional de cada uno de los planes de "Diez días de menús".

Gracias al doctor Gary Beecher por su pericia y sus consejos sobre el contenido nutricional de ciertos alimentos y al doctor Joe Vinson por su excelente trabajo al analizar el contenido de polifenol en varios jugos y mermeladas. También agradezco la ayuda y la información que nos dieron el doctor Eric Van Kuijk, su hermano Bas y Jair Haanstra sobre el contenido nutricional del pimiento dulce anaranjado (definitivamente un sabroso alimento cinco estrellas).

Soy muy afortunado de contar con la amistad del doctor Stewart Richer, que compartió conmigo su conocimiento nutricional sin parangón durante los últimos tres años. Quisiera agradecer toda la información e investigación sobre los carotenoides que los doctores Norman Krinsky, Max Snodderly, Billy Wooten y Billy Hammond han compartido tan amablemente conmigo.

Gracias al mejor agente del mundo y ahora gran amigo, Al Lowman. Gracias a Katthy Matthews y Harriet Bell por su dedicación, trabajo duro, amistad y pericia, quienes, sin lugar a dudas, son junto con Al, el mejor equipo con que un autor pueda contar.

Un gran reconocimiento a todo el equipo de HarperCollins: Lisa Gallagher, la gurú del mercadeo; Heather Gould, publicista extraordinaria; Roberto de Vicq de

Cumptich, el magnífico diseñador de la portada; Michael Morrison, nuestro editor y campeón; y Sonia Greenbaum, nuestra intrépida correctora.

—Steven G. Pratt, M.D.

Mi familia demostró una paciencia infinita y una gran dosis de buen humor durante el proceso de preparación de esta obra. También tuvo que alimentarse con docenas de comidas congeladas mientras yo escribía sobre los extraordinarios beneficios de comer alimentos integrales frescos. Agradezco a mi marido Fred y a mis hijos Greg y Ted ¡y les prometo innumerables cenas al mejor estilo de *Superalimentos Rx!*

Steve Pratt ha sido un colega fantástico; el más dedicado, alegre, incansablemente trabajador e increíblemente bien informado e iniciado en todos los temas relacionados con la nutrición. Muchas gracias a él y a su adorable esposa Patty por hacer divertido este proyecto. David Stern, Ray Sphire y Hugh Greenway han sido amigos constantes y entusiastas de este libro y les estoy muy agradecida por su apoyo.

Al Lowman, agente y amigo de muchos años, quien de nuevo ha probado su entereza como estupendo aliado. Él es único.

Harriet Bell, una de las mejores editoras, y todo el equipo de William Morrow han sido en verdad maravillosos; su apoyo, energía, atención meticulosa y entusiasmo han sido una verdadera delicia y les estoy muy agradecida por ello.

Las personas del Rancho La Puerta y del Golden Door son el ingrediente secreto de este libro y lo han convertido en una experiencia muy especial. Ahora entiendo por qué la gente vuelve una y otra vez a ambos *spas*. Les estoy muy agradecida por su hospitalidad, su espíritu de bienestar y su habilidad para convertir una cesta de hojas verdes en una cena memorable y deliciosa. Quisiera agradecerles especialmente a Mary-Elizabeth Gifford por su guía y entusiasmo; al chef Michel Stroot; a las nutricionistas Yvonne Nienstadt y Wendy Bazilian, y a Deborah Szekeley, fundadora del Rancho La Puerta y del Golden Door, quien es una pionera en el arte de encontrar el espíritu de una vida saludable.

—Kathy Matthews

Prólogo

Con el advenimiento de las cadenas de comida rápida y los restaurantes con televisión en la mesa, el hecho de comer verduras frescas y alimentos saludables se había olvidado completamente en la mayor parte de los Estados Unidos. Pero poco a poco está resurgiendo el interés por una alimentación sana, así, están apareciendo tiendas de verduras y en los supermercados se están empezando a vender alimentos orgánicos. *Superalimentos Rx* es el siguiente gran paso en la conexión alimento-salud, y estoy convencido de que la gente está lista para entender que lo que comemos puede actuar como buena o mala "medicina."

Mientras que la mayoría de nosotros está consciente de que lo que escogemos al comer es importante para la salud, muy pocas personas se dan cuenta de que los alimentos pueden *mejorar* la salud. Esta es una buena noticia, porque significa que en lugar de preocuparnos por cuáles alimentos debemos evitar, podemos acoger, por fin, la comida, especialmente los superalimentos, como aliados en la búsqueda de una saludable y larga vida.

Cada vez comprendemos mejor que "somos lo que comemos." Hace poco, el Wall Street Journal publicó artículos con títulos tales como: "Sí, existen algunos pasabocas saludables que sus hijos sí comerán," "A la búsqueda de pasabocas sanos" y "Logos de grandes marcas aparecen en el pasillo de alimentos orgánicos." A los pocos días, el mismo periódico publicó el anuncio de media pagina y a color, de una reconocida compañía de alimentos en el que aparecían unas fotos de algunas frutas y verduras con el siguiente mensaje: "La dieta rica en frutas y verduras puede reducir el riesgo de desarrollar algunos tipos de cáncer y otras enfermedades crónicas (10 de julio, 2003, National Cancer Institute, aprobado por la FDA)."

Superalimentos Rx presenta un concepto emocionante que se basa primordialmente en estudios académicos, investigaciones y ensayos clínicos, llevados a cabo por algunos de los más reconocidos académicos, médicos clínicos e investigadores a nivel mundial. Mi buen amigo Steve Pratt, M.D., ha dedicado muchas horas a la nutrición, como ciencia y a su implementación; este libro es la maravillosa culminación de dichos esfuerzos.

Steve y yo hemos sido colegas en la práctica médica y amigos cercanos por más de veinte años en California. Además de ser especialistas practicantes, también nos interesa el paciente integralmente. Hice mis estudios de especialización en medicina de familia y más tarde me certifiqué en la práctica familiar. Steve también es un profesional de la salud que se interesa por el bienestar general de sus pacientes. Así, la investigación y el tránsito entre el tratamiento y la prevención, y el interés en el paciente como tal han sido una parte importante de nuestra práctica médica. Como ex CEO de la reconocida Scripps Clinic, puedo asegurar que son cada vez más los profesionales de la salud en todas sus especialidades que están volviéndose más conscientes del papel que desempeñan la nutrición y la alimentación en los pacientes y en el proceso de sus enfermedades. Considero que el concepto más importante que subyace como fundamento a la idea de *Superalimentos Rx*, que ciertos alimentos pueden mejorar y fortalecer la salud, será acogido tanto por el público general como por los profesionales de la salud. Ha llegado el gran momento para este libro.

La pirámide del estilo de vida *Superalimentos Rx* es de especial interés para quienes están buscando una vida saludable. No incluye únicamente comida. En dicha pirámide Steve ha incluido ejercicio, manejo del estrés, fe, amistad, risa, ensoñación, sueño y otros elementos importantes que son necesarios para tener una vida sana.

Me siento muy complacido por seguir trabajando con el doctor Pratt en todos los aspectos de la medicina, especialmente en la investigación. Actualmente, estamos trabajando juntos en un estudio sobre cuáles alimentos podrían funcionar como protectores solares naturales en el reino vegetal y cómo esa información podría ayudar en un futuro. Tanto los ojos como la piel constituyen una ventana hacia los aspectos internos del cuerpo, de manera que nuestra investigación es importante por múltiples razones.

El cambio es tanto un reto como una dificultad para todos nosotros. Pensar que de un día para otro vamos a poder incorporar los catorce superalimentos en nuestra rutina diaria puede ser poco realista. Este es mi plan: añadiré un superalimento a mi vida semanalmente en 2004. ¡Llámeme en enero de 2005 y apuesto que estaré y me sentiré más saludable que nunca!

Steve sigue encabezando el propósito de ayudarnos a vivir mejores, más y más productivas vidas con sus investigaciones, liderazgo y su pensamiento de avanzada en medicina nutricional. Espero que *Superalimentos Rx* le ayude a encontrar un futuro mejor y más saludable.

Hubert (Hugh) Greenway, M.D., CEO emérito de la Scripps Clinic y miembro de la Junta Directiva de Mohs Dermatologic Surgery

Introducción

Cada vez que usted se sienta a comer, está tomando una decisión de vida o muerte. ¿Suena aterrador? A primera vista, sí lo es. Pero así es como lo veo yo: usted tiene una oportunidad emocionante, no estaba disponible hace un par de años, de escoger lo que cambiará el curso de su vida y de su salud. En este momento, en su próxima comida, usted está va tomando decisiones que afectarán la manera en que pasará el resto de su vida, así tenga veintidós o setenta y dos años.

Considere este libro como una bifurcación en el camino:

Una vía lleva hacia el estacionamiento frente a una megafarmacia, al espacio reservado para las personas discapacitadas. Usted tiene 68 años y se esfuerza por llegar hasta el fondo de la tienda, en donde el farmaceuta le tiene sus medicamentos listos. Lo saluda alegremente, pues lo conoce bastante bien. Usted está tomando nueve medicamentos prescritos por su médico. En un buen día, puede darle la vuelta a la manzana caminando con su nieto. En un mal día, ve mucha televisión. Llena su cesta con sus medicamentos y otros tantos de venta libre. Menea la cabeza con tristeza mientras escucha decir al anciano que viene detrás de usted en la fila: "La vejez no es para los débiles de corazón, ¿no es cierto?"

1

Existe otra alternativa. Usted se estaciona frente al mercado naturista. Tiene 68 años y acaba de terminar un partido de tenis con un amigo o tal vez de pasar una hora trabajando en su jardín. Toma una cesta y la llena con deliciosas frutas y verduras. Le emociona que los arándanos esten en temporada y se abastece de suficiente espinaca y pimientos dulces. Los tomates todavía no están maduros, pero el brócoli se ve perfecto. Tiene invitados a cenar esa noche en casa, así que también debe parar en la pescadería para comprar salmón silvestre de Alaska. Quizás compre almendras, para hacer ese postre cuya receta lleva días queriendo probar. Se agacha para tomar un pequeño repollo morado y sonríe cuando la cajera le dice: "¡No sé de dónde saca usted tanta energía!"

Realmente es una decisión sencilla: la comida adecuada o los medicamentos de prescripción.

Claro que nadie puede garantizarle con certeza que una vía excluya la otra. Pero existe suficiente evidencia, una parte de ella publicada y la otra reportada en conferencias médicas, acerca del poder que tienen ciertos alimentos y como pueden hacer una diferencia significativa en el riesgo de desarrollar una gran cantidad de enfermedades. Todo esto es fascinante, pues pone las herramientas en sus manos, y en su plato, a fin de cambiar el futuro.

LOS FABULOSOS CATORCE

Este libro se basa en un concepto sencillo: algunos alimentos son mejores que otros para tener buena salud. Suponemos que comer una manzana es mejor que comer una papa frita, pero cuando se trata de escoger entre un par de *pretzels* y algunas nueces del nogal, la decisión no es tan evidente. ¿Sabía usted que comer un puñado de nueces algunas veces a la semana puede reducir el riesgo de sufrir un ataque cardíaco entre un 15% y un 51%, incluso si usted fuma, tiene sobrepeso o nunca hace ejercicio? Así de poderosos son algunos alimentos.

Superalimentos Rx presenta los catorce alimentos energéticos conocidos que pueden prolongar sus períodos de buena salud, aquellas extensiónes de tiempo durante las cuales tiene que estar saludable, vigoroso y vital, así como la extensión de su vida. Se ha comprobado que estos son los alimentos que ayudan a evitar, y algunas veces revertir, los flagelos del envejecimiento, que incluyen las enfermedades cardiovasculares, la diabetes tipo II, la hipertensión, algunos tipos de cáncer y aun la demencia senil.

Puede ser que muchos superalimentos ya hagan parte de su dieta. La mayoría de la gente disfruta del **brócoli**, la **naranja** y hasta la **espinaca**, por ejemplo. Fácilmente, los **arándanos** son el superalimento favorito de todo el mundo, pero solo se comen como pasabocas cuando están en cosecha. Cuando conozca la increíble capacidad que estas y otras bayas tienen para mejorar la salud, estoy seguro de que usted tratará, como yo, de comerlas todos los días. Por ejemplo, hacer un batido con bayas congeladas es una delicia. Algunos alimentos como la **calabaza** y el **pavo** aparecen de vez en cuando en una dieta promedio, pero pronto descubrirá por qué deberían estar presentes con mucha más frecuencia. Otros pueden ser totalmente nuevos para usted, como la **soya** e incluso el **yogur**, pero yo le enseñaré cómo puede disfrutarlos aunque piense que no le gustan.

Las **nueces del nogal** son una sorpresa, puesto que la mayoría de las personas piensa que son de los alimentos que uno debe evitar porque son demasiado grasosos. Pero el poder de las nueces es extraordinario; personalmente, trato de comer todos los días algunas nueces y semillas. Ciertos superalimentos no son sorpresa en lo absoluto, como el **salmón**. El silvestre aporta tantos beneficios a la salud que parece una tontería no comerlo con regularidad.

Es tan fácil incorporar a su dieta algunos de los superalimentos que podrá empezar la mejoría de su estado general en tan poco tiempo como el que le toma hervir agua para preparar el **té** que se tomará mientras lee este libro. Otros requerirán un poco más de planeación. Algunos, como la calabaza o su socio el pimiento dulce anaranjado, deben comerse pocas veces a la semana, mientras que otros, como el yogur, con más frecuencia, incluso en cantidades más pequeñas. Un par de superalimentos cubren una categoría: por ejemplo, usted piensa muy raramente en las **leguminosas**, pero cuando se dé cuenta del poder que tienen unos humildes granos de garbanzo para mejorar su salud, le darán muchas ganas de comerlos con más frecuencia. Y cuando descubra los dones del **tomate**, incluso en forma de *ketchup* o salsa, preferirá comer pizza antes que otros tipos de comida rápida.

Le sorprenderá darse cuenta de que algo tan sencillo como leer la información nutricional puede mejorar drásticamente su nutrición. Por ejemplo, la mayoría de nosotros come pan todos los días y sirve a su familia. Casi siempre creemos que estamos comiendo pan **integral**, pero resulta que no. ¿Sabía que con sólo verificar en la etiqueta del pan que este contenga al menos 3 gramos de fibra usted puede convertir un sándwich común en un sándwich *Superalimentos Rx?*

Por lo general, todos tendemos a perpetuar nuestros hábitos, así solemos comer lo mismo con relativa frecuencia. Para romper con nuestra manera habitual de proceder, necesitamos convencernos de que vale la pena y es fácil hacerlo. Estoy seguro de que cuando lea cada apartado sobre los superalimentos, se convencerá de que se justifica comerlos. Y para que sea fácil, este libro le da una mano en la cocina. Cada capítulo contiene numerosos consejos y sugerencias para ayudarle a escoger y preparar cada superalimento. También he incluido mis recetas caseras, elaboradas por mi esposa Patty, las cuales lo encaminarán por la ruta de superalimentos que lleva a una vida saludable. Además, uno de los mejores chefs de spa de los Estados Unidos, Michel Stroot, que trabaja en el Golden Door, en California, ha tenido carta blanca para desarrollar recetas con los superalimentos. Algunas son rápidas y fáciles, otras son más complejas, pero todas son absolutamente deliciosas y probablemente las más sanas que pueda encontrar.

Para facilitarle aún más las cosas, he elaborado una lista de compras que le servirá de guía para adquirir los mejores productos que ofrecen nuestros mercados. Se consiguen alimentos preparados de excelente calidad y muy sanos, si sabe lo que debe tener en cuenta. Por supuesto que sé que no tenemos tiempo de leer incontables etiquetas y compararlas entre sí, pero no es necesario hacerlo, porque yo lo he hecho por usted. Consulte la lista de compras en la página 303; estará feliz de tener a mano otra herramienta que le ayudará a mejorar su dieta diaria. Mis pacientes adoran esta lista; seguro usted también lo hará.

SENTIRSE DE MARAVILLA

Recuerde que ep propósito de este libro va más allá de la simple prevención de las enfermedades. La verdad es que poca gente está dispuesta a hacer cambios en su estilo de vida con la esperanza de no enfermarse en unas pocas décadas. Pero no solo es el último cuarto o tercio de su vida el que se ve afectado si toma decisiones equivocadas en lo referente a la alimentación: es su vida cotidiana. Una vez que ha sobrepasado los envidiables y vigorosos años de adolescencia, su "reloj de la salud" empieza a contar; aparecen dolores menores, se siente cansado al final de la tarde y no le provoca salir a montar en bicicleta o cualquier actividad que requiera esfuerzo físico, nota que la piel va perdiendo su lozanía. En algunos casos, estos síntomas menores, que son fáciles de pasar por alto, son advertencias tempranas de lo que puede convertirse en dolencias crónicas futuras.

Con frecuencia les digo a mis pacientes: "Quisiera que se sintiera como me siento yo". No alardeo, solo pretendo animarlos para que cambien sus hábitos alimenticios, porque sé que una vez que empiecen a sentirse mejor, ese será todo el estímulo que necesitarán para que dichos cambios se tornen costumbre.

A mucha gente le cuesta creer que puede estar desarrollando alguna enfermedad mientras se sientan bien y tengan hábitos de salud relativamente buenos. Desafortunadamente, si esto fuera cierto, no se presentaría la cantidad de enfermedades crónicas y graves que vemos hoy.

Haga esta pequeña prueba: mírese los ojos en un espejo de aumento, especialmente la parte blanca a la izquierda o a la derecha del iris (la parte de color). ¿Tiene una coloración amarillenta? Esta lesión, que a veces también puede verse como un conjunto de manchitas amarillas, se llama pinguécula. Es una especie de callosidad que se desarrolla en la membrana mucosa que cubre el ojo por la exposición a contaminantes y, particularmente, a los rayos ultravioleta. Puede ser que usted también descubra que tiene un anillo amarillo alrededor de la parte periférica de la córnea (la parte del frente del ojo que es clara); este es síntoma de que puede tener un alto nivel de colesterol, así que debe hacerse un examen de sangre para verificarlo. Si usted tiene uno o ambos síntomas, su cuerpo le está advirtiendo que su dieta y su entorno están afectando su sistema inmunológico y, por consiguiente, su salud.

Los alimentos (los alimentos adecuados) de hecho pueden cambiar su bioquímica. Tienen la capacidad de ayudarle a detener el daño a nivel celular que causa enfermedades. Justamente, el objetivo de *Superalimentos Rx* es ayudarlo a que detenga el aumento de los cambios en su cuerpo que producen enfermedades o que hacen que su sistema no funcione correctamente. Su esfuerzo se verá recompensado por el placentero efecto de sentirse mejor, tener más energía, se verse mejor y poder aprovechar todo lo que le ofrece la vida con mucho más optimismo.

EL ORIGEN DE LOS SUPERALIMENTOS

Mi mamá me transmitió el concepto de nutrición óptima. No me ofrecía alternativa alguna: tenía que comerme la corteza del pan (hoy en día se sabe que es lo más saludable) y la parte blanca de la cáscara de la naranja, también me servía ensalada todos los días y en nuestro refrigerador siempre teníamos un pote de germen de trigo. Mi mamá era una devota seguidora de los primeros nutricionistas, como Adele Davis. Cuando era un niño me resistía un poco, pero cuando crecí y me convertí en atleta y médico, me di cuenta de que tenía razón.

Cómo He Incluido los Superalimentos en Mi Dieta Diaria

Siempre he seguido una versión de la dieta de los superalimentos, que actualizo a medida que aprendo cosas novedosas y se publican nuevos reportes de investigaciones sobre nutrición. Quienes trabajan en este tipo de estudios por lo general hacen cambios en su propia vida de acuerdo con lo que descubren. Por ejemplo, las personas que hicieron para mí los análisis de varios jugos de fruta me informaron que después de saber la cantidad de antioxidantes que tenían algunos, se dieron cuenta de que vale la pena tomarlos con frecuencia. Creo que a usted le parecerá interesante conocer algunos cambios que he hecho en mi propia dieta al trabajar el concepto de los superalimentos:

- Siempre tengo en mi refrigerador varios tipos de nueces y semillas guardados por separado, tales como almendras, semillas de girasol, nueces del nogal, maní tostado, pistachos y semillas de calabaza. Todos los días me como un puñado de al menos dos nueces o de dos semillas diferentes.

- Casi todos los días bebo un jugo Odwalla C Monster. Lo hago despacio y durante el día, en lugar de tomarlo de una sola vez, para mantener así mis niveles de vitamina C altos todo el tiempo.

- A mis tostadas les pongo bastante conserva de mora de Knott's o mermelada orgánica de arándano de Trader Joe's. Mis hijos solían burlarse de mí por la cantidad que les pongo, pero ahora tengo la prueba científica de que siempre ha sido una buena idea.

- Tomo mucho té verde y té negro. Cuando ceno fuera de casa, siempre tomo té helado, especialmente si el restaurante prepara su propio té, en lugar de usar el instantáneo. Siempre le exprimo un poco de limón fresco.

- En casa, usualmente con la cena o el almuerzo, bebo cinco onzas de jugo de uva concord 100% sin filtrar de Trader Joe's o jugo de granada en agua con gas.

- Casi todos los días me como una taza de bayas.

- Pongo un poco de semillas de linaza molidas en mi cereal.

- The SuperFoods Rx Salad (page 232) is a daily must.

- Siempre verifico en las etiquetas de los alimentos su contenido de sodio.

Como atleta, siempre he estado muy consciente de que la nutrición afecta el desempeño. Cuando competía, tenía claro que lo que comía afectaba mi capacidad de hacerlo. Poco a poco, me fui interesando en la manera como los alimentos afectan el desempeño a nivel bioquímico: ¿qué es lo que hace que algunos alimentos sean especialmente benéficos?

Como oftalmólogo y cirujano plástico y reconstructivo, me encontré trabajando en un área de la medicina que trata las partes del cuerpo que manifiestan las primeras señales de envejecimiento y de enfermedad: los ojos y la piel. Usted no puede ver que sus arterias se están obstruyendo, pero sí puede experimentar pérdida de claridad visual o ver manchas amarillas en sus ojos. También puede notar cómo su piel pierde elasticidad o empieza a mancharse.

La salud de la piel y de los ojos y la salud general están íntimamente relacionadas. Así, si le diagnostican degeneración de la mácula o cataratas, usted tiene un riego altísimo de desarrollar problemas cardiovasculares. Lo mismo pasa con el cáncer de piel. Si a usted le da este tipo de cáncer antes de los sesenta años, sus probabilidades de morir de cáncer de colon, de seno, de próstata o de leucemia se aumentan entre un 20% y un 30%.

Mi práctica en la red Scripps de clínicas y hospitales en San Diego, California, me proveyó de gran cantidad de material clínico. La mayoría de los centros de investigación tiene dificultades al buscar pacientes. Muchos investigadores no practican la medicina clínica: como no trabajan con pacientes, no tienen la oportunidad de ver los resultados reales. Además de ejercer la práctica clínica, soy investigador. Puedo recurrir a mi práctica clínica para estudiar lo que desee. El sistema de salud de Scripps es reconocido mundialmente y tenemos una excelente base de pacientes. Además, estoy rodeado de investigadores de punta en varias áreas, a los que puedo recurrir en cuestión de minutos cuando tengo una pregunta o necesito clarificar algún concepto de bioquímica o medicina. La combinación de expertos de primera categoría, una biblioteca de clase mundial y las facilidades de investigación que ofrece la Universidad de California en San Diego, en la que soy miembro de la Facultad de Enseñanza Clínica, ha sido una magnífica ventaja para mi trabajo. Me ha permitido el acceso a los últimos avances en terapia nutricional.

Es una suerte para mí que todos estos intereses, la nutrición, la salud de los ojos y la piel y la medicina preventiva, hubieran encajado tan bien. Muy rápidamente entendí, gracias tanto a la investigación como a mi práctica con pacientes, que las conexiones entre los alimentos y nutrientes específicos y la salud son inevitables.

También me di cuenta de que a pesar de su interés por conocer este tipo de información, el público presentaba dificultades a la hora de encontrar recomendaciones nutricionales sencillas y seguras. La sed de conocimiento de la gente sobre este tema, ha sido, irónicamente, parte del problema; siempre está ansiosa de enterarse de los últimos avances. Y lo nuevo sobre nutrición aparece en los diarios, pero, infortunadamente, por lo general esta información no está traducida en recomendaciones empáticas y prácticas. Así, la gente se desanima ante los datos contradictorios y piensa que no tiene sentido cambiar sus hábitos cuando hoy le dicen que tiene que comer algo que mañana le dirán que le hace daño.

En este libro he recogido lo mejor de lo que se sabe sobre los alimentos que se consiguen en el supermercado, para mostrarle cómo puede desarrollar una dieta óptima. *Superalimentos Rx* le ayudará a afinarla para que saque el mayor beneficio de los alimentos buenos que ya ingiere, mientras incluye otros que son poderosos promotores de salud. De tal manera podrá ampliar los efectos benéficos generales. Este libro es el mapa que lo guiará hacia un futuro mejor y más saludable.

PARTE I

Superalimentos Rx: Lo Fundamental

Cómo lo Está
Matando Su Dieta

Los alimentos que usted come todos los días, desde la comida rápida que engulle sin pensar hasta el delicioso platillo que saborea en un restaurante elegante, hacen mucho más por usted que solo engordarlo o adelgazarlo. Los efectos en su cuerpo hacen la diferencia entre desarrollar una enfermedad crónica y tener una larga y vigorosa vida. Los alimentos pueden prevenir o reducir en gran medida el riesgo de sufrir problemas de visión, apoplejías, enfermedades cardiovasculares, diabetes y una serie de posibles causas de muerte. Estas no son promesas vagas: son hechos que hoy día están comprobados y tienen su fundamentación en una gran cantidad de investigaciones con resultados impresionantes e irrefutables.

La mayoría de los investigadores más prestigiosos del mundo están de acuerdo en que *por lo menos* un 30% de todos los cánceres están directamente relacionados con la nutrición. Algunos argumentan que la proporción es más alta: del 70%. Por ejemplo, hoy sabemos que las personas que comen una gran cantidad de frutas y verduras tienen la mitad de probabilidades de desarrollar un cáncer que aquellas que las consumen en menor proporción.

No solo el cáncer está relacionado con la nutrición: casi a la mitad de las enfermedades cardiovasculares y a un alto porcentaje de casos de hipertensión se les puede identificar una conexión con la dieta. En el Nurses' Health Study (un estudio con más de 120.000 enfermeras que aún se lleva a cabo y que tuvo su origen en Framingham, Massachusetts, en 1976) se ha visto que las mujeres que no fuman y que tienen una ingesta media diaria de 2,7 porciones de granos integrales, tienen la mitad de probabilidades de sufrir una apoplejía que el resto de las mujeres del estudio. Teniendo esto en cuenta, es particularmente preocupante saber que menos del 8% de los norteamericanos, mujeres y hombres, ingieren esta cantidad de granos integrales.

Entonces, es un hecho que la mayoría de nosotros comemos para morir: solo el 10% de los norteamericanos come los alimentos debidos para mantener alejadas a las enfermedades crónicas y a la muerte prematura.

Nuestra dieta occidental literalmente nos está matando. Mientras el hombre desarrolló una alimentación basada en plantas hace más de cincuenta mil años, nuestra dieta moderna, la nuestra y la de nuestros padres, se ha desarrollado solamente durante los últimos cincuenta u ochenta años y no es eficiente. Los humanos estamos programados genéticamente para la inanición, no para la sobreabundancia de alimentos; nuestros genes están programados para el modo cazar-recolectar y para seguir una alimentación rica en frutas, verduras, granos integrales, nueces y semillas y animales magros, no la mayoría de alimentos y bebidas que conseguimos hoy en dia en los supermercados.

Se ha estimado que entre 300.000 y 800.000 muertes al año en los Estados Unidos que hubieran podido prevenirse, están relacionadas con la nutrición; en estas cifras están incluidas aquellas causadas por aterosclerosis, diabetes y algunos tipos de cáncer.

A continuación presento once desastrosas modalidades nuevas que se han adoptado en los hábitos alimenticios y que rigen su salud y la de la mayoría de las personas en las sociedades industrializadas modernas:

1. Aumento en el tamaño de las porciones.

2. Reducción de la cantidad de energía que se usa: la gente no hace suficiente ejercicio.

3. Desequilibrio entre las grasas que se ingieren: aumento en la ingesta de grasas saturadas, ácidos grasos omega 6 y ácidos transgrasos, junto con una enorme disminución de la ingesta de ácidos grasos omega 3.

4. Incremento en el consumo de cereales procesados.

5. Disminución general en la ingesta de frutas y verduras según los estándares históricos.

6. Disminución en el consumo de carne magra y pescado.

7. Disminución en la ingesta de antioxidantes y calcio (especialmente de alimentos integrales).

8. Una proporción poco saludable entre la ingesta de ácidos grasos omega 6 y omega 3, situación que está directamente relacionada con una larga lista de enfermedades crónicas.

9. Gran aumento del consumo de azúcares refinadas como porcentaje general de la ingesta de calorías.

10. Disminución del consumo de alimentos integrales, lo que ha desembocado en una marcada disminución en la ingesta de fitonutrientes.

11. Disminución en la variedad de alimentos que se comen.

Pocas personas, incluyendo profesionales de la salud, están conscientes del gran deterioro del estado de nuestra salud en los últimos tiempos. Más de 125 millones de norteamericanos tienen por lo menos una enfermedad crónica como diabetes, cáncer, enfermedades cardiovasculares o glaucoma. Los Centers for Disease Control estiman que un tercio de los norteamericanos que nacieron en el 2000 desarrollarán diabetes en el curso de su vida. Sesenta millones de norteamericanos tienen más de una enfermedad. La situación empeora cada día. En 1996, los estimados se calculaban proyectando la proporción de enfermedades crónicas en el futuro.

Cuatro años después, en el 2000, las personas con dolencias crónicas eran 20 millones por encima de lo que se había anticipado. Para el año 2020, se proyecta que una cuarta parte de los norteamericanos tendrá múltiples enfermedades crónicas y el costo estimado para lidiar con esta situación es de 1.07 trillones de dólares.

La parte más impresionante de este panorama desalentador de la salud norteamericana es que está disminuyendo la edad para ser un enfermo crónico. Casi la mitad de este tipo de enfermos tiene menos de cuarenta y cinco años. Sorprendentemente, el 15% de ese número son niños que sufren de diabetes, asma, discapacidades en el desarrollo, cáncer y otros trastornos.

Como médico, veo todos los días las imperfecciones del cuerpo como sistema. La suposición silenciosa general es que se puede comer lo que sea y luego contar con una pastilla o una cirugía que compense el problema. Para muchos de nosotros, la única preocupación con relación a la dieta, si es que algo nos preocupa, es el control del peso.

En la primavera del 2003, al reconocer por primera vez la crisis en el cuidado de la salud de los niños, la American Heart Association estableció algunos parámetros a la hora de examinar a los niños. Algunos de ellos son:

- Medir la presión sanguínea a todos los niños mayores de tres años en cada consulta.
- Hablarles a los niños sobre las ventajas de no fumar a partir de los nueve años.
- Medirles los niveles de colesterol y de grasas en la sangre a los niños con sobrepeso o que estén en riesgo.
- Verificar los antecedentes familiares en lo referente a enfermedades cardiovasculares.

Dos de cada tres adultos norteamericanos son obesos o tienen sobrepeso, en comparación con menos de uno de cada cuatro a principios de la década de los sesenta. La obesidad es la causa de muerte de 280.000 personas al año en los Estados Unidos.

¿Cuál es la respuesta? Claramente, tenemos que intentar hacer las cosas mejor si queremos tener una vida más larga y saludable. En términos simples, es necesario trabajar con un sistema: nuestro cuerpo, que está preparado para triunfar en épocas de hambruna y gran exigencia de gasto de energía y que se adapta a niveles mucho menores de actividad en un mundo en el que hay exceso de alimentos. En otras palabras: *necesitamos obtener la mayor nutrición posible de una menor cantidad de calorías.* Esto solo es posible si escogemos alimentos que tengan más nutrientes y menos calorías para que ello llegue a constituir el eje central de nuestra dieta diaria. *Superalimentos Rx* le mostrará lo fácil que es hacelo.

Micronutrientes:
La Clave para Tener
una Supersalud

¿Sabía que una "dieta sana" incluye frutas, verduras, poca grasa y proteína magra? Esto está muy bien, pero teniendo en cuenta todo lo que sabemos hoy sobre el valor nutricional relativo de los alimentos, estas vagas pautas son sólo una parte del panorama completo. Muchas personas que creen que hacen una "buena" dieta se sorprenderían al descubrir lo pobre que es su estado nutricional. Es una paradoja que quienes comen de más con frecuencia tengan deficiencias nutricionales. Muchas personas, incluso las que siguen una "dieta sana", tienen deficiencias en los nutrientes que contribuyen a prevenir las enfermedades.

Este libro se basa en la premisa de que debemos desarrollar un conocimiento más acertado de los elementos que conforman la dieta (los macronutrientes de la grasa, los carbohidratos y las proteínas) para luego considerar los micronutrientes de los alimentos. No todos los alimentos son iguales. Estamos familiarizados con la idea de que algunas proteínas son mejores que otras; así, es preferible comer róbalo que chuletas de cerdo. Muchos sabemos también que es mejor comer productos lácteos bajos en grasa que enteros, pero la idea de que una verdura o fruta puede ser mejor que otra es totalmente nueva. Tan sólo ahora somos capaces de hacer este tipo de distinciones, porque antes no era posible examinar los micronutrientes de las frutas y de las verduras. Ya que por fin lo podemos hacer, tenemos la capacidad de valorar cuáles tienen más cualidades para contribuir a la salud.

Los micronutrientes incluyen dos categorías que nos son familiares: vitaminas y minerales. Pero la más soprendente y de la que con seguridad oirá hablar más en el futuro es la de los fitonutrientes. Los fitonutrientes ("fito" se deriva de la palabra griega que designa a las plantas) son sustancias que se forman naturalmente y que son poderosos promotores de la salud humana. *Superalimentos Rx* brinda información específica sobre los fitonutrientes y sus efectos sobre su salud y la energía diaria que proporcionan.

LE PRESENTO A LOS FITONUTRIENTES

Los fitonutrientes son componentes no vitamínicos ni minerales de los alimentos que aportan fantásticos beneficios a la salud. Literalmente, existen miles de ellos en lo que comemos, desde una taza de té hasta un puñado de palomitas de maíz. Algunos ayudan en la comunicación entre las células del cuerpo; otros tienen propiedades antiinflamatorias; algunos más ayudan a prevenir las mutaciones celulares. Otros previenen la proliferación de las células cancerígenas, mientras algunos cumplen funciones que apenas estamos empezando a comprender. Muchos otros aún están por descubrirse.

A continuación mencionaré tan sólo tres tipos de fitonutrientes benéficos:

Los *polifenoles* actúan como antioxidantes, tienen propiedades antiinflamatorias y son antialergénicos, entre otras cualidades beneficiosas para la salud. El té, las nueces y las bayas son alimentos que contienen polifenoles.

Los *carotenoides* son los pigmentos que se encuentran en las frutas y verduras rojas y amarillas (tomate, calabaza, zanahoria, albaricoque, mango y batata, entre otras). Conforman una categoría importante que incluye el betacaroteno, la luteína y el licopeno. Estos nutrientes funcionan como antioxidantes, nos protegen del cáncer y nos ayudan a resistir los embates del envejecimiento.

Los **fitoestrógenos**, literalmente "estrógenos de las plantas", son químicos que se producen naturalmente y se encuentran en los alimentos que contienen soya, al igual que en el trigo integral, las semillas, los granos y en algunas frutas y verduras. Desempeñan un papel importante en cánceres que están relacionados con las hormonas, tales como el de próstata y el de seno.

¿CÓMO PUEDEN LOS MICRONUTRIENTES PROLONGAR LA VIDA?

Su cuerpo es un sistema complejo e interrelacionado que tiene una gran capacidad de recuperación. Sin embargo, con el pasar de los años, los pequeños eslabones de la cadena de la cual depende su salud empiezan a deteriorarse. Los micronutrientes que contienen los alimentos integrales proveen los refuerzos necesarios para retardar dicho deterioro. Una de sus funciones más importantes en la labor de mantener en buen estado su salud es su desempeño como poderosos antioxidantes. Igual que una bicicleta olvidada en el fondo del garaje empieza a oxidarse con el tiempo, nuestro cuerpo se oxida a nivel celular. Esta oxidación produce problemas de salud tanto en el corto como en el largo plazo. Los antioxidantes protegen el cuerpo de la oxidación. Hasta ahora, los más investigados y que han llamado más la atención incluyen las vitaminas C y E, el betacaroteno y minerales como el selenio. Usted mismo puede comprobar la acción antioxidante de la vitamina C en su propia cocina: si corta una rebanada de manzana se dará cuenta de que al poco rato empieza a tornarse café, pero si la embadurna con jugo de limón (que contiene gran cantidad de vitamina C), esta mantendrá su color original por más tiempo. La vitamina C lentifica el proceso de oxidación. La lista de nutrientes antioxidantes crece casi a diario.

A continuación haré un breve resumen que explica cómo los antioxidantes nos ayudan a mantener nuestra salud en buen estado.

Nuestro cuerpo es una máquina generadora de calor que depende del oxígeno para llevar a cabo las funciones metabólicas básicas. Uno de los subproductos de este uso del oxígeno, u "oxidación," es que las moléculas de oxígeno se transforman en lo que se conoce como "radicales libres." El propio sistema metabólico del cuerpo genera los radicales libres; además, el ambiente está lleno de ellos en forma de humo de cigarrillo, contaminación, algunos alimentos y químicos. Incluso el agua que bebe y el sol que entibia su rostro en una mañana de abril están creando radicales libres.

A estos radicales libres, que están proliferando constantemente en nuestro cuerpo, les hace falta un electrón, lo que los hace bastante inestables. Al tratar de recuperar aquello que les hace falta, buscan su reemplazo en las moléculas de cualquier célula que esté cerca y que puedan atacar. A veces el objetivo es una molécula de ADN; en ocasiones, enzimas; otras pueden ser proteínas importantes de células cercanas, y, algunas otras atacan la propia membrana celular. Se estima que cada célula experimenta diez mil ataques de radicales libres cada día.

Claramente, ningún ser vivo puede sobrevivir mucho tiempo sin un sistema poderoso de defensa contra los radicales libres. Los antioxidantes son los soldados de infantería en la batalla por desarmar a los radicales libres que tenemos dentro del cuerpo. Los neutralizan y, en efecto, minimizan su amenaza al darles un electrón en un esfuerzo por estabilizarlos. Cuando están estables, los radicales libres ya no son un peligro para la salud celular.

Nuestro cuerpo produce muchos antioxidantes por su cuenta, pero los de los alimentos desempeñan un papel primordial en la labor de mantener los radicales libres a raya. De hecho, fueron los antioxidantes de los alimentos los que inspiraron la creencia, alguna vez impactante, pero hoy común dentro de la comunidad médica, de que algunos alimentos promueven la salud más allá del simple efecto de alimentar el cuerpo.

Hoy, los científicos creen que una de las claves para tener una buena salud a largo plazo es combatir eficientemente a los radicales libres y el daño que causan. En otras palabras, ahora sabemos que no sólo la genética y los avances médicos son responsables de nuestra longevidad y nuestra capacidad de evitar desarrollar enfermedades crónicas. Depende de la habilidad del cuerpo para combatir los radicales libres. La actividad sin control de estos radicales está asociada con enfermedades del corazón, diabetes, artritis, problemas de visión, Alzheimer y envejecimiento prematuro.

La idea de que el cuerpo se beneficia inmensamente de una constante infusión de fitonutrientes, así como de todos los macro y micronutrientes, es una de las piedras angulares de *Superalimentos Rx*, de manera que identificar las fuentes más ricas de micronutrientes en los alimentos es una de sus características básicas.

Los Cuatro Principios de *Superalimentos Rx*

Este libro presenta una idea muy simple que se basa en un grupo de principios importantes. Entender estos principios le ayudará a cambiar el enfoque de su dieta y, por consiguiente, a mejorar su salud en el corto y largo plazo.

PRIMER PRINCIPIO: *SUPERALIMENTOS RX* ES LA "MEJOR DIETA DEL MUNDO"

Las dos primeras preguntas que la gente suele hacerse con respecto a la dieta *Superalimentos Rx* son: ¿Qué hace que un alimento sea mejor que otro? ¿Cómo se escogen los alimentos?

Como se imaginará, escoger un alimento en lugar de otro no es tarea fácil. El principio guía es cuál alimento, dentro de una categoría particular, tiene mayores propiedades para mejorar la salud con respecto a sus compañeros. También es necesario considerar cuáles alimentos tienen la densidad nutricional deseada, en otras palabras, los nutrientes que se sabe que son benéficos y que tienen menos propiedades negativas, como la grasa saturada y el sodio.

Los sofisticados computadores con que contamos hoy día les permiten a los investigadores determinar cuál grupo humano es más saludable y tiene mayores expectativas de vida. Estos estudios epidemiológicos también nos han permitido descubrir los alimentos particulares que comen los grupos humanos que son saludables. Algunos aparecen una y otra vez cuando se examina la dieta de las personas más sanas del mundo. Por ejemplo, la dieta griega tradicional, anterior a 1960, incluyendo la dieta tradicional de Creta, es una de las más saludables. Al mejor estilo mediterráneo, se basa en verduras y cuenta con una serie de sustancias protectoras contenidas en los alimentos más populares, como son selenio, glutatión y resveratrol; tiene una buena proporción entre los ácidos grasos esenciales (omega 3 a omega 6); grandes cantidades de fibra, folato, antioxidantes y vitaminas C y E. Por otro lado, seguramente ha oído hablar de la dieta de Okinawa, que también es reconocida por ser muy saludable. (Okinawa cuenta con el mayor número de personas de cien años y más, en comparación con cualquier otro lugar del mundo.) Entonces, para seleccionar los alimentos que hacen parte de la dieta *Superalimentos Rx*, estudié todas esas dietas junto con otros patrones nutricionales saludables y así logré identificar cuáles eran los alimentos que eran recurrentes en todas ellas.

Por otra parte, en un esfuerzo por descubrir a cuáles alimentos se les ha comprobado que son los mejores promotores de la salud, también estudié muchas bases de datos prestigiosas y conjuntos de recomendaciones, incluyendo los de la American Heart Association, American Cancer Society, National Cancer Institute, entre otros. Estas instituciones tienen definidas muy específicamente sus recomendaciones, que están basadas en incontables estudios sobre lo que constituye una dieta saludable. La USDA (Departamento de Agricultura de los Estados Unidos) cuenta con información bastante útil. Existe una medida llamada el puntaje ORAC, con el cual se le mide a cada alimento su capacidad de absorber el oxígeno radical, o qué tan bien actúa como antioxidante, y según esta medida se clasifica dentro del grupo. La espinaca y la col son las dos verduras con mayor puntaje ORAC. Por supuesto, esta información es importante, pero no lo es todo. El puntaje ORAC, por ejemplo, no mide la cantidad de fibra, aunque nos proporciona un punto de partida. Existen muchos cuadros que muestran la cantidad relativa de nutrientes de los alimentos. En todos los casos, he tratado de usar la información más exacta y actualizada.

He acudido a los propios investigadores y asistido a muchas de sus conferencias en las cuales he tenido la oportunidad de discutir los últimos descubrimientos en materia de nutrición con las personas que están a la cabeza de este tipo de investigaciones. Es increíblemente emocionante asistir a la lectura de un ensayo que reporta por primera vez algún nuevo hallazgo que hará que cambie la manera en que la gente considera la comida. La información fascinante que ha surgido sobre las grasas está llamando la atención cada día más y con frecuencia se discute en estas conferencias. En este punto estamos en una crisis doble, puesto que comemos demasiada grasa y la del tipo equivocado. La grasa buena es esencial para la vida, como se verá en el capítulo sobre el salmón silvestre (p. 163).

Habría sido imposible hacer esta investigación hace unos pocos años, puesto que mucha de la información a la que tengo acceso ahora es prácticamente nueva. En primera instancia, contraté a un renombrado científico para que hiciera los análisis para mí. Por ejemplo, nunca antes se había publicado la cantidad de polifenol que hay en los jugos de fruta y mermeladas de marcas reconocidas que se consiguen en el supermercado. En el capítulo sobre los arándanos podrá apreciar lo impresionantes que son algunos jugos (¡y lo muy poco que son otros!). ¡El fin último de *Superalimentos Rx* es guiarlo para que identifique lo mejor, compre lo mejor y coma lo mejor!

SEGUNDO PRINCIPIO: LOS SUPERALIMENTOS SON INTEGRALES

Este es un principio muy importante. No me opongo para nada a los suplementos; de hecho, yo tomo algunos, pero una de las cosas que debe aprender de *Superalimentos Rx* es que los alimentos integrales deben ser el centro de su dieta y que no puede sencillamente confiar en que los suplementos que toma, compensarán las deficiencias.

Los alimentos integrales son la solución; pero, ¿qué son? Mientras siempre habrá algún tipo de desacuerdo en cuanto a la definición precisa del término, en general se puede decir que los alimentos integrales son aquellos que no han sido procesados o, que si lo han sido, es en muy poca medida, así que todavía conservan todas sus características nutricionales;

por ejemplo, los tomates en lata son un alimento procesado que ha perdido parte de su contenido de vitamina C en el proceso. Sin embargo, dicho proceso también ha condensado el resto de sus nutrientes, por lo cual se ha incrementado su valor nutricional. Así las cosas, en cuanto a los tomates en lata, la dieta *Superalimentos Rx* los considera un alimento integral.

El estudio de los fitonutrientes es una ciencia naciente. La cantidad óptima y segura que uno debe tomar de ellos no ha sido establecida aún. Así que sólo nos queda recibirlos de manera segura y satisfactoria por medio de los alimentos integrales que comemos. Una vez más, es la sinergia lo que más importa. No es sólo un fitonutriente en un alimento el que hace la diferencia; al parecer la fibra, las vitaminas, los minerales y otras sustancias en ese alimento también refuerzan y regulan la acción de los fitoquímicos.

¿Y los Alimentos Orgánicos?

No hay duda de que los alimentos orgánicos son mejores para el medio ambiente y, por tanto, para todos los seres vivientes (incluidos nosotros), porque reducen la amenaza de los pesticidas. ¿Pero son mejores desde el punto de vista nutricional? Esta es todavía una historia en construcción. Existe evidencia preliminar, y bastante polémica, que sugiere que los alimentos cultivados orgánicamente, en particular algunas frutas y verduras, pueden contener más vitamina C, minerales y polifenoles que los alimentos cultivados convencionalmente. Sin embargo, aún no existe evidencia que confirme esta creencia. Hasta que no se lleven a cabo estudios de mayor envergadura que confirmen esta información preliminar, el único beneficio definitivo de los alimentos orgánicos (y que yo creo que es importante) es para el medio ambiente.

Los alimentos integrales son complejos. Contienen compuestos aún sin identificar que pueden pontenciar los efectos de los fitonutrientes que sí están identificados. Una gran cantidad de estudios humanos y de investigaciones llevadas a cabo en laboratorios sugiere que estos fitonutrientes trabajan mejor en compañía. Es más, así como los fitonutrientes en un alimento particular se unen para combatir las enfermedades y fortalecer la sensación de bienestar, los fitonutrientes trabajan conjuntamente en una gran variedad de alimentos para promover la buena salud.

Mientras que muchos estudios se han concentrado en el betacaroteno, por ejemplo, existe todavía cierta incertidumbre en cuanto a que si el beneficio asociado con ese carotenoide se debe en verdad a la acción del betacaroteno o si se debe más bien a uno o más de los otros carotenoides que se encuentran en nuestros alimentos. Muy seguramente las respuestas se encuentran en el efecto sinérgico de múltiples carotenoides que trabajan conjuntamente o en algún compuesto que todavía no ha sido identificado. Hasta que todos los interrogantes sean aclarados, lo que seguramente no sucederá en el futuro cercano, la manera más segura y eficaz de beneficiarse de la recompensa de los nutrientes de la naturaleza en su forma calibrada exactamente es comer alimentos integrales.

Casi el 25% de la población es "sensible a la sal", lo que significa que su cuerpo es particularmente sensible al sodio en la comida; esto puede producir hipertensión. Todas las personas tienden a volverse más sensibles a la sal a medida que envejecen. Le recomiendo que trate de evitar en lo posible ponerle sal a lo que come o comer cosas a las que les ha agregado sal. Lea las etiquetas de los alimentos y evite los productos altos en sodio. Recuerde: usted puede ponerle sal a la comida casera si quiere, pues es preferible que sea usted mismo quien controle su cantidad.

TERCER PRINCIPIO: *SUPERALIMENTOS RX* ES IGUAL A SINERGIA

Hoy en día conocemos bastante acerca de la enorme cantidad de micronutrientes que tienen varios alimentos, pero, aun así, sólo tenemos una parte del panorama global. Sabemos que la sinergia alimenticia es vital para la salud. Tal sinergia se refiere a la interacción de dos o más nutrientes y otras sustancias saludables en los alimentos que trabajan conjuntamente para lograr un efecto que cada uno por separado no puede lograr. Por ejemplo, el poder de las nueces de prevenir enfermedades cardiovasculares es mucho mayor de lo que uno podría pensar si observara los nutrientes que contienen por separado. Los nutrientes funcionan en una relación calibrada exactamente, que es el tipo de relación que la naturaleza ha creado para que los nutrientes se puedan obtener en la comida. Por lo demás, existen miles de químicos en la comida y los investigadores han identificado tan solo una fracción. Sin duda, con todos estos químicos, la interacción que se lleva a cabo no es totalmente comprensible para la ciencia. No se puede tomar un atajo en el camino hacia la buena nutrición: se debe confiar en los alimentos integrales.

Aún no tenemos una visión completa de los alimentos ni cómo se comportan dentro del cuerpo. Recuerde que algunos alimentos han llamado más la atención que otros, rázon por la cual han sido más investigados y, así, tenemos más información sobre ellos. Lo que no sabemos con precisión es cómo todos los nutrientes en un alimento particular trabajan juntos para mejorar la salud. Algunas veces sabemos el resultado; por ejemplo, un nivel alto de luteína en la mácula puede predecir una buena salud visual. Sin embargo, no estamos seguros de cuáles otras sustancias están trabajando junto con la luteína para lograr tener una buena visión por toda una vida.

La espinaca es un buen ejemplo de la sinergia de múltiples nutrientes; es un alimento único que la mayoría de estudios epidemiológicos asocian con los menores niveles de cáncer, enfermedades del corazón, cataratas y degeneración de la mácula. Es claro que cuanta más espinaca se coma, existen menos probabilidades de desarrollar dichas enfermedades. Tiene sentido pensar que si se pudiera inventar una pastilla que contuviera las mismas sustancias de la espinaca, se tendría una poderosa arma contra el cáncer. En un esfuerzo por realizarlo, los investigadores han tratado de analizar la espinaca para constatar qué es lo que la hace tan eficaz. Esto es lo que han descubierto: la espinaca contiene una cantidad sorprendente de micronutrientes, incluyendo luteína, zeaxantina, betacaroteno, ácidos grasos omega 3 derivados de plantas (sólo muy pocas verduras contienen estos ácidos grasos), los antioxidantes glutatión, ácido alfalipoico (la espinaca es la mejor fuente alimenticia de este increíblemente poderoso antioxidante), vitaminas C y E, polifenoles, coenzima Q10, tiamina, riboflavina, vitamina B6, folato, vitamina K, y los minerales calcio, hierro, magnesio, manganeso y zinc. También contiene clorofila, que puede ser una poderosa sustancia anticancerígena.

Superalimentos Rx

PIRÁMIDE DEL ESTILO DE VIDA

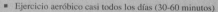

- Ejercicio aeróbico casi todos los días (30-60 minutos)
- Quienes aún no estén haciendo ejercicio, empezar caminando por lo menos una hora a la semana
- Ejercicios de resistencia (levantamiento de pesas) dos o tres veces a la semana
- Práctica del manejo del estrés (15 minutos casi todos los días)
- Hidratación: tome como mínimo ocho vasos (de 8 onzas) de agua todos los días (incluya té y/o jugo de fruta 100% natural)
- Dormir (la mayoría de la gente necesita entre 7 y 8 horas por noche)

FRUTAS: entre 3 y 5 porciones al día (incluya bayas, ya sean congeladas o frescas, casi todos los días)

VERDURAS: cantidad ilimitada (mínimo entre 5 y 7 porciones) al día, incluidas las de hojas verdes oscuras casi todos los días

ALIMENTO PARA EL ALMA:
- Sueñe despierto
- Ríase y disfrute con sus amigos
- Sea espiritual
- Todos los día dedique tiempo a actividades al aire libre

SUPLEMENTOS:
- Suplemento multivitamínico y mineral todos los días para la mayoría de las personas
- Considere los suplementos de aceite de pescado (entre 250 y 1.000 mg al día)

GRANOS INTEGRALES: entre 5 y 7 porciones al día. Ver la lista *Superalimentos Rx:* incluya tallarines y pasta integrales, tortillas, panes y cereales

PROTEÍNA:
Proteína animal: entre 1 y 2 porciones al día de pechuga de ave sin piel, pescado* (ver la lista *Superalimentos Rx*); puede incluir 3 oz de carne roja magra cada diez días (*entre 2 y 4 porciones a la semana)
Proteína vegetal: entre 1 y 3 porciones al día de legumbres, lentejas, soya, (por ejemplo: tempeh, tofu), claras de huevo, huevos (máximo uno al día)

PARA HUESOS SANOS: entre 1 y 3 porciones al día de productos lácteos bajos en grasa o descremados, tofu, soya, leche de soya fortificada, jugo de naranja fortificado, pescado con espinas (por ejemplo: sardinas, salmón en lata), mariscos, verduras de hojas verdes

ADEREZOS:
Para sazonar, use perejil, romero, orégano, cúrcuma, ajo, jengibre, cáscara de algún cítrico, clavo y cebolla roja y blanca

PORCIONES:
Frutas = 1 porción mediana, 1 taza, ½ taza de jugo, 2 cucharadas de uvas pasas, 3 ciruelas pasas
Verduras = ½ taza cuando están cocidas, 1 taza cuando están crudas
Granos = ½ taza de granos cocidos/pasta, 1 tajada de pan
Carne y pescado = 3 oz de carne magra, ya sea de ave, res o pescado
Proteína vegetal = 1 huevo, 2 claras de huevo, 3 oz de tofu o tempeh, ½ taza de fríjoles o lentejas cocidas
Lácteos = ½ taza de queso *cottage* semidescremado o descremado, 8 oz de yogur o de leche semidescremada o descremada
Grasas = 1 oz (24) de almendras crudas, 14 mitades de nueces del nogal, 1 cucharada de aceite, 3/8 de aguacate (palta)

ALCOHOL:
Si quiere tomar alguna bebida alcohólica, le recomendamos tomar entre 1 y 3 bebidas a la semana, si es mujer; entre 2 y 8, si es hombre

GRASAS SALUDABLES: entre 1 y 2 porciones al día de nueces, semillas, aguacate (palta), aceites de oliva extravirgen, de canola, de brotes de soya, de maní y de linaza

Hasta 100 calorías al día de chocolate amargo, manteca (mantequilla), miel de alforfón, dulces o panes y granos refinados

¿Tendría sentido que una compañía farmacéutica creara una versión de la espinaca en cápsulas? En realidad no. Una pastilla que contuviera todas estas sustancias en la misma cantidad que la que contiene la espinaca sería demasiado grande e imposible de tragar; sin mencionar que sería demasiado costosa y no produciría utilidades económicas. Es más, no tenemos certeza de que entendamos a cabalidad las proporciones de los nutrientes como están contenidos en la espinaca. Sabemos que la sinergia de los micronutrientes es vital, pero no sabemos aún cómo lograrla en una sustancia hecha por el hombre. En conclusión, puede decirse que es imposible hacer un suplemento que duplique exactamente el poder sinérgico de los alimentos. Todos los esfuerzos anteriores son innecesarios, porque si quiere beneficiarse de todo el poder saludable de la espinaca solo tiene que ir a un supermercado.

La sinergia de *Superalimentos Rx* va más allá de la dieta. No solamente todos los nutrientes de la comida trabajan conjuntamente para lograr algo más que la suma de sus acciones, sino que también los sistemas de su cuerpo hacen lo mismo. Es claro que las enfermedades no aparecen de improviso y no atacan un órgano de manera independiente. Por ejemplo, ¿sabía usted que la obesidad es un factor de riesgo de la degeneración de la mácula relacionada con la edad? ¿Quién pensaría que tener sobrepeso puede afectar la visión?

Mientras que el corazón de este libro lo constituyen algunos alimentos, si usted quiere tener una salud óptima, debe incorporar otros cambios en su estilo de vida. La pirámide del estilo de vida *Superalimentos Rx* resume visualmente los componentes de una vida saludable. Es muy importante mejorar su dieta, pero si no hace ejercicio, no obtendrá el máximo beneficio de una nutrición óptima. De igual manera, si no hace nada por controlar el nivel de estrés en su vida, incluso una dieta perfecta no le será de gran utilidad. Así, se trata de hacer una buena dieta, realizar ejercicio, tener interacciones sociales positivas, reducir el estrés, dormir lo suficiente e, incluso, tomar abundante líquido. Todos los elementos anteriores trabajan conjuntamente (¡es la sinergia!) para maximizar el efecto de cada uno.

La Dieta *Superalimentos Rx* lo Protege del Sol

Al comer los alimentos que recomienda este libro, se aumenta el factor de protección solar (FPS) de su piel. Los nutrientes clave como luteína/zeaxantina, betacaroteno, alfacaroteno, licopeno, vitaminas C y E, folato, polifenoles, glutatión, isoflavonas, ácidos grasos omega 3 y coenzima Q10 ayudan a proteger su piel del daño causado por el sol. Esto es muy importante puesto que la capa de ozono se ha deteriorado, ha aumentado la exposición a los rayos ultravioleta de todos los organismos del planeta.

CUARTO PRINCIPIO: LA DIETA *SUPERALIMENTOS RX* ES SENCILLA Y POSITIVA

La comida es un tema sensible para muchas personas. Para algunas, es un placer enorme y sin fin, pero para otras, es fuente de preocupación y confusión. Existe el problema de la nutrición, del peso, de la preparación... Una dieta saludable es el corazón de un estilo de vida sano, junto con el ejercicio, cuidado médico preventivo de rutina, sueño adecuado y reducción del estrés. Todos tenemos una vida ocupada y complicada, y cualquier recomendación referente a la alimentación que yo, o cualquier otra persona le haga, llegará a oídos sordos si es demasiado compleja o requiere de mucho esfuerzo. Por fortuna, y la naturaleza está de acuerdo, escoger entre una gran variedad de superalimentos es sencillo.

La mejor aproximación a cualquier cambio en el estilo de vida es una positiva. Creo que las "dietas" que prohíben comer ciertos alimentos o que son un reto a la hora de quedar satisfechos son contraproducentes. Una vez que la mayoría de las personas ha entendido los principios de *Superalimentos Rx* se ha sentido liberada, pues estos indican lo que uno puede comer, no lo que no puede. No se trata de lo que no debería hacer.

Fresco no significa mejor. Con frecuencia, algunas verduras en lata o congeladas tienen el mismo contenido nutricional que las frescas. Usualmente congelan las frutas y verduras justo después de haber sido recogidas, de manera que conservan sus nutrientes. Muchas vienen ya picadas, para ahorrar un paso en la preparación.

Si usted tiene una dieta sana que incluya superalimentos, queda aún espacio para un poco de cualquier alimento que lo complazca, ya sea chocolate o tocino. Las sustancias buenas que contienen los superalimentos le ayudarán a mitigar el daño que pueda hacerle cualquier comida mala. Aunque, por supuesto, usted tiene que comer con sensatez.

Hace poco asistí a un congreso médico en España, en donde di una conferencia sobre la prevención de las cataratas mediante la alimentación. A la mañana siguiente, fui a desayunar con algunos colegas. Era obvio que querían que yo ordenara primero, pues temían que desaprobara lo que ellos escogieran. Entonces pedí unos huevos revueltos con salsa fresca, un tazón de bayas y un delicioso vaso de jugo de naranja natural. Se sorprendieron mucho, supongo que porque esperaban que pidiera una pizca de granola sin dulce y agua mineral.

La comida es placer. Cuando se sienta a la mesa, usted es una persona, no un paciente. Comer debe ser una parte satisfactoria de su vida. *Superalimentos Rx* le ayudará a que esto sea así.

Superalimentos Rx
en Su Cocina

Ningún plan de alimentación funcionará si no puede adaptarlo a su estilo de vida. ¡Creo que *Superalimentos Rx* le ofrece el plan más fácil y saludable que existe! Para hacerlo aun más fácil, he trabajado de la mano de nutricionistas y un magnífico chef, que cocina para gente real todos los días, con el fin de ofrecerle consejos y sugerencias sobre cómo integrar los superalimentos en su ocupado estilo de vida.

A continuación encontrará consideraciones prácticas y alguna información básica que le ayudarán a empezar su plan *Superalimentos Rx*.

SUPERALIMENTOS RX Y EL CONTROL DE LAS PORCIONES

La cantidad de comida que ingerimos muchos de nosotros está fuera de control. Cuando le digo a la gente que debería comer entre 5 y 7 porciones de verduras al día, por lo general se sorprende y asegura que nunca podría comer esa cantidad de comida. Es cierto que no podemos comer 7 porciones de verduras al día, si estas son casi del doble en muchos restaurantes. La FDA, (Food and Drug Administration), considera que la porción estándar de pasta, por ejemplo, es una taza. En la mayoría de los restaurantes, la porción típica de pasta es de tres tazas. ¡Son tres porciones! Estaríamos comiendo las verduras en baldes, si usáramos las porciones de los restaurantes. Creo que mucha gente no se anima a seguir ciertas pautas de buena nutrición porque cree que una porción es una cantidad enorme de alimento. Creen que si comieran todo eso, ganarían un exceso de peso.

En una encuesta del American Institute for Cancer Research, más del 25% de las personas encuestadas dijo que decidió cuánta comida comer en una sola sentada con base en lo que le sirvieron.

Cuando se trata de frutas y verduras, definir el número óptimo de porciones es fácil cuando uno entiende lo que es realmente una porción. Para la mayoría de ellas, es media taza.

A continuación encontrará las porciones sugeridas por la dieta *Superalimentos Rx* para varias categorías de alimentos:

VERDURAS
½ taza de verduras cocidas o crudas
1 taza de hojas de verduras verdes crudas
½ taza de jugo de verduras

FRUTAS
½ taza de fruta picada
½ taza de jugo de fruta
1 rebanada mediana
2 cucharadas de uvas pasas
3 ciruelas pasas

PROTEÍNA VEGETAL
1 huevo o 2 claras de huevo
1 oz de tofu o tempeh
½ taza de lentejas o fríjoles cocidos

NUECES
2 cucharadas de mantequilla de maní o 1 oz de nueces o semillas crudas

CARNE Y PESCADO
3 oz de carne magra cocida de res, ave o pescado

GRANOS INTEGRALES
1 rebanada de pan de trigo integral
½ taza de granos cocidos o pasta

ALIMENTOS RICOS EN CALCIO
½ taza de queso cottage descremado
8 oz de yogur o leche descremada

GRASAS
1 oz (24) almendras, 15 mitades de nueces del nogal
1 cucharada de aceite
3/8 de aguacate (palta)

A continuación podrá hacerse una idea de lo que se supone que debe comer semanalmente:

	Porciones diarias
Verduras	entre 5 y 7; incluye hojas verdes casi todos los dias
Frutas	entre 3 y 5
Soya	entre 1 y 2
Proteína animal	entre 0 y 3
Proteína vegetal	entre 3 y 6
Grasas sanas	entre 1 y 2
Granos integrales	entre 5 y 7
Alimentos ricos en calcio	entre 2 y 3

	Porciones a la semana
Nueces y semillas	5
Pescado	entre 2 y 4

A continuación encontrará algunos consejos de la American Dietetic Association para reconocer el tamaño apropiado de las porciones:

Una papa mediana debe tener el tamaño del *mouse* de su computador

Un *bagel* promedio, el tamaño de un disco de *hockey*

Un tazón de frutas, el tamaño de una pelota de béisbol

Una taza de lechuga son cuatro hojas

Tres onzas de carne deben tener el tamaño de un casete

Tres onzas de pescado a la parrilla, el tamaño de una chequera

Una onza de queso, el tamaño de cuatro dados

Una cucharadita de mantequilla de maní, el tamaño de un dado

Una onza de pasabocas, como pretzels, etc., como un puñado grande

CÓMO ENTENDER CADA SUPERALIMENTO

Existen catorce superalimentos. Sin embargo, esto no significa que todas las dietas deban limitarse a estos alimentos. La variedad en las opciones es absolutamente necesaria para la salud. Los catorce superalimentos son el estandarte en cada una de las categorías a las que pertenecen. Los escogí por su gran concentración de nutrientes o por lo difícil que es obtener algunos de los nutrientes que contienen. También influyó en la escogencia el que muchos de ellos tienen pocas calorías. Verá que en cada superalimento existe una lista con los principales nutrientes que contiene y que lo han elevado a la categoría de superalimento. No es una lista exhaustiva de todos y cada uno de los nutrientes que contiene el alimento, sino más bien el listado de los nutrientes de perfil alto que han demostrado que producen efectos benéficos en la salud y que están presentes en el alimento en suficiente cantidad como para establecer una diferencia.

Cada superalimento tiene un grupo de "socios". Por lo general, estos están en la misma categoría del superalimento y ofrecen un perfil nutricional similar. Por ejemplo, las almendras, las semillas de girasol, las pacanas son las socias de las nueces del nogal, que son un superalimento. Es mejor diversificar el consumo de nueces escogiendo un día nueces del nogal, o cualquier otra que le guste, y otro día, semillas de girasol, y así sucesivamente. Algunos superalimentos como la soya tienen pocos socios, de manera que aunque la soya tiene varias formas de presentación, incluyendo leche de soya, nueces de soya y tofu, son sólo los nutrientes contenidos en ella los que la hacen un superalimento.

Al comienzo de cada sección de los superalimentos encontrará unas recomendaciones sobre lo que puede probar, "Trate de comer", que son unas directrices que indican qué tanto de ese superalimento particular debe tratar de incorporar a su dieta y con qué frecuencia. Algunas veces recomiendo que se coma el superalimento todos los días; en otros casos, un determinado número de veces a la semana es suficiente.

Al final de casi todos los capítulos encontrará una o dos recetas fáciles y rápidas que mi familia y yo disfrutamos en casa con frecuencia. Por ejemplo, nunca me canso de comer la ensalada *Superalimentos Rx*, cuya receta usted encontrará en la sección correspondiente.

Las recetas más tentadoras son aquellas que encontrará a partir de la página 207. Fueron creadas especialmente para *Superalimentos Rx* por el chef Michel Stroot, que trabaja en Golden Door, spa mundialmente reconocido. Presentan todos los superalimentos desarrolados pensando en la buena nutrición.

La lista de compra de los superalimentos, en la página 303, le será de mucha ayuda cuando trate de incluirlos en su rutina diaria. Es importante aprender a leer las etiquetas con la información nutricional de los alimentos: indican si el alimento es uno más o uno menos en su dieta. Sin embargo, la verdad es que siempre estamos con prisa y es difícil comprar productos en busca del mejor. Es muy útil tener un atajo hacia los mejores cereales, panes, alimentos enlatados, etc. Por ejemplo, el jugo C Monster de Odwalla es el mejor que puede encontrar en el mercado, ya sea de cítrico o de fresa. Es rico en vitamina C, potasio, betacaroteno y betacriptoxantina, un poco de hierro y un gran número de fitonutrientes. Otra opción excelente es el cereal de Post Shredded Wheat 'N Bran; tiene un alto contenido de fibra y nutrientes y es bajo en sal y azúcares simples, por tanto, puede constituir un magnífico desayuno. Los pacientes me dicen con frecuencia que mis recomendaciones específicas referentes a los alimentos les son de mucha utilidad. Espero que para usted también lo sean.

Como lo hemos mencionado anteriormente, el chef Michel Stroot trabaja para el spa Golden Door, en Escondido, California. Él sabe perfectamente el reto que es satisfacer comensales que están acostumbrados a cenar en restaurantes de cinco estrellas. Michel ha realizado un trabajo extraordinario en la creación de "Diez días de menús" para este libro, todos enfocados a sacar el mayor provecho de cada uno de los superalimentos.

Usted no necesita ser un chef para reproducir estos platillos en casa. Son fáciles de preparar y muy saludables; además, utilizan ingredientes que puede conseguir en su supermercado y que le harán dar ganas de correr hacia la cocina a prepararlos.

SUPERALIMENTOS RX EN DOS PALABRAS

Todos se interesan en su dieta de diferente manera. Algunos siguen con interés los últimos descubrimientos de las investigaciones y quieren conocer el fundamento científico de cada teoría. Si lo anterior lo describe a usted, de seguro disfrutará *Superalimentos Rx*, puesto que está basado en las últimas investigaciones confirmadas por la comunidad científica. Al final del libro encontrará una completa bibliografía que así lo respalda. He puesto especial énfasis en los estudios con humanos cada vez que me ha sido posible y he utilizado información que se deriva de estudios con animales de laboratorio solo cuando no encontré suficiente información concluyente de estudios con humanos.

Tal vez usted es del tipo de lector que no le gusta leer grandes cantaides de texto. No tiene que hacerlo. Tan sólo tiene que buscar los principios fundamentales de *Superalimentos Rx*, luego echarle una ojeada a los capítulos sobre los superalimentos, revisar la lista de compra en cada capítulo y listo, ya está preparado para mejorar su dieta y su vida.

A continuación encontrará un esbozo sucinto de las recomendaciones más importantes de *Superalimentos Rx*:

- Coma por lo menos ocho porciones de frutas y verduras al día
- Prefiera grasas sanas: trate de aumentar su consumo de mariscos, nueces, semillas, aguacate (palta), aceite de oliva extravirgen y aceite de canola
- Coma un puñado de nueces al menos cinco veces a la semana
- Coma pescado entre dos y cuatro veces a la semana
- Sustituya la proteína animal por soya algunas veces a la semana. Trate de comer una o dos porciones de soya al día
- Compre pan y cereales integrales que contengan por lo menos 3 gramos de fibra por porción
- Tome té verde o negro, caliente o helado, todos los días
- Coma yogur todos los días, ya sea al desayuno, en un batido, como dip o postre
- Incluya en su dieta diaria jugos 100% naturales ricos en fitonutrientes y mermeladas con las mismas características
- Evite los pasabocas comerciales o productos horneados, pues contienen muchas grasas que no son sanas, incluyendo grasa saturada, ácidos transgrasos y una sobreabundancia de ácidos grasos omega 6 y sodio
- Elimine totalmente de su dieta las bebidas gaseosas, ya sean endulzadas o light, salvo como un capricho ocasional

PARTE II

Los Superalimentos

Arándanos

SOCIOS: Uva morada, arándano agrio, mora, frambuesa, fresa, grosella, zarzamora, cereza y todas las variedades de bayas, ya sean frescas, deshidratadas o congeladas.

TRATE DE COMER: entre una y dos tazas al día.

Los arándanos contienen:

- Una sinergia de múltiples nutrientes y fitonutrientes
- Polifenoles (antocianina, ácido elágico, quercetina, catecina)
- Ácido salicílico
- Carotenoides
- Fibra
- Folato
- Vitamina C
- Vitamina E
- Potasio
- Manganeso
- Magnesio
- Hierro
- Riboflavina
- Niacina
- Fitoestrógenos
- Pocas calorías

Los arándanos son lo máximo. A todo el mundo le gustan y pocos alimentos aportan tantos beneficios. Siempre les digo a mis pacientes que los arándanos, la espinaca y el salmón son los tres superalimentos estrella. Si usted no aprende nada de este libro, por lo menos recuerde comer arándanos y espinaca, o sus socios, todos los días, y salmón, o sus socios, entre dos y cuatro veces a la semana. Estos tres alimentos solos le cambiarán la vida y la salud.

El arándano es una pequeña pero poderosa fuerza nutricional que combina más antioxidantes para combatir las enfermedades que cualquier otra fruta o verdura. Dado que los reportes positivos sobre los arándanos se han sucedido un tras otro, los medios han empezado a llamarlos las "bayas del cerebro" o las "bayas de la juventud," y ciertamente se merecen la buena prensa: una sola porción de arándanos provee tantos antioxidantes como cinco porciones de zanahoria, manzana, brócoli o *butternut squash*. De hecho, 2/3 de taza de arándanos provee de la misma protección antioxidante que 1.733 IU de vitamina E y más protección que 1.200 miligramos de vitamina C.

Los extraordinarios beneficios de los arándanos incluyen su contribución a reducir el riesgo de sufrir una enfermedad cardiovascular y, más probablemente, cáncer. No puede olvidarse que ayudan a mantener la piel sana y a reducir la pérdida de su color relacionada con el envejecimiento. Un estudio reciente, publicado en el *Journal of Clinical Nutrition*, encontró que la gente que comía el equivalente a una taza de arándanos al día tenía un nivel alto de antioxidantes en la sangre; dicho aumento se investiga actualmente como un "estado psicológico" que desempeña un papel importante en la prevención de las enfermedades cardiovasculares, diabetes, senilidad, cáncer, y las enfermedades de los ojos, como degeneración de la mácula, y cataratas. Se ha demostrado que tener niveles altos de antioxidantes en la sangre favorece la incidencia de sufrir cáncer de seno. (Este estudio me pareció particularmente interesante, puesto que se basó en el uso de alimentos integrales en lugar de extractos y suplementos.) Tal vez las noticias recientes más emocionantes con respecto a la relación entre los arándanos y la salud es el descubrimiento de que al parecer esta fruta reduce los efectos de enfermedades relacionadas con el envejecimiento, como el Alzheimer y la demencia. Además, los resultados que comprueban el poder de los arándanos han provenido primordialmente de estudios con animales; pero si los estudios con humanos que se están llevando a cabo funcionan en la proporción que se espera, constituirían uno de los avances más importantes en medicina y nutrición de los últimos tiempos.

LOS ARÁNDANOS NETAMENTE NORTEAMERICANOS

Los arándanos son nativos de Norteamérica, y ya desde la época de los indígenas se les reconocía su alto valor nutritivo, razón por la cual eran una parte importante de su dieta. Originalmente los llamaban la fruta estrella, por la forma de las hojitas en el extremo de cada arándano. Se usaban, entre otras cosas, como preservativos. Debido a su alto contenido de antioxidantes, al embadurnar la carne cruda deshidratada con arándanos, esta se conservaba por más tiempo. Los primeros colonos aprendieron de los indígenas a usarlos con fines medicinales: cocinaban tanto los arándanos como la planta entera para preparar jarabes contra la diarrea y para aminorar las molestias del parto.

Siempre pienso en los polifenoles de las bayas como si fueran directores de un coro. Los otros nutrientes son miembros de un enorme y eficaz coro que trabaja conjuntamente para crear algo mucho más poderoso que cada voz individual. Con eso en mente y sin olvidar que el polifenol en cada baya tiene algo que ofrecer, ¡mézclelas! No limite su consumo de bayas a un tipo particular. ¡Cómalas todas!

Los arándanos son mágicos debido a su increíblemente alto contenido de fitonutrientes antioxidantes, particularmente un tipo de familia flavonoide llamado antocianina. Los pigmentos de la antocianina les dan a los arándanos su característico color azul-morado intenso. De hecho, cuanto más oscura es la baya, mayor es su contenido de antocianina. Los arándanos, y en especial los silvestres, contienen al menos cinco tipos de antocianinas. Estas se concentran en la piel, porque, como pasa con otras frutas y verduras, es la piel la que protege la fruta del sol y otros ataques del ambiente y por ello tiene la mayor concentración de antioxidantes.

La antocianina es uno de los fitonutrientes que le dan a los arándanos sus propiedades antioxidantes y antiinflamatorias. Como ya sabemos, los radicales libres son los culpables del daño que sufren las membranas celulares y el ADN y, en última instancia, causan muchas de las enfermedades degenerativas que nos atacan a medida que envejecemos. Así, la antocianina desempeña un papel primordial en la labor de neutralizar el daño que los radicales libres les causan a las células y los tejidos, y que tiene como consecuencia una gran cantidad de dolencias. La antocianina también trabaja sinérgicamente con la vitamina C y otros antioxidantes clave. Fortalece el sistema capilar al fomentar la producción de colágeno de calidad, que es esencial en la generación de los tejidos. Esta importante subclase de flavonoides contribuye igualmente con la vasodilatación y tiene un efecto inhibitorio sobre el agregado de plaquetas, un efecto parecido al de la aspirina sobre la formación de coágulos de sangre.

Las bayas, especialmente el arándano agrio, son una fuente rica en quercetina, la cual se ha comprobado que tiene propiedades antiinflamatorias. Un artículo reciente sobre los flavonoides (una clase de polifenol que contienen las bayas y las uvas) concluyó: "A pesar de que todavía existe mucho por aprender, existen indicios para creer que la aproximación científica puede confirmar el sustento de muchos remedios de la medicina naturista a base de uvas y bayas."

LOS BENEFICIOS DE LAS BAYAS

Los beneficios que aportan los arándanos a la salud son sorprendentes. Por muchos años, los investigadores le prestaron poca atención a esta fruta, puesto que sabían que su contenido de vitamina C era relativamente bajo en comparación con otras frutas y no parecía ofrecer ningún otro beneficio. Pero, poco a poco, a medida que se fue descubriendo el poder de los antioxidantes y, en particular, de los flavonoides, los arándanos ganaron más y más prestigio.

La investigación que situó a los arándanos en el mapa de la salud, porque obtuvo gran atención en todos los Estados Unidos, fue la que descubrió que al parecer los arándanos lentifican, y hasta *revierten*, muchas de las enfermedades degenerativas asociadas con el envejecimiento del cerebro. Como hoy en día enfrentamos una explosión demográfica de adultos mayores (para el año 2050 más del 30% de la población norteamericana tendrá más de 65 años), cualquier noticia positiva sobre cómo es posible prevenir las enfermedades degenerativas tales como Alzheimer y demencia senil es acogida con gran entusiasmo.

Esta investigación particular sobre la relación entre las bayas y el funcionamiento del cerebro fue llevada a cabo por el USDA Human Nutrition Research Center on Aging, en Tufts University. El doctor James Joseph, director del estudio, les dio de comer a las ratas viejas (comparables con humanos de entre 65 y 70 años), además de su dieta normal, el equivalente entre media y una taza de arándanos, una pinta de fresas o una ensalada grande de espinaca. El grupo de ratas que comió las bayas no solo se desempeñó mejor que el otro en los diversos ejercicios de habilidad mental, sino que mostró *mejoría* en la coordinación y el equilibrio. Estas fueron en verdad noticias muy alentadoras, puesto que antes se creía que la degeneración debida al envejecimiento era irreversible. El estudio conducido por el doctor Joseph ha demostrado que los arándanos tienen un efecto funcional antioxidante y antiinflamatorio sobre el cerebro y el tejido muscular.

¿Cómo puede una taza de arándanos al día lograr estos resultados sorprendentes? Tres factores parecen haber distinguido a las ratas alimentadas con esta fruta: al parecer sus neuronas se comunicaban mejor, su cerebro tenía menos proteínas dañadas de lo esperado y, lo más alentador, su cerebro, de hecho, generó nuevas neuronas. Actualmente se están llevando a cabo estudios para comprobar si estos increíbles resultados se pueden duplicar en humanos. Estudios preliminares muestran que gente que consume una taza de arándanos al día se ha desempeñado entre un 5 y 6% mejor en pruebas de motricidad que el grupo de control. Además sabemos que ha habido un efecto positivo en personas que sufren de esclerosis múltiple, lo que no debe sorprender, puesto que los nutrientes en los arándanos tienen una afinidad con las áreas del cerebro que controlan el movimiento.

Mis hijos se burlan de mí por la "montaña" de mermelada que les pongo a mis tostadas y *pancakes*. Siempre les digo que el consumo de mermelada se ha asociado con una menor incidencia de arrugas en la piel. Así que, de hecho, le estoy haciendo a mi piel dos favores: la sonrisa que tengo cuando me como la mermelada y la piel suave que tendré en el futuro.

A continuación usted encontrará un análisis del contenido de polifenoles de ciertos jugos y mermeladas que se encuentran en los supermercados de los Estados Unidos. Algunos de estos análisis se publican por primera vez en este libro: toda la información ha sido recogida por investigadores independientes. No se ha determinado aún la cantidad óptima de este tipo de fitonutrientes que se debe ingerir al día.

Jugos	Miligramos de polifenoles en 8 onzas
Odwalla C Monster	845
Trader Joe's 100% Unfiltered Concord Grape Juice	670
R.W. Knudsen 100% Pomegranate Juice	639
R.W. Knudsen 100% Cranberry Juice	587
R.W. Knudsen Just Blueberry	425
L & A Black Cherry Juice	345
27% de jugo de arándano agrio	137
100% de jugo de manzana	61

Mermeladas	Miligramos de polifenoles en 20 gramos. (1 cucharada)
Trader Joe's Organic Blueberry Fruit Spread	400
Knott's Pure Boysenberry Preserves	300

Trader Joe's Organic Blackberry Fruit Spread	280
Trader Joe's Organic Strawberry Fruit Spread	120
Trader Joe's Organic Morello Cherry Fruit Spread	120
Sorrell Ridge Wild Blueberry Spreadable Fruit	100
Knott's Bing Cherry Pure Preserves	100
Welch's Concord Grape Jam	60

Aunque las noticias más recientes y positivas sobre el maravilloso poder terapéutico que tienen los arándanos tienen que ver con la investigación sobre el cerebro, existe información adicional igualmente impresionante sobre sus propiedades. Además de la antocianina, los arándanos contienen otro antioxidante conocido como ácido elágico. Según las investigaciones, este antioxidante bloquea los caminos metabólicos que pueden conducir al cáncer. Varios estudios han demostrado que las personas que comen frutas que contienen este ácido tienen tres veces menos probabilidades de desarrollar cáncer que quienes comen poco o ningún alimento que lo contenga. El ácido elágico se encuentra en la frambuesa negra y roja, en la mora, en la zarzamora y en la *marionberry*. Este fitonutriente tiende a concentrarse en las semillas (las semillas de las bayas están llenas de componentes bioactivos). Las bayas que mencioné anteriormente tienen entre tres y nueve veces más ácido elágico que las otras tres buenas fuentes: nueces del nogal, fresas y pacanas; y quince veces más que el que se encuentra en otras frutas y nueces.

Así como la cantidad de polifenoles en ciertos jugos puede ser alta, también lo puede ser la cantidad de calorías. Las frutas frescas enteras siempre tienen menos calorías. No se emocione tanto con esto de los polifenoles que empiece a beber jugo todo el día, pues puede desarrollar una sobrecarga calórica. Tome su dosis de polifenoles mezclando media medida de agua manantial o con gas y media de jugo 100% natural.

Los indígenas norteamericanos tenían razón con respecto a la capacidad de los arándanos de mejorar la digestión: son ricos en pectina, una fibra soluble, y, por lo tanto, son de utilidad tanto en los casos de diarrea como en los de estreñimiento. Es más, los taninos que contienen los arándanos reducen la inflamación del sistema digestivo y, además, se ha comprobado que los polifenoles tienen también propiedades antibacteriales.

Al igual que el arándano agrio, los arándanos son muy benéficos para la salud del tracto urinario. Algunos de sus componentes evitan que la *E. coli*, una bacteria que causa infecciones urinarias, se adhiera al recubrimiento mucoso de la uretra y la vejiga.

Los jugos de bayas, uvas y granada producidos comercialmente pueden ser muy ricos en antocianina. Los jugos de granada comerciales, por ejemplo, muestran una actividad antioxidante tres veces más alta que el vino tinto y el té verde. Esto se debe a que al procesar esta fruta se extraen algunos de los taninos de la cáscara. Prefiera los jugos a los que se les ven sedimentos en el fondo de la botella; estos son mejores, puesto que los sedimentos indican restos de cáscara, que es la fuente primordial de los antioxidantes en las bayas, uvas y granada. Agítelos antes de servir.

LA PARADOJA FRANCESA

Probablemente ha oído hablar de la "paradoja francesa". Se refiere a la aparente contradicción que se ha descubierto en algunas regiones de Francia, donde, a pesar de que las personas comen grasa láctea, tienen una incidencia baja de enfermedades cardiovasculares. Al principio se creyó que el alcohol del vino que toman era el factor que ayudaba a reducir el riesgo, pero a medida que fue pasando el tiempo se descubrió que la paradoja se explicaba sólo parcialmente por la capacidad del alcohol de subir el nivel de HDL o colesterol "bueno". Investigaciones recientes se han concentrado principalmente en la capacidad de los flavonoides del vino de influir en la reducción del riesgo de sufrir enfermedades coronarias. Los niveles extremadamente altos de polifenoles en el vino tinto, que son entre veinte y cincuenta veces más altos que en el vino blanco, se debe a que las uvas se fermentan junto con la cáscara. Se conoce que los polifenoles en la cáscara de las uvas previenen la oxidación del colesterol LDL, un evento importantísimo en el proceso de desarrollar enfermedades coronarias. James Joseph, quien dirigió la investigación sobre los arándanos en la Tufts University, dice al respecto: "Lo que es bueno para tu corazón es bueno para tu cerebro." Los investigadores también han notado que al tomar pequeñas cantidades de vino tinto se reduce el riesgo de sufrir degeneración de la mácula relacionada con la edad.

Los profesionales de la salud siempre son cautelosos a la hora de recomendarle a la gente que tome alcohol, debido a que se lo relaciona con el riesgo de sufrir otras enfermedades. Sin embargo, son palpables los beneficios para la salud de los hombres que beben una copa de vino tinto al día con la cena y para la de las mujeres que beben media.

Todos los días tomo jugo. Empiezo las mañanas con un sorbo de jugo rico en polifenoles. Luego, a la media mañana tomo té verde y, con la cena, tomo jugo de nuevo. Tome jugo 100% natural o una copa de vino tinto con la cena, pues los polifenoles que contienen estas bebidas ayudan a neutralizar los efectos adversos de los aceites y de las grasas oxidadas en la comida, como por ejemplo, la parte quemada de los alimentos cuando se hacen a la parrilla. El jugo de pura fruta puede ser demasiado dulce, así que puede mezclarlo con unas onzas de agua manantial o con gas y agregarle unas gotas de jugo de limón. Los jugos también pueden tener demasiadas calorías, así que no lo olvide y procure compensar estas calorías extras haciendo más ejercicio o comiendo otros alimentos con menos calorías.

Si quiere disfrutar al máximo de los beneficios de un consumo moderado de vino tinto pero sin alcohol, tome jugo de uvas moradas, jugo de cerezas negras 100% natural, jugo de granada 100% natural, jugo de arándano agrio 100% natural, jugo de ciruelas pasas con luteína 100% natural o vino tinto sin alcohol. Tanto el jugo de uva como el de granada aumentan los antioxidantes de su cuerpo. No hay nada más refrescante que agregarle un chorro de jugo de uva o de granada a un vaso de agua con gas y ponerle una rodaja de limón.

FRUTA DESHIDRATADA

La fruta deshidratada es una fuente rica en nutrientes buenos para la salud, pues los beneficios se concentran si se miden por volumen (excepto la vitamina C, de la cual hay poca en las frutas deshidratadas). Hoy en día se consiguen en el mercado más fácilmente bayas, albaricoques e higos deshidratados, además de las tradicionales uvas pasas, dátiles y ciruelas pasas. Con frecuencia se fumigan algunas frutas para evitar pestes y mohos, así que cuando se deshidratan, los químicos a los que han estado expuestas se concentran; por esta razón es preferible comprar frutas deshidratadas orgánicas, especialmente fresas y uvas. Usualmente no se fumigan tanto los arándanos ni los arándanos agrios.

Al parecer, las frutas deshidratadas tienen poderosas propiedades antiarrugas.

BAYAS EN LA COCINA

En el mercado se consiguen bayas frescas, deshidratadas y congeladas, por lo que se pueden comer todo el año, aunque no estén en temporada. Mi esposa y yo comemos bayas frescas al desayuno con nuestra bebida caliente. Mi forma favorita de comerlas es ponerlas en un tazón con una rebanada de banana y media taza de leche de soya y una o dos cucharadas de miel de alforfón; luego, las reduzco a un puré con un tenedor. ¿Suena raro? Pruébelo y se convencerá de que es una absoluta delicia.

Por fortuna, dado que los beneficios de los arándanos se han vuelto de conocimiento público, los agricultores han hecho un esfuerzo por lograr que siempre haya disponibilidad de la fruta. Actualmente se puede comprar bayas congeladas, tanto cultivadas como silvestres, en casi todos los supermercados. Tampoco es difícil encontrar bayas orgánicas. Cada vez con mayor frecuencia se encuentran en las tiendas jugo 100% natural de arándano, cereza, granada, arándano agrio y uva.

Siempre tenga a mano arándanos y arándanos agrios.; son una excelente adición para la avena, junto con uvas pasas, ciruelas pasas y otras frutas deshidratadas. Si está cocinando, puede añadirlos en el último minuto de cocción.

Durante la temporada de arándanos, los frescos se pueden conseguir tanto cultivados como silvestres. Los cultivados son los más comunes, pues los silvestres crecen sólo en los climas fríos del norte de los Estados Unidos y de Canadá y se pueden comprar más que nada en los puestos junto a la carretera o en los mercados locales; sin embargo, a veces se consiguen congelados en muchos supermercados. Los arándanos cultivados son de color azul profundo y tienen una pelusilla fina que los protege de sufrir daños. Agite la cajita cuando vaya a comprarlos: si no se mueven libremente, puede que algunos tengan moho o estén aplastados. Los arándanos silvestres son más pequeños y tienen un sabor más intenso. A propósito, por lo general estos últimos tienen más antioxidantes, pues al ser más pequeños, usted come más piel por onza de fruta y, como ya habíamos mencionado, la piel es la parte que tiene mayor cantidad de sustancias buenas para la salud.

Cuando vaya a hornear alguna masa y le quiera poner arándanos, primero enharínelos, así no se le irán todos al fondo del molde.

Los arándanos frescos son delicados y requieren de cuidado. Lávelos sólo antes de comerlos y rápidamente. Cuando los vaya a guardar en el refrigerador, selecciónelos primero para no guardar ninguno golpeado o con moho. Se conservarán bien por uno o dos días en un recipiente que permita que el aire circule. Podrá congelarlos también, pero para evitar que se peguen, espárzalos sobre una bandeja para galletas y luego sí póngalos en el congelador. No los lave antes de congelarlos. Una vez estén congelados, los puede poner en una bolsa cerrada al vacío para guardarlos.

Congelar los arándanos amplía mucho las posibilidades. Es importante que sepa que en todos los estudios que se han llevado a cabo con animales consumiendo arándanos, se usó la fruta congelada. En casa, siempre guardo al menos una bolsa con bayas congeladas, listas para ponerlas en mi yogur, *pancakes* o *muffins*, o para prepararme un batido.

Mis Maneras Favoritas de Comer Arándanos

Tengo la suerte de poder recoger arándanos en mi jardín orgánico, así que los disfruto frescos cuando están en temporada.

Póngale arándanos y germen de trigo al yogur.

Mezcle arándanos congelados en avena caliente.

Póngaselos al cereal frío.

Prepare un batido con arándanos, banana, yogur, hielo y leche de soya o leche descremada.

Ponga algunos dentro de la masa de los *pancakes* justo antes de darles la vuelta.

Mezcle en un tazón arándanos con leche de soya y endulce con miel de alforfón.

Sencillamente cómaselos frescos mientras ve un atardecer desde su porche.

CONDIMENTO DE ARÁNDANO AGRIO Y NARANJA

(3 TAZAS,
APROXIMADAMENTE)

Aléjese de la salsa del arándano agrio enlatada y mejor prepare la suya y sírvala con pollo o pavo. Esta es la receta que aparece en el empaque de los arándanos agrios frescos Ocean Spray, que son tan comunes en los supermercados durante el otoño. (Compre un par de paquetes de más y congélelos; se mantienen por largo tiempo. Úselos en *muffins*, pan de calabaza y *pancakes*, o mézclelos con avena.)

Un paquete de 12 onzas de arándanos agrios Ocean Spray o
   arándanos agrios congelados previamente, lavados y secados
1 naranja sin pelar partida en ocho partes
¾ de taza de azúcar

Ponga la mitad de los arándanos agrios y la mitad de la naranja en un procesador de alimentos y licúe hasta obtener una mezcla pareja. Ponga en un tazón. Repita con la fruta restante y agregue el azúcar. Guarde en el refrigerador o en el congelador hasta que vaya a servir la salsa.

PALETA DE YOGUR HELADO CON ARÁNDANOS

(12 PALETAS)

Para chicos de todas las edades

12 vasos de papel o de papel de aluminio para hornear de 2 ½
   pulgadas

Cáscara y jugo de un limón pequeño
2 tazas de yogur natural sin grasa
¼ - ½ taza de azúcar

1 pinta de arándanos

12 palos de paleta

En una bandeja para *muffins* ponga los doce vasos de papel en cada hueco. En un tazón, mezcle la cáscara y el jugo del limón, el yogur y el azúcar hasta lograr una pasta uniforme. Ponga ahora los arándanos. Distribuya la masa en los doce huecos de la bandeja para *muffins*. Congele durante 1 hora y ½ o hasta que esté casi firme; inserte un palo en cada paleta y vuelva a refrigerar hasta que esté dura. Si quiere guardarlas por más tiempo en el congelador, cúbralas con plástico. Al servir, retire el papel y déjelas a temperatura ambiente entre 4 y 6 minutos, para que sea más fácil comerlas.

Vea la lista de compras *Superalimentos Rx* en las pp. 303-329, para encontrar algunos productos con bayas recomendados.

Avena

SUPERSOCIOS: germen de trigo y semillas de linaza molidas
SOCIOS: arroz integral, cebada, trigo, alforfón, centeno, miso, trigo bulgur, amaranto, quinua, triticale, kamut, maíz amarillo, arroz silvestre, espelta, cuscús.
TRATE DE COMER: entre cinco y siete porciones al día

La avena contiene:

- Mucha fibra
- Pocas calorías
- Proteína
- Magnesio
- Potasio

- Zinc
- Cobre
- Manganeso
- Selenio
- Tiamina

En 1997 la humilde avena hizo historia en la nutrición cuando la FDA permitió que se les pusiera una etiqueta a los alimentos de avena en la que se menciona que existe relación entre un consumo alto en avena, salvado de avena y harina de avena y un menor riesgo de sufrir una enfermedad coronaria: la principal causa de muerte en los Estados Unidos. La conclusión general del informe de la FDA es que la avena podría reducir los niveles de colesterol en la sangre, especialmente el LDL. Declaró que el principal ingrediente activo que causa este espectacular efecto positivo es la fibra soluble que se encuentra en la avena llamada betaglucán. La prensa se entusiasmó con esta noticia y le dio amplio cubrimiento; la avena, particularmente el salvado de avena, pasó a ser considerada el arma para combatir el colesterol. Investigaciones posteriores mostraron que el efecto del salvado de avena para reducir el colesterol era menor del que se pensó inicialmente y la historia del salvado de avena perdió importancia.

Es el momento oportuno para ampliar los efectos del poder de la avena. Nuevos descubrimientos, junto con los que ya se conocían desde hace muchos años, han demostrado que sus poderes promotores de la salud son realmente impresionantes. La avena es baja en calorías y tiene un alto porcentaje de fibra y de proteína. Es una fuente rica en magnesio, potasio, zinc, cobre, manganeso, selenio, tiamina y de acido pantoténico. También contiene fitonutrientes, tales como polifenoles, fitoestrógenos, lignina, inhibidores de la proteasa y vitamina E (fuente excelente de tocotrienoles y múltiples tocoferoles, que son miembros importantes de la familia de la vitamina E). La sinergia de los nutrientes de la avena hace que sea un excepcional y formidable superalimento. De hecho, el grado de protección de enfermedades que la avena y otros cereales integrales ofrecen es mayor que la de cualquiera de sus ingredientes solos. Además de su poder para reducir enfermedades y mejorar la salud, la avena es un superalimento destacado por razones prácticas: es barata, se consigue fácilmente y es increíblemente sencillo de incorporarla a su rutina. La avena está incluida en prácticamente todos los menús de todos los restaurantes de los Estados Unidos que sirven desayunos. Si usted solo se acuerda de comer un tazón de avena regularmente, estará en camino de mejorar su salud.

La avena es una fuente excelente de los carbohidratos complejos que su cuerpo requiere para mantenerse enégico. Tiene el doble de proteína que el arroz integral. También es una fuente rica en tiamina, hierro y selenio y contiene fitonutrientes que pueden llegar a ser de gran ayuda para reducir la injirencia de enfermedades del corazón y algunas formas de cáncer.

La característica que más ha atraído la atención hacia este humilde cereal es su poder para reducir el colesterol. Como ya se mencionó antes, al

parecer es el betaglucán que contiene la avena el responsable de este beneficio. Numerosos estudios han demostrado que las personas con un nivel
alto de colesterol (por encima de 220 mg/dl) que consumen sólo 3 gramos
de fibra de avena soluble al día, pueden reducir su colesterol total entre un
8% y un 23%. Este es un efecto significativo dado que la reducción en un 1%
del colesterol en la sangre se traduce en una reducción del 2% en el riesgo
de desarrollar una enfermedad cardiovascular.

LA AVENA Y EL AZÚCAR EN LA SANGRE

El efecto benéfico de la avena en el nivel de azúcar en la sangre se reportó por
primera vez en 1913. En años recientes, los investigadores han descubierto
algunos de los mecanismos que hacen que la avena sea tan eficaz. La misma
fibra soluble que reduce el colesterol, el betaglucán, al parecer también
beneficia a aquellos que sufren de diabetes tipo II. Las personas que comen
avena o alimentos ricos en avena muestran niveles más bajos en sus niveles
de azúcar de lo que mostrarían con arroz blanco o pan blanco. Las fibras
solubles reducen el ritmo en que los alimentos salen del estómago y demoran la absorción de glucosa después de comer. Como la meta de cualquier
diabético es estabilizar su nivel de azúcar, este es un efecto extremadamente
benéfico. Un estudio reciente publicado en el *Journal of American Medical
Association* encontró que un bajo consumo de fibra cereal está relacionado
con el riesgo de sufrir diabetes. Los autores concluyen: "Estos resultados
sugieren que los cereales deben consumirse lo menos refinados posible para
reducir la incidencia de diabetes mellitus." El mismo estudio observó el papel
que desempeñan varios alimentos en relación con la diabetes. Se encontró
que hay importante relación inversa entre los cereales fríos del desayuno
y el yogur, y la diabetes y, algo que no sorprende: una relevante conexión
entre la ingesta de bebidas gaseosas, pan blanco, arroz blanco, papas fritas y
papas cocinadas con dicha enfermedad. Cuanto más consuma uno de estos
últimos alimentos nombrados, mayor será el riesgo de desarrollar diabetes.

¿Cuánto Es una Porción?

Aunque comer de cinco a siete porciones de cereales integrales pueda sonar como una cantidad enorme, la porción sugerida por el USDA es pequeña, por lo tanto, no es difícil consumir una cantidad adecuada. Busque productos de granos integrales, que son ricos en fibra. Estas son las porciones típicas:

1 tajada de pan, 1 rollo pequeño o 1 *muffin*

½ taza de cereal, arroz o pasta cocidos

5 ó 6 galletas pequeñas

1 pita de cuatro pulgadas

1 tortilla pequeña

3 tortas de arroz o palomitas

½ pan de hamburguesa, *bagel* o *muffin inglés*

1 porción de cereal frío (la cantidad depende del tipo; lea la etiqueta)

LOS PODEROSOS FITOQUÍMICOS DE LA AVENA

Además de descubrir el poder de la fibra de la avena, los investigadores se han sentido gratificados al aprender más acerca de los fitonutrientes de los cereales y de cómo ayudan a prevenir enfermedades. El germen y el salvado de avena contienen una cantidad concentrada de fitonutrientes, incluyendo los ácidos cafeico y ferúlico. El ácido ferúlico ha sido el centro de investigaciones recientes que muestran prometedoras evidencias de su habilidad para prevenir el cáncer del colón en animales y en otros modelos experimentales. El ácido ferúlico ha mostrado ser un poderoso antioxidante capaz de combatir los radicales libres y proteger contra el daño oxidante que causan. Además, parece ser capaz de inhibir la formación de ciertos compuestos cancerígenos.

El maíz, una de las verduras preferidas de los Estados Unidos, es realmente un cereal. Es un cereal único ya que es fuente de cinco carotenoides: beta-caroteno, alfacaroteno, betacriptoxantina, y luteína/zeaxantina.

Sólo el maíz amarillo contiene cantidades significativas de estos carotenonoides saludables; el maíz blanco no.

Mientras la avena es el superalimento destacado de este capítulo, toda la categoría de cereales integrales es un componente importante de la dieta *Superalimentos Rx*.

Una característica inusual de la avena es que tiene dos "supersocios": las semillas de linaza molidas y el germen de trigo. Estos dos realmente pertenecen a una categoría especial porque son espcecialmente ricos en nutrientes. Los dos ofrecen beneficios en cantidades muy pequeñas. Con tan sólo agregar dos cucharadas de semillas de linaza molidas y de germen de trigo a su cereal cada día, usted estará en camino de ser más saludable.

SEMILLAS DE LINAZA

Las semillas de linaza son un supersocio que merece especial atención, porque son la mejor fuente vegetal de ácidos grasos omega 3, y, por tanto, una forma rápida y fácil de agregar un importante nutriente a su dieta. (Para una discusión completa sobre este componente crucial pero muchas veces ignorado de nuestra dieta, vea el capítulo sobre el salmón). Las semillas de linaza también son una fuente rica en fibra, proteína, magnesio, hierro y potasio: todo un tesoro oculto de nutrientes. Además, son fuente principal de un tipo de compuestos llamados lignina, que son fitoestrógenos o estrógenos vegetales. La lignina influye en el balance de estrógenos en el cuerpo y ayuda a proteger contra el cáncer de mama.

Las semillas de linaza son un poco más grandes que las de ajonjolí, más oscuras (varían entre rojo oscuro y café) y son muy brillantes. Puede comprarlas en polvo o comprar las semillas y molerlas usted mismo en un molino de café o en un miniprocesador de alimentos. Es necesario moler las semillas, ya que sus nutrientes son difíciles de absorber de la semilla entera. Como el aceite de las semillas se echa a perder rápidamente, lo ideal es molerlas justo antes de ingerirlas. Algunas personas usan un molino especial para semillas y las muelen en cantidades reducidas, que conservan en el refrigerador en un tarro pequeño de vidrio. Yo guardo las semillas ya molidas, que se pueden comprar en tiendas naturistas, en un recipiente de plástico en el refrigerador. Diariamente, espolvoreo dos cucharadas de las semillas molidas en mi avena, cereal y yogur o las uso en batidos, *pancakes*, *muffins* y panes. Todo lo que usted necesita es una o dos cucharadas de semillas de linaza molidas al día, lo que excede la recomendación diaria total de ácido alfalinolénico (ALA, o ácidos grasos omega 3 de origen vegetal) del Institute of Medicine. Dos cucharadas de semillas de linaza molidas es una cantidad adecuada para proveer óptima nutrición. No existe evidencia que sugiera que esta cantidad de semillas de linaza/ALA tenga algún efecto dañino.

Superdesayunos

Un tazón de avena caliente con uvas pasas o arándanos o arándanos agrios deshidratados con dos cucharadas de semillas de linaza molidas y dos cucharadas de germen de trigo tostado: usted no podría encontrar una mejor manera de empezar el día. Este es mi desayuno típico en el invierno; en el verano, mezclo las semillas de linaza molidas, el germen de trigo y las bayas en yogur.

GERMEN DE TRIGO

Crecí comiendo germen de trigo y usarlo ha sido una de las formas más fáciles de incrementar el consumo de cereales integrales. El trigo es uno de los cereales más antiguos: se cosechó por primera vez hace seis mil años aproximadamente. El germen de trigo es el embrión de la baya de trigo (la semilla de trigo que no ha sido calentada, molida o pulida) y es muy nutritivo. Dos cucharadas, con sólo 52 calorías, tienen 4 gramos de proteína, 2 gramos de fibra, 4,1 microgramos de folato, un tercio de la RDA de vitamina E, más niveles altos de tiamina, manganeso, selenio, vitamina B6 y potasio, además de niveles razonables de hierro y zinc. El germen de trigo, como las semillas de linaza, también es una de las pocas fuentes de ácidos grasos omega 3 de origen vegetal. Sólo dos cucharadas, la porción sugerida, de germen de trigo Kretschmer tostado tienen 100 miligramos de ácidos grasos omega 3.

El germen de trigo contiene fitosteroles que actúan para reducir la absorción del colesterol. Un ensayo clínico reciente reportó que un poco menos de seis cucharadas de germen de trigo al día causaron una reducción del 42,8% en la absorción de colesterol entre los voluntarios humanos del estudio.

Póngale germen de trigo al yogur, al cereal frío o a la avena caliente. Mézclelo con la masa de *pancakes*, *muffins* y panes. Cuando uno sabe que dos cucharadas de germen de trigo pueden aumentar significativamente la nutrición diaria, no entiende por qué alguien habría de mantenerlo guardado en un tarro en el refrigerador.

CONFUSIÓN DE GRANOS INTEGRALES

Antes de comenzar a defender las impresionantes propiedades de los cereales integrales para estimular la salud, me gustaría aclararle la confusión que desafortunadamente pudo haberlo llevado a evitar el consumo de cereales integrales en el pasado y/o a la inversa, que pudo animarlo a comprar los alimentos de cereales integrales equivocados por su restringido valor nutricional.

Existen pocos temas en las "guerras" de dietas y nutrición que sean tan confusos como los de los carbohidratos. Las dietas bajas en carbohidratos han aumentado la confusión: han llamado la atención sobre los carbohidratos, pero infortunadamente han sobresimplificado el tema de las proteínas versus los carbohidratos. Muchas personas creen que los carbohidratos equivalen a aumento de peso y que son malos. Actualmente se le pone a algunos alimentos una etiqueta que afirma que el alimento en cuestión no es carbohidrato o es "carb-free". Se les advierte a los consumidores que intentan adelgazar que comer carbohidratos destruirá cualquier posibilidad de perder peso. Lo que se está perdiendo en esta batalla, por lo menos para muchos consumidores, es el hecho de que, al igual que sucede con las grasas y las proteínas, no todos los carbohidratos tienen un mismo origen.

Los carbohidratos se encuentran en una gran variedad de alimentos, desde el azúcar de mesa y algunas verduras hasta granos y cereales integrales. Una cucharadita de azúcar es un carbohidrato, también lo es una tajada de pan de granos integrales. Puede ser que adivine cuál es mejor para usted, pero, así mismo, es posible que no sepa precisamente por qué. Este capítulo, protagonizado por la avena, lo convencerá de que los carbohidratos no sólo son buenos para usted (los carbohidratos de cereales integrales), sino que, además, son absolutamente cruciales en la búsqueda de la buena salud a largo plazo.

Cómo Leer una Etiqueta de Pan o Cereal

Existen dos cosas que usted debe buscar para asegurarse de la buena calidad de un producto:

1. En la lista de ingredientes, todos deben estar precedidos por la palabra "integral." Esto se aplica a todos los alimentos horneados, incluyendo panes, galletas, cereales y *pretzels*, etc.

2. Lea el apartado de información nutricional de la etiqueta. El contenido de fibra debe ser *por lo menos* de 3 gramos por porción de pan o cereal. Si es menor, no compre el producto.

Los cereales integrales reducen el riesgo de sufrir enfermedades cardíacas, apoplejías, diabetes, obesidad, diverticulitis, hipertensión, algunos tipos de cáncer y osteoporosis. A pesar de lo que pueda haber escuchado, no lo engordarán (a menos de que consuma demasiado de ellos, ¡lo cual es muy difícil de hacer!). La razón por la cual los carbohidratos tienen fama de engordar es que los norteamericanos comen mayoritariamente carbohidratos refinados como galletas, rosquillas, panes y tortas, que contienen exceso de azúcar y grasa y, muchas veces, también de transgrasas. Sí, son carbohidratos, pero son completamente diferentes de los carbohidratos complejos de los cereales integrales. Muchas personas no se dan cuenta de la diferencia que existe entre los cereales integrales y los refinados. Mientras los cereales integrales realmente promueven la buena salud, los cereales refinados como la pasta, la harina blanca, el pan blanco y el arroz blanco se han asociado con una gran variedad de efectos negativos sobre la salud, tales como un riesgo mayor de sufrir cánceres de colon y el recto, de páncreas y de estómago.

Si usted escoge cereales integrales reales, le prometo que se sentirá satisfecho sin peligro de engordarse. (¿Qué tanto arroz integral puede comer?) También mejorará su salud y quizás, incluso, alargará su vida.

Antes de 1880 no se conseguía harina blanca. En 1943, le adicionaron nuevamente a este tipo de harina algunos de los nutrientes que le habían suprimido durante el procesamiento, incluyendo algunas B y hierro. En 1998, nuevamente le agregaron ácido fólico. La vitamina E en varias formas y los vitaminas fitonutrientes nunca le han sido restaurados y dada la complejidad de estos nutrientes, probablemente nunca podrán ser adicionados de nuevo con éxito. Obtenga todo lo que les hace falta a los cereales refinados: ¡coma cereales integrales!

A RECUPERAR LA FAMA PERDIDA DE LOS CEREALES INTEGRALES

Algunas personas evitan todo tipo de productos con cereales, porque las han convencido de que tales alimentos son carbohidratos y que engordarán si los comen. Espero que al finalizar este capítulo, usted se haya convertido en un gran entusiasta de los cereales integrales.

Otras personas creen que están comiendo cereales integrales saludables, porque así lo estipulan algunas etiquetas de los productos que compran, las cuales han logrado convencerlas de que están comprando inteligentemente. Pero considere esto: sólo el 5% de los productos con cereales que consumen los norteamericanos contienen cereales integrales. ¿Dónde se queda el 95% de esos cereales refinados? En algunos casos, los productos que intentan hacer creer que son saludables y nutritivos realmente no lo son. Términos como "honey wheat," "multi grain," "hearty wheat" y "nutri grain," de hecho no indican nada sobre qué tan saludable es un producto. Puede ser que los alimentos que usan estos términos en su etiqueta sean nutritivos, pero esto no garantiza nada.

Los productores de alimentos están empezando a darse cuenta de tales problemas. Explore las estanterías de panes en su supermercado; probablemente verá un gran número de nuevos panes que dicen ser buenos para la salud. Contienen niveles más altos de fibra de los que usted está acostumbrado a comprar; quizás contengan harina de soya y estén preparados con cereales integrales. Escoger uno de estos panes saludables es una forma sencilla de aumentar su consumo de cereales integrales y mejorar su perfil general de salud.

¿QUÉ ES UN CEREAL INTEGRAL?

Un cereal integral, ya sea avena, cebada, trigo, bulgur u otras alternativas, contiene las tres partes que constituyen el grano, a saber:

- El salvado: una capa exterior rica en fibra que promueve la salud y que contiene vitaminas B, minerales, proteínas y otros fitoquímicos.
- La endoesperma: la capa intermedia que contiene carbohidratos, proteínas y una pequeña cantidad de vitaminas B.
- El germen: una capa interior rica en nutrientes que contiene vitaminas B, vitamina E y otros fitoquímicos.

Es la sinergia de estos tres lo que hace que los cereales integrales sean capaces de mantener la vida. A los carbohidratos refinados les han quitado sus partes saludables. En el proceso de refinamiento, para hacer harina blanca o arroz blanco, por ejemplo, a los cereales les quitan el salvado y el germen y todos sus nutrientes poderosos, antioxidantes y fitonutrientes y dejan sólo una sustancia de almidón que tiene tanto que ver con el cereal integral como una bebida gaseosa con un jugo de fruta 100% natural. ¡Pueden hacer que sea pan, pero no pueden hacer que sea saludable!

Cómo Obtener 15 Gramos Diarios de Fibra de Cereal Integral

Uncle Sam Cereal (hojuelas de trigo integral tostadas con semillas de linaza integrales; 1 taza)	10 gramos
½ taza de avena	9 gramos
Post Shredded Wheat 'N Bran (1 ¼ tazas)	8 gramos
2 cucharadas de semillas de linaza	7 gramos
1 tajada de pan Bran for Life	5 gramos
¼ taza de salvado de avena (crudo, no tostado)	4 gramos
2 cucharadas de germen de trigo (crudo, no tostado)	2 gramos
½ taza de arroz integral cocido	2 gramos
½ taza de maíz amarillo cocido	2 gramos

LOS CEREALES INTEGRALES Y SU SALUD

Los cereales integrales son esenciales para la salud; proporcionan fibra, vitaminas, minerales, fitonutrientes y otros nutrientes que sencillamente no están disponibles en cualquier otro tipo de paquete sinérgico. Todas las dietas saludables dependen de ellos. A pesar del hecho de que los cereales integrales son la base de la mayoría de pirámides alimenticias, lo que indica que deben ser una parte importante de nuestra dieta, ¡muchos norteamericanos no comen ni siquiera una porción de cereal integral al día! Los hombres y las mujeres que comen cereales integrales tienen un riesgo menor de sufrir veinte tipos de cáncer, según la reseña publicada en 1998 en la revista *Nutrition and Cancer*, de cuarenta investigaciones de observación.

Los cereales integrales también son benéficos para el corazón, según un análisis de datos del Iowa Women's Health Study, un estudio que duró nueve años con más de 34.000 mujeres que ya habían pasado la menopausia. Cuando se consideraron todos los otros factores, se evidenció que aquellas que consumían una porción o más de cereales integrales al día tenían una tasa de mortalidad del 14% al 19% menor que aquellas que rara vez o nunca consumían cereales integrales. Es una verdadera tragedia que consumamos tan pocos cereales integrales y tantos cereales refinados. Si pudiéramos cambiar ese balance, tendríamos mejor salud. Ya hemos visto cómo la avena puede reducir los niveles de colesterol y estabilizar los niveles de azúcar en la sangre. La lista completa de propiedades saludables de los cereales integrales es bastante larga.

La ingesta de vitamina E proveniente de la comida, y no de suplementos vitamínicos, se ha asociado inversamente con el riesgo de sufrir una apoplejía. Los cereales integrales y las nueces son dos fuentes importantes de vitamina E en la dieta.

El consumo de cereales integrales está relacionado con una reducción en el riesgo de sufrir apoplejías. En el Nurses' Health Study, el consumo promedio de 2,7 porciones diarias de cereales integrales entre el grupo de mujeres que nunca había fumado se asoció con una reducción del 50% en el riesgo de sufrir una apoplejía isquémica. Puesto que menos del 8% de adultos en los Estados Unidos consume más de tres porciones de cereales integrales al día, es claro que estamos perdiendo una gran oportunidad. Cuando se considera que las apoplejías son una de las principales causas de mortalidad en los Estados Unidos (con un promedio anual estimado de 700.000 apoplejías que equivalen más o menos a cuarenta mil millones de dólares al año), uno puede darse cuenta de que vale la pena convencer a todos los norteamericanos de que incorporen en su dieta el superalimento avena y otros cereales integrales.

Una investigación reportada en el *Journal of the American Medical Association* que estudió a adultos jóvenes encontró que aquellos que tenían el consumo más alto de fibra tenían los niveles más bajos de presión sanguínea diastólica. La hipertensión es uno de los factores de riesgo más importantes de sufrir una apoplejía. Los investigadores han estimado que una disminución de dos milímetros en la presión sanguínea diastólica puede resultar en una disminución del 17% en la prevalecía de hipertensión y una reducción de 15% en el riesgo de sufrir apoplejía. Los cereales integrales son una parte importante de la dieta DASH (Dietary Approaches to Stop Hypertension. Se puede consultar la página web http://www.nhlbi .nih.gov/health/public/heart/hbp/dash/), que en repetidas ocasiones ha sido reconocida por disminuir la presión sanguínea.

Los cereales integrales también son útiles en la prevención de enfermedades coronarias. En el mismo Nurses Health Study que mencionamos anteriormente, las mujeres que consumieron un promedio de dos y media porciones de cereales integrales al día experimentaron una reducción de más del 30% del riesgo de sufrir enfermedades coronarias.

> Los cereales integrales contienen folato, que ayuda a reducir los niveles de homocisteína en la sangre, un factor independiente de riesgo de sufrir una apoplejía o una enfermedad del corazón.

BIENVENIDO AL AMPLIO MUNDO DE LOS CEREALES

La avena es el superalimento estandarte de la categoría de cereales integrales. Las razones son sencillas: sus propiedades benéficas para la salud son considerables, se consigue fácilmente y es fácil de incorporar en su dieta. Sin embargo, existen muchos otros cereales integrales que pueden ayudarlo a incrementar y variar su consumo de este importante grupo alimenticio. Aquí están algunos que usted puede probar. Recuerde que es la sinergia de los diferentes nutrientes en una gran variedad de cereales lo que le dará nutrición óptima.

Granos y su contenido de fibra	porción de ¼ de taza
Triticale	8.7 gramos
Cebada	8 gramos
Amaranto	7.4 gramos
Salvado de trigo (crudo o sin tostar)	6.5 gramos
Centeno	6.2 gramos
Alforfón	4.3 gramos

Germen de trigo (crudo o sin tostar)	3.8 gramos
Quinua	2.5 gramos
Arroz silvestre	1.5 gramos
Miso	1.5 gramos
Arroz integral	0.9 gramos
Arroz blanco fortificado	0.2 gramos

COMPRAR Y COCINAR CEREALES INTEGRALES

A medida que los cereales integrales se vuelven más populares, los supermercados más los venden. Si los compra en barriles abiertos, asegúrese de que el almacén tenga buen movimiento para que los cereales sean frescos. También verifique que los barriles estén cubiertos y limpios.

Guarde los cereales integrales en recipientes herméticos, en un lugar fresco, preferiblemente en el refrigerador. La avena, por ejemplo, tiene más aceite natural de lo que la gente cree y puede volverse rancia si se guarda en un lugar cálido.

Remojar los cereales integrales antes de cocinarlos puede reducir el tiempo de cocción.

Muchos cereales saben mejor si se tuestan antes de cocinarlos. Dórelos en una sartén antiadherente a fuego lento hasta que estén fragantes y se oscurezcan; evite que se quemen.

Una vez los cereales estén cocidos, se pueden conservar en el refrigerador durante dos o tres días. Se congelan bien, así que es una buena idea cocinarlos en porciones que puedan ser congeladas. Así, pueden ser agregados fácilmente a sopas, guisos y ensaladas.

A continuación le doy algunos consejos para que pueda comer más cereales integrales:

- Solo compre pan de granos integrales
- Reemplace arroz blanco por arroz integral
- Compre galletas de granos integrales como pasabocas
- Lea la etiqueta de su cereal de desayuno; deshágase de los cereales refinados con alto contenido de azúcar
- Use tortillas y pan pita integrales para sándwiches y *wraps*

- Agregue avena a los rellenos, las albóndigas y los pasteles de carne
- Pruebe algunos cereales "exóticos" como guarnición, tales como cebada o quinua
- Busque tallarines de soba y alforfón japoneses. Son deliciosos en sopas o fríos con salsa de ajonjolí

TOSTADA DE AVENA Y MANZANA

8 A 10 PORCIONES

8 manzanas Granny Smith grandes para cocinar, sin el corazón y
  tajadas (no les quite la piel)
1 ½ tazas de hojuelas de avena
½ taza azúcar morena
¾ de taza de nueces del nogal picadas
1 cucharadita de azúcar
2 cucharadas de pasta de mantequilla Smart Balance
3 cucharadas de leche de soya

Arregle las tajadas de manzana en una lata para hornear de 13 x 8 pulgadas. En un tazón, mezcle todos los ingredientes con un tenedor o mezclador de pasteles y corte la pasta de mantequilla dentro de la mezcla. Rocíe la leche de soya sobre la superficie y mezcle. La mezcla debe tener grumos. Ponga la cobertura sobre las tajadas de manzanas. Cubra con papel de aluminio y deje hornear durante 45 minutos a una temperatura de 350°F. Remueva el aluminio y hornee hasta que las manzanas parezcan efervescentes en el fondo del recipiente. Cubra con yogur fresco o helado, si desea.

Vea la lista de compras *Superalimentos Rx* en las pp. 310-312, para encontrar algunos productos con avena recomendados.

Brócoli

SOCIOS: col de Bruselas, repollo, col rizada, nabo, coliflor, berza, *bok choy*, mostaza de la China, acelga
TRATE DE COMER: entre media y una taza al día

El brócoli contiene:

- Sulforafano
- Indoles
- Folato
- Fibra
- Calcio

- Vitamina C
- Betacaroteno
- Luteína/Zeaxantina
- Vitamina K

En el año de 1992 el presidente George Bush hizo una atrevida declaración: "Soy el presidente de los Estados Unidos y no voy a comer brócoli nunca más." Por un momento se pudo escuchar el grito ahogado de todos los nutricionistas del país, horrorizados, de costa a costa. Pero finalmente el brócoli triunfó. Tal vez en parte por la declaración del presidente, los medios tomaron partido por la causa del brócoli, y todos, hasta los más escépticos, se convencieron del poder de uno de nuestros alimentos más valiosos.

Ese mismo año, un investigador de Johns Hopkins University hizo público el descubrimiento de un compuesto que contiene el brócoli, que no sólo previno el desarrollo de tumores en un 60% en el grupo de estudio, sino que redujo el tamaño de los tumores que ya se han desarrollado en un 75%. Hoy en día, el brócoli es una de las verduras más vendidas en los Estados Unidos.

De hecho, el brócoli y sus socios están dentro de las armas más poderosas del arsenal nutricional con que contamos para combatir el cáncer. Ese solo detalle habría sido suficiente para convertirlo en un superalimento. Pero, además, el brócoli también fortalece el sistema inmunológico, disminuye la incidencia de cataratas, contribuye a la salud cardiovascular y de los huesos y previene defectos de nacimiento. El brócoli es uno de los alimentos con más nutrientes: ofrece un alto valor nutritivo con un bajo aporte de calorías. Entre las verduras que se comen con más frecuencia en los Estados Unidos, el brócoli gana en términos de contenido de polifenoles, pues contiene más de ellos que otras verduras más populares; sólo la remolacha y la cebolla roja contienen más polifenoles por porción.

El brócoli es una excelente fuente de hierro vegetal.

El brócoli es miembro de la familia *Brassica*, o crucífera. "Crucífera" viene de la raíz latina *crucifer*, que significa "llevar una cruz," lo que se refiere a las flores en forma de cruz de las verduras de esta familia. La palabra "brócoli" se deriva de la palabra latina *brachium*, que significa brazo o rama y que describe los tallos terminados en cogollos de la verdura. Originalmente, crecía silvestre a lo largo de las costas del Mediterráneo, pero luego los romanos empezaron a cultivarlo y todos los italianos lo adoptaron; hoy en día se consigue en todo el mundo. Más tarde, los inmigrantes italianos lo trajeron a América. La mayor parte del brócoli que se consume en los Estados Unidos proviene de California. El hecho de que su consumo se haya duplicado en la última década del siglo XX, después de las noticias sobre sus propiedades anticancerígenas, es realmente alentador. Y las noticias de los últimos años sobre sus propiedades para mejorar la salud son aun más impresionantes. Además, es una verdura afortunada, pues aparte de saber muy bien, ofrece una variedad de texturas, desde sus flores hasta la suavidad de sus tallos fibrosos.

Crudo versus Cocido

Las verduras crucíferas tanto crudas como cocidas contienen fitonutrientes anticancerígenos. Cuando están crudas contienen más vitamina C, pero al cocinarlas los carotenoides que contienen se vuelven más biodisponibles.

Coma estas verduras tanto crudas como cocidas para obtener la mayor protección contra el cáncer e innumerables beneficios para la salud. Me gusta comer los cogollos del brócoli crudos con un dip bajo en grasa y repollo crudo, cortado en julianas y mezclado con espinaca en ensalada.

EL BRÓCOLI Y EL CÁNCER

El desarrollo del cáncer en el cuerpo humano es un suceso de largo plazo que empieza a nivel celular y cuya anormalidad no se diagnostica como cáncer sino diez o veinte años después. Mientras los investigadores procuran avanzar a pasos agigantados para encontrar maneras de curar esta enfermedad mortal —es la mayor causa de muerte en los Estados Unidos después de las enfermedades del corazón—, la mayoría de los científicos han llegado a la conclusión de que tal vez es más fácil prevenir esta enfermedad que curarla.

La dieta es la mejor herramienta que tenemos a la mano para protegernos de desarrollar un cáncer. Sabemos que una dieta occidental típica desempeña un papel primordial a la hora de desarrollar la enfermedad y también sabemos que al menos el 30% de todos los tipos de cáncer tiene un componente nutricional. Varios estudios con personas indican que el brócoli y otras verduras crucíferas podrían ser útiles en la prevención del cáncer. Un estudio que se llevó a cabo durante diez años, y que fue publicado por el Harvard School of Public Health, con una muestra de 47.909 hombres, demostró una relación inversamente proporcional entre el consumo de verduras crucíferas y el desarrollo de cáncer de vejiga. El brócoli y el repollo, al parecer, fueron los que aportaron la mayor protección. Innumerables estudios han confirmado estos hallazgos. En 1982, el National Research Council on Diet, Nutrition, and Cancer encontró que "hay suficiente evidencia epidemiológica que sugiere que el consumo de verduras crucíferas está asociado con una reducción de cáncer."

Un metaanálisis reciente, que revisó los resultados de 87 estudios de casos controlados, confirmó una vez más que el brócoli y otras verduras crucíferas reducen el riego de sufrir de cáncer. Tan solo con diez gramos de crucífera al día (menos de ⅛ de taza de repollo crudo picado o brócoli crudo picado) puede tenerse un efecto importante en el riesgo de desarrollar cáncer. De hecho, comer brócoli y sus socios es como obtener una dosis natural de quimioprevención. Un estudió demostró que comer dos porciones de crucíferas al día puede reducir hasta en un 50% el riesgo de sufrir de ciertos tipos de cáncer. Aunque al parecer todas las crucíferas son eficaces a la hora de combatir el cáncer, el brócoli, el repollo y las coles de Bruselas son las más poderosas. Tan sólo media taza de brócoli al día protege de varios cánceres, especialmente de los pulmones, del estómago, del colon y del recto. No es de extrañar que sea el número uno en la lista de nutrición del National Cancer Institute.

El brócoli es la verdura que está más fuertemente asociada con una baja incidencia de cáncer de colon, especialmente en las personas menores de 65 años que fuman. Si alguna vez ha fumado, ¡coma brócoli!

Los compuestos de sulfuro contenidos en las verduras crucíferas son la razón principal por la cual son tan fuertes quimiopreventoras. El olor penetrante que caracteriza al brócoli, al repollo y a otras crucíferas se debe justamente a su contenido de compuestos de sulfuro que protegen tanto a la planta como a usted (a la planta de los insectos y animales).

Los compuestos particulares del brócoli que son tan eficaces para combatir el cáncer, incluyen fitoquímicos, sulforafano e indoles. El sulforafano es un compuesto increíblemente poderoso que combate el cáncer desde varios frentes. Aumenta las enzimas que ayudan al cuerpo a deshacerse de carcinógenos; de hecho, mata las células anormales y ayuda al cuerpo a restringir la oxidación celular, que es el proceso, como ya lo hemos mencionado, que origina muchas enfermedades crónicas. Los indoles trabajan para combatir el cáncer mediante su efecto en el estrógeno. Bloquean los receptores de estrógeno en las células cancerígenas del seno, inhibiendo el crecimiento de cánceres de seno, sensibles al estrógeno. Se cree que el indol más importante en el brócoli, el indol-3-carbinol o I3C, es un agente especialmente eficaz en la prevención del cáncer de seno. En un estudio del Institute for Hormone Research, en Nueva York, se hicieron tres grupos con sesenta mujeres: un grupo consumió 400 miligramos de I3C al día; otro tuvo una dieta rica en fibra y el tercer grupo de control siguió una dieta con placebos. El primer grupo mostró niveles mucho más altos de la forma de estrógeno que previene el cáncer, mientras los otros dos grupos no mostraron un aumento de esta sustancia. A propósito, hoy se consigue en el mercado I3C como suplemento. Sin embargo, como este suplemento todavía no ha sido suficientemente probado, recomiendo, como siempre, confiar más en la fuente alimenticia: coma más brócoli.

Brotes = Superbrócoli

Investigadores han descubierto que los brotes de brócoli tienen entre diez y cien veces más poder de neutralizar los carcinógenos que el brócoli maduro. Unos pocos brotes en su ensalada o en su sándwich pueden hacer más por usted que un par de tallos de brócoli maduro. Estas son buenas noticias especialmente para aquellas personas, en particular niños, que no quieren comer brócoli. Visite www.broccosprouts.com para informarse mejor sobre esta verdura y dónde puede comprarla.

El brócoli contiene otros compuestos que contribuyen a que sea una verdura anticáncer. Sabemos que la vitamina C desempeña un papel importante en la prevención del cáncer y el brócoli y otras muchas crucíferas son ricas en esta vitamina antioxidante. Una taza de brócoli cocido contiene más de 100% de la RDA (Recommended Daily Allowance) de vitamina C para hombres y mujeres y el 27% de mi recomendación de betacaroteno al día. El brócoli también es rico en fibra, que es importante para reducir el riesgo de sufrir cáncer.

> Se ha comprobado que el sulforafano del brócoli es eficaz para combatir la *Helicobacter pylori,* una bacteria que comúnmente causa úlceras gástricas y cáncer gástrico.

TODO ES MEJOR CON BRÓCOLI

Si el brócoli sólo nos protegiera contra el cáncer, ya sería suficiente. Pero esta poderosa verdura trabaja también en otros frentes.

El brócoli y sus parientes crucíferas son ricos en folato, la vitamina B que es vital para prevenir defectos de nacimiento. Los defectos del tubo neural, como espina bífida, se han relacionado con una deficiencia en ácido fólico durante el embarazo. Una taza de brócoli crudo cortado provee más de 50 miligramos de folato (la forma vegetal del ácido fólico). El folato también ayuda activamente a remover la homocisteína del sistema circulatorio: un nivel alto de homocisteína en la sangre es síntoma de enfermedad cardiovascular. El folato también contribuye a prevenir el cáncer. Como dato curioso, al parecer la deficiencia en ácido fólico es la más común en el mundo.

Todos sabemos lo común que es que las personas mayores sufran de cataratas. ¡Brócoli al rescate! El brócoli es rico en los antioxidantes carotenoides luteína y zeaxantina (también en vitamina C). Ambos carotenoides se concentran en el lente y la retina del ojo. Una taza de brócoli crudo picado provee de 1,5 miligramos de luteína y zeaxantina: el 8% de la meta recomendada por *Superalimentos Rx* de 12 miligramos al día. Un estudio encontró que las personas que comen brócoli más de dos veces a la semana tienen 23% menos riesgo de sufrir cataratas cuando se las compara con quienes comen brócoli menos de una vez al mes. La luteína, la zeaxantina y la vitamina C también sirven para proteger los ojos del daño de los radicales libres causados por los rayos ultravioleta.

El brócoli y las verduras crucíferas contribuyen a la formación de los huesos. Una taza de brócoli crudo provee 41 miligramos de calcio y 79 miligramos de vitamina C, la cual promueve la absorción del calcio. A pesar de que no contiene una gran cantidad de calcio, el brócoli tiene pocas calorías y ofrece otros muchos beneficios. La leche entera y otros productos lácteos sin descremar, que por mucho tiempo nos han sido vendidos como las principales fuentes de calcio, no contienen vitamina C y con frecuencia contienen demsiadas grasas saturadas y muchas calorías, más que las 25 presentes en una taza de brócoli picado. Este, además, contiene una cantidad importante de vitamina K, que es vital para la coagulación de la sangre y también contribuye a la salud de los huesos.

El brócoli es una gran fuente de flavonoides, carotenoides, vitamina C, folato y potasio, que ayuda a prevenir las enfermedades cardiovasculares. También provee cantidades generosas de fibra, vitamina E y vitamina B6, la cual contribuye a la salud cardiovascular. El brócoli es una de las pocas verduras, junto con la espinaca, que contiene relativamente bastante coenzima Q10 (CoQ10), un antioxidante liposoluble que es el principal contribuyente a la producción de energía en nuestro cuerpo. También desempeña un papel como protector cardiovascular en las personas a quienes les han diagnosticado alguna enfermedad cardíaca.

Casi el 25% de la población hereda una aversión hacia el sabor amargo de las crucíferas. Si esto le sucede, póngales sal, pues hace que sepan un poco más dulces. También puede sofreírlas con salsa de soya baja en sodio, o adicionarlas a las lasañas o a los guisos.

EL BRÓCOLI EN LA COCINA

La buena noticia sobre el brócoli es que es una verdura popular; la mala noticia es que no comemos suficiente. En un estudio, el 3% de los encuestados dijo haber comido brócoli en las veinticuatro horas anteriores. ¿Qué frutas y verduras estamos comiendo en su lugar? Lechuga, tomate, papas fritas, banana y naranja. ¿No es bueno esto? Es cierto que el tomate, la naranja y la banana son benéficios para usted, pero la lechuga y la papa blanca frita usualmente son las opciones más populares entre los norteamericanos en lo referente a verduras; necesitamos un cambio drástico a la hora de escogerlas. A continuación daré algunas ideas para que coma más brócoli y otras crucíferas.

Una de las mejores características del brócoli es que ya está listo para comer. Su temporada de cosecha va de octubre a mayo, pero es fácil encontrarlo en los supermercados todo el año. Aunque probablemente es más nutritivo el que uno compra en los puestos a orillas de las carreteras, de granjeros orgánicos, el brócoli congelado también tiene buen contenido nutricional. Si lo va a comprar fresco, escoja el joven, pues el viejo puede ser más duro y tener un olor más fuerte. Esta hermosa verdura viene en gran variedad de tonalidades de verde, que van del verde salvia al verde bosque intenso. Incluso se consigue en tonalidades de morado. También se consiguen otros miembros de la familia: *broccolini*, un injerto de brócoli y col, y *broccoflower*, un injerto de brócoli y coliflor.

Dado que quienes cultivan brócoli le quitan a la verdura la mayoría de los tallos cuando la preparan para congelar, los cogollos que quedan dominan la porción. Y como los carotenoides y los otros nutrientes están concentrados en los cogollos, usted obtiene un 35% más de ciertos nutrientes por porción de brócoli congelado que del fresco. Sus hojas contienen incluso más carotenoides que los cogollos.

Cuando vaya a comprar brócoli, escoja el que tenga un color intenso, que esté firme y que los cogollos sean tupidos. (Recuerde que cuanto más intenso sea el color, más fitonutrientes contiene.) Tenga en cuenta que, por lo general, si los cogollos son más pequeños, el sabor es mejor. Si los cogollos tienen una coloración amarillenta, quiere decir que ya se le ha pasado su tiempo a la verdura. Si los tallos tienen todavía hojas, estas deben ser firmes y deben verse frescas; las hojas marchitas también son señal de que la verdura está vieja. Puede guardar el brócoli en un recipiente cerrado en el refrigerador entre cinco y siete días. Nunca lo lave antes de guardarlo, pues puede desarrollar moho si queda húmedo.

Lávelo muy bien antes de usarlo cuando está fresco, puede sumergirlo en agua fría si los cogollos tienen rastros de tierra o polvo. No bote las hojas, pues son ricas en nutrientes. Corte cualquier parte rugosa del tallo rebanando unas pocas pulgadas del tallo restante, para apresurar la cocción, pues los cogollos se cocinan primero. La mejor manera de cocinar el brócoli es al vapor o en el microondas con muy poca agua; si lo hierve, puede perder hasta el 50% de su contenido de vitamina C.

A continuación le doy algunos consejos para que coma más crucíferas:

- Mantenga a mano brócoli congelado o fresco para prepararlo sofrito.

- Haga puré de brócoli con cebolla salteada y mézclelo con leche descremada o leche de soya y condimente con un poco de nuez moscada, así obtendrá una deliciosa sopa rápida y fácil.

- Para hacer una ensalada en un dos por tres, mezcle en un tazón julianas de brócoli crudo, repollo morado y cebolla roja, condimente con una vinagreta casera y, si le gustan, con semillas de amapola.

- Me agrada comerme el brócoli que ha quedado de una comida anterior simplemente sacado del refrigerador. Pero si prefiere, puede condimentarlo con algún aderezo para ensaladas y ajonjolí tostado.

- Corte coles de Bruselas y sofríalas con un poquito de ajo picado, aceite de oliva, nueces del nogal o piñones tostados y un poco de jugo de limón fresco. Mézclelas con pasta o cómalas como guarnición de un plato principal.

- Sofría repollo en julianas en una cucharada de aceite de ajonjolí y sírvalo como guarnición de un plato de comida asiática.

- Cubra brócoli o coliflor previamente partido con aceite de oliva y sal y métalo al horno a 425°F de 20 a 30 minutos. Su sabor será más dulce e intenso.

- Sirva cogollos de brócoli crudo con *hummus*.

- Le pongo julianas de repollo a casi todas las ensaladas que como en casa. Usted no tiene que ponerle muchas, con un poco es suficiente para obtener una gran cantidad de nutrientes.

Este es el tipo de verduras que si uno come en demasía puede tener efectos adversos. El brócoli contiene goitrogenos, unas sustancias naturales que pueden interferir con el funcionamiento de la glándula tiroides. Sin embargo, comer dos tazas al día de brócoli o de coles de Bruselas cocidas es perfectamente seguro. La conclusión es que comer con moderación esta variedad de verdura ofrece una gran cantidad de beneficios para la salud.

Vea la lista de compras *Superalimentos Rx* en la página 322, para encontrar algunos productos con brócoli recomendados.

Calabaza

SOCIOS: zanahoria, *butternut squash*, batata, pimiento dulce anaranjado

TRATE DE COMER: ½ taza casi todos los días

La calabaza contiene:

- Alfacaroteno
- Betacaroteno
- Mucha fibra
- Pocas calorías

- Vitaminas C y E
- Potasio
- Magnesio
- Acido pantoténico

"¿Calabaza?", me preguntan. "¿Por qué calabaza?" La mayoría de las personas considera la calabaza la oveja negra de los superalimentos. Muchos de nosotros rara vez pensamos en la calabaza como un alimento. Compramos una para tallarla en Halloween y que sirva de candelabro mientras los niños vienen a pedir dulces. Sólo la comemos una vez al año, y eso, en el *pie* del Día de Acción de Gracias. La mayoría de las personas considera las calabazas un objeto decorativo más que un alimento altamente nutritivo y delicioso.

Esto es una lástima porque la calabaza es uno de los alimentos más nutritivos que el hombre conoce. (Por cierto, la calabaza no es una verdura; es una fruta. Como los melones, es un miembro de la familia de las cucurbitáceas.) Además, es barata, se consigue durante todo el año en lata, es muy fácil de preparar, es rica en fibra y baja en calorías. Considerando todo lo anterior, la calabaza es una estrella nutricional.

Los indígenas norteamericanos apreciaban la calabaza y usaban tanto la pulpa como las semillas como un alimento básico. La pulpa la comían fresca asada o deshidratada y las semillas les servían como medicina. Para la celebración del segundo Día de Acción de Gracias, la calabaza ya se había convertido en una de las principales atracciones del banquete anual. De hecho, los primeros colonizadores hicieron una versión de pudín de calabaza que se asemeja a una de mis recetas preferidas que incluiré en este capítulo. Tomaron una calabaza, la llenaron de leche, especias y miel y la hornearon en cenizas calientes. El resultado final fue un plato dulce muy parecido al Pudín de calabaza de Patty (página 92), aunque dudo que fuera tan delicioso.

Recomendación Diaria de Carotenoides

La Food and Nutrition Board del Institute of Medicine de la National Academy of Sciences es la encargada de establecer las dosis diarias recomendadas de varios nutrientes. Mientras que se ha reconocido que "concentraciones altas en la sangre de betacaroteno y otros carotenoides obtenidos de alimentos están asociados con un menor riesgo de sufrir varias enfermedades crónicas," todavía no ha podido determinar un consumo diario recomendado de carotenoides. Mientras tanto, basándome en toda la literatura disponible, he fijado unas recomendaciones que opino que le asegurarán consumir las cantidades protectoras óptimas de estos nutrientes.

Alfacaroteno: 2,4 miligramos o más de fuentes alimenticias
Betacaroteno: 6 miligramos o más de fuentes alimenticias
Licopeno: 22 miligramos o más de fuentes alimenticias
Luteína zeaxantina: 12 miligramos o más de fuentes alimenticias
Betacriptoxantina: 1 miligramo o más de fuentes alimenticias

Los nutrientes en la calabaza son realmente de la mejor calidad. Es extremadamente rica en fibra y baja en calorías y está provista de muchos nutrientes que combaten las enfermedades, incluyendo potasio, ácido pantoténico, magnesio y vitaminas C y E. El nutriente clave que posiciona a la calabaza como uno de los más importantes en la lista de los superalimentos es la combinación sinérgica de carotenoides. La calabaza contiene una de las provisiones más ricas de carotenoides biodisponibles conocidas por el hombre. De hecho, media taza de calabaza le proporciona un consumo dos veces mayor que el que yo recomiendo de alfacaroteno y el 100% de mi meta alimenticia diaria recomendada de betacaroteno. Cuando usted se dé cuenta de los increíbles beneficios de estos nutrientes, entenderá por qué la calabaza es un alimento nutricional cinco estrellas.

Los carotenoides son compuestos liposolubles de color naranja, amarillo o rojo, que se encuentran en una variedad de plantas. Su función es protegerlas del daño del sol mientras las ayudan a atraer pájaros e insectos para la polinización. Hasta ahora, los científicos han identificado aproximadamente seiscientos carotenoides, y más de cincuenta de ellos se encuentran comúnmente en nuestra dieta. El cuerpo no absorbe eficazmente todos los carotenoides alimenticios. Como resultado, solo treinta y cuatro han sido detectados en nuestra sangre y en la lecha materna. Los seis carotenoides más comunes que se han encontrado en tejidos humanos incluyen el betacaroteno, el licopeno, la luteína, la zeaxantina, el alfacaroteno y la betacriptoxantina. Tanto el alfacaroteno, el batacaroteno y la betacriptoxantina son conocidos como carotenoides provitamina A, lo que significa que el cuerpo puede convertirlos en vitamina A. A diferencia de las fuentes animales de vitamina A, estas fuentes vegetales no proveen de una cantidad tóxica de la vitamina. (Como dato curioso, si usted come suficiente hígado de oso polar, el cual es extremadamente rico en la llamada "preforma de vitamina A animal," puede morirse de una dosis tóxica de esa vitamina.) Los carotenoides están concentrados en una gran variedad de tejidos, donde pueden ayudar a protegernos de los radicales libres, modular nuestra respuesta inmunológica, mejorar nuestra comunicación intercelular y, posiblemente, estimular la producción de enzimas naturales desintoxicantes. Los carotenoides también desempeñan un papel principal en la protección de la piel y los ojos de los efectos dañinos de los rayos ultravioleta.

Los alimentos ricos en carotenoides han sido asociados con una gran variedad de actividades que promueven la salud y combaten las enfermedades. También se ha demostrado que reducen el riesgo de sufrir de varios tipos de cáncer, incluyendo cánceres de pulmón, colón, vejiga, cervical, seno y piel. En el histórico estudio con enfermeras que ya hemos mencionado, las mujeres con las concentraciones más altas de carotenoides en su dieta tuvieron el riesgo más bajo de sufrir cáncer de seno.

Rápidas Dosis de Carotenoides

Para obtener su dosis diaria de carotenoides disfrute de una naranja tajada o de un pimiento rojo, zanahorias *baby* peladas, que pueden cocinarse rápidamente al vapor o en el microondas o comerse crudas, un puñado de albaricoques frescos o deshidratados o ciruelas pasas, una tajada de melón o de sandía, una tajada de mango o un caqui. Otra dosis de carotenoides que le encanta a todo el mundo: un sorbete de mango de Häagen-Dazs.

Los carotenoides también han mostrado resultados prometedores con respecto a su habilidad para reducir los índices de enfermedades cardíacas. En un estudio de trece años, los investigadores encontraron una fuerte correlación entre bajas concentraciones de carotenoides en la sangre y un mayor índice de enfermedades del corazón. Como se ha demostrado en repetidas ocasiones, la relación entre un mayor consumo de carotenoides y un menor riesgo de sufrir enfermedades cardíacas fue mayor cuando se consideraron todos los carotenoides y no solo el betacaroteno.

El consumo de carotenoides también redujo el riesgo de sufrir cataratas y degeneración de la mácula.

Los dos carotenoides que están presentes de manera más abundante en la calabaza, el beta y el alfacaroteno, son fitonutrientes particularmente poderosos.

El betacaroteno, que primero llamó la atención en la década de los ochenta, es hoy uno de los antioxidantes más estudiados del mundo. La palabra "carotenoide", derivada de "carrot" [zanahoria], viene del color amarillo y anaranjado de estos nutrientes, que al principio fueron relacionados primordialmente con la zanahoria. Esta, al igual que la batata también contiene grandes cantidades de betacaroteno. Abundante en frutas y en verduras, hace mucho sabemos que el betacaroteno de los alimentos ayuda a prevenir muchas enfermedades, incluyendo el cáncer de pulmón. Fue la conexión entre el betacaroteno y la prevención de este tipo de cáncer lo que condujo a estudios asombrosos. Estas importantísimas investigaciones sobre el betacaroteno fueron los primeros indicios de que los suplementos no son la respuesta definitiva frente a la prevención de enfermedades e, incluso, este hallazgo está en el centro de la filosofía de los superalimentos: los alimentos enteros e integrales son la clave de la prevención de enfermedades y de la promoción de salud.

Los científicos creyeron que si el betacaroteno en los alimentos ayudaba a prevenir el cáncer pulmonar, lógicamente un suplemento de este carotenoide haría lo mismo. Infortunadamente, y para sorpresa de todos, dos estudios importantes mostraron que, por el contrario, los fumadores que tomaron suplementos de betacaroteno presentaron un aumento en cáncer pulmonar.

Quizás usted recuerde ambos estudios, que fueron noticia de primera página hace unos años:

- En 1996, un estudio finlandés con 29.000 hombres fumadores, publicado en la *New England Journal of Medicine*, mostró que aquellos que fumaban y habían tomado suplementos de betacaroteno tenían 18% más probabilidades de desarrollar cáncer pulmonar que aquellos que no habían tomado suplementos.

- En los Estados Unidos, el estudio Carotene y Retinal Efficacy Trial (CARET), publicado en la *Journal of the National Cancer Institute*, fue detenido casi dos años antes de su finalización debido a los resultados negativos que tuvieron los suplementos de betacaroteno y vitamina A sobre los fumadores, en comparación con quienes estaban tomando un placebo.

La noticia de los resultados sorpresivos fue contundente para las personas que seguían las tendencias en salud. Se habían acostumbrado a los infor-

mes generalmente positivos sobre los micronutrientes que por sí solos ayudan a prevenir enfermedades. ¿Qué falló? En los términos más sencillos, el
betacaroteno, que se encuentra en los alimentos y que trabaja en sinergia
con otros nutrientes, tiene un efecto muy diferente sobre el cuerpo que el
nutriente aislado de su red de socios con los cuales trabaja sinérgicamente.
Los carotenoides, como muchos otros nutrientes, trabajan mejor en equipo;
si este se divide, los resultados pueden ser impredecibles.

Además, la dosis de un nutriente en la forma de suplemento difiere de la
dosis que usted obtendría de la comida. Por ejemplo, sabe que 10 miligramos diarios de betacaroteno obtenidos de zanahorias son saludables y ayudan a prevenir enfermedades. Pero si le dan 20 miligramos de betacaroteno
en una pastilla, la dosis puede comportarse más como una droga que como
un nutriente con consecuencias no intencionales y eventualmente adver-
sas para su salud. ¿Por qué? Porque el índice de absorción del betacaroteno
de las zanahorias crudas es solo del 10%. Si usted cocina la zanahoria, el
índice de absorción del betacaroteno sube aproximadamente al 29%; así, su
cuerpo sólo está absorbiendo cierto porcentaje. Difícilmente puede comer
tantas zanahorias como para obtener una dosis tóxica, pero tampoco existe
una dosis tóxica de carotenoides de zanahoria, calabaza u otros alimentos.
De hecho, el único efecto colateral (inofensivo) que se conoce de ingerir
demasiados carotenoides de alimentos enteros es que la piel adquiere un
tono naranja (betacaroteno) o rojizo (licopeno). Por otra parte, si usted
ingiere betacaroteno en forma de suplemento, su cuerpo está absorbiendo
un porcentaje muy alto de este micronutriente. De repente no solo es una
dosis potencialmente farmacológica de un nutriente, sino que es una dosis
que puede alterar el balance de la sinergia de otros nutrientes de los que
depende su cuerpo para mantener su salud.

Cuando son derivados de alimentos enteros como la calabaza, los carotenoides son protagonistas en la lucha contra las enfermedades. Niveles
altos de betacaroteno y alfacaroteno en la sangre se asocian con niveles
bajos de algunas enfermedades crónicas. En estudios de laboratorio, el
betacaroteno ha mostrado tener poderosas propiedades antioxidantes y
antiinflamatorias. Previene la oxidación del colesterol, y dado que el colesterol oxidado es el que se acumula en las paredes de los vasos sanguíneos
y aumenta el riesgo de sufrir un ataque cardíaco o una apoplejía, obtener

más betacaroteno de la dieta puede ayudar a prevenir la evolución de la aterosclerosis y de enfermedades del corazón.

El betacaroteno junto con otros carotenoides también pueden ser útiles en la prevención de complicaciones de la diabetes de largo plazo causadas por los radicales libres e, igualmente, en la prevención de un mayor riesgo de sufrir problemas cardiovasculares asociados con esta enfermedad.

Los estudios han demostrado que un buen consumo de betacaroteno puede ayudar a reducir el riesgo de sufrir cáncer de colon, posiblemente al proteger las células de esta parte del intestino de los efectos dañinos de los químicos cancerígenos.

Mientras el betacaroteno ha sido asociado con la promoción de la salud por largo tiempo, es la abundancia de alfacaroteno en la calabaza lo que la hace un alimento tan nutritivo. La importante noticia sobre el alfacaroteno es que su presencia en el cuerpo junto con otros nutrientes clave es inversamente proporcional al índice de envejecimiento biológico. En otras palabras, cuanto más alfacaroteno consuma, más lentamente aparecerán los síntomas del envejecimiento; no sólo puede disminuir la velocidad del envejecimiento, sino que también se ha reportado que protege contra varios tipos de cáncer y contra las cataratas. Además, la combinación de carotenoides, potasio, magnesio y folato que se encuentra en la calabaza ofrece protección contra enfermedades cardiovasculares.

La calabaza también es una magnífica fuente de fibra. La mayoría de las personas no está consciente del contenido de fibra de la calabaza en lata, porque se ve tan cremosa. Pero una porción de media taza provee 5 gramos de fibra, lo que es más de lo que usted obtiene de la mayoría de cereales del supermercado.

Las Estrellas del Alfacaroteno

Calabaza (cocida, 1 taza)	11.7 mg
Zanahoria (cocida, 1 taza	6.6 mg
Butternut squash (cocido, 1 taza)	2.3 mg
Pimiento anaranjado (1 taza)	0.3 mg
Berza (cocida, 1 taza)	0.2 mg

CÓMO INCLUIR LA CALABAZA EN SU DIETA

Es maravilloso que la calabaza sea una fuente nutricional tan rica, pero esto no sirve de mucho si cada vez que usted quiere un poco tiene que luchar con una de estas enormes frutas en su cocina. Puesto que se da en invierno, usualmente la calabaza se encuentra fresca únicamente en el otoño y a comienzos del invierno y puede que el resto del año tenga dificultades para conseguirla. Sin embargo, una de sus mayores ventajas es que se consigue fácilmente durante todo el año en lata y es muy barata. En nuestra casa, siempre tenemos pudín de calabaza hecho por mi esposa Patty. A nuestros hijos y a sus amigos les encanta, y a pesar de que a veces son escépticos frente a los alimentos "saludables", se lanzan sobre él cuando lo servimos.

La calabaza en lata es uno de esos alimentos que desmienten la idea de que "fresco siempre es mejor". A veces no solo es difícil sino imposible encontrar calabaza fresca. Pero esto no importa, si tenemos en cuenta que en lata es *más* nutritiva (con excepción de las semillas de calabaza: vea el recuadro de la página 91). El puré de calabaza en lata (no se confunda con el "relleno para torta de calabaza", que tiene más azúcar y especias) ha sido cocinado para reducir el contenido de agua que usted encontraría en la fruta fresca. Con sólo 83 calorías por taza, aporta más del 400% de mi recomendación de alfacaroteno y cerca del 300% de mi recomendación de betacaroteno, así como casi la mitad del requerimiento diario de hierro para hombres adultos y mujeres después de la menopausia.

La calabaza no es la única de su familia que está llena de carotenoides benéficos. En el supermercado se consiguen durante casi todo el año otras variedades cuyos beneficios nutricionales se acercan bastante a los de la calabaza. No cometa el error de pensar que todas las variedades saben igual. No es así. Trate de experimentar con varias, para descubrir cuál le gusta más. La mayoría de las personas conoce el *acorn squash*, pero con frecuencia este es insípido. Pruebe el *butternut squash* (que es altamente nutritivo y es ideal para preparar sopas), el *buttercup squash* (parece como si tuviera puesto un "sombrero" donde está el tallo), el *delicata squash* (parece un pepino gordo entre amarillo y anaranjado con rayas verdes) o el *hubbard squash* (tiene un color verde profundo y es más redondo que el *acorn squash*.

Existe una gran diferencia entre un *acorn squash* viejo y uno fresco, delicioso y maduro. Compre estos *butternut squash* en las granjas donde usted sabe que estarán frescos porque son cultivados por agricultores locales. En todo caso, a continuación le doy unos consejos para escoger la más sabrosa y nutritiva cucurbitácea de invierno:

- Debe estar dura como una piedra. Si es suave, es o muy joven o muy vieja. Pruebe la piel: si se rasguña fácilmente, probablemente es muy joven.

- Escoja la que todavía tenga el tallo. Sin el tallo, pueden introducirse bacterias.

- La piel debe verse mate. Si brilla, es muy joven o ha sido tratada con cera.

- Un color profundo y rico normalmente significa que está madura. Si es verde oscuro, por lo general se puede ver el área que estaba en contacto con el piso; esta debe ser de un color maduro, no verde pálido.

- Durante el tiempo de cosecha pueden encontrarse los colores más intensos; normalmente desde el final del verano hasta el otoño. Pero en los meses siguientes, cuando la fruta ha sido almacenada, será más dulce y tendrá un sabor más concentrado.

- Usualmente, la que ha sido cultivada en climas más fríos tendrá más sabor y será más dulce que las que han crecido en climas más cálidos. Verifique esto con su proveedor.

Mezcle calabaza en lata con yogur semidescremado o descremado o con salsa de manzana. Puede rociarla con miel de alforfón y unas pasas. Use la calabaza en lata en recetas de sopas, panes y *muffins*.

SOCIOS DE LA CALABAZA

Mientras que la calabaza es el estandarte de esta categoría, existen otras maravillosas opciones que proveen una gran cantidad de carotenoides, así como también otros beneficios nutricionales. Probablemente, la zanahoria es la más popular. Sus nutrientes son más biodisponibles cuando se cocinan; así que aunque no hay nada de malo en comer zanahorias crudas, usted podrá obtener más beneficios nutricionales si las cocina.

Semillas de Calabaza

Puede comprar las semillas de calabaza (a veces etiquetadas como "pepitas") o puede sacarlas de una calabaza fresca y tostarlas. Son ricas en vitamina E, hierro, magnesio, potasio y zinc. Además, son una gran fuente vegetal de ácidos grasos de omega 6 y omega 3. Remueva cualquier pulpa o hilos de las semillas y enjuáguelas en agua fresca. Séquelas dejándolas al aire libre durante una noche y rocíeles un poco de aceite de oliva y de sal marina. Tuéstelas en una lata de galletas en el horno a 350°F entre 15 y 20 minutos. Si desea, rocíelas con curry o chili en polvo. Déjelas enfriar completamente y guárdelas en un recipiente hermético en el congelador.

La batata es otra excelente fuente de carotenoides benéficos. Perfórela con un tenedor y póngala en el microondas aproximadamente 5 minutos, si no tiene tiempo de hornearlas. Si usa el horno, la batata comienza a caramelizarse mientras se cocina. Una batata horneada ni siquiera necesita mantequilla, solo un poco de sal y pimienta. Muchas veces, empaco la mitad de una batata para comérmela fría en la oficina; sabe delicioso a temperatura ambiente, así que no importa si no tiene microondas para calentarla. Otro pequeño lujo que se puede dar con las batatas es cortarlas en rodajas delgadas (una mandolina puede ser de gran ayuda), revolverlas con un poco de aceite de oliva y sal gruesa y asarlas en una lata para galletas en el horno a 400°F durante 20 minutos aproximadamente, volteándolas unas cuantas veces. Tenga cuidado de no quemarlas y recuerde que cuanto más delgadas sean las rodajas, más rápido se tostarán.

PUDÍN DE CALABAZA DE PATTY

½ taza de azúcar
1 cucharadita de canela
½ cucharadita de sal
¼ cucharadita de jengibre molido, opcional
¼ cucharadita de clavos molidos, opcional
2 huevos grandes (con un alto contenido de omega 3, dice la etiqueta)
1 lata de 15 onzas de 100% calabaza de Libby's
1 lata de 12 onzas de leche evaporada descremada (o leche
   evaporada 2%)

Mezcle el azúcar, la canela, la sal, el jengibre y los clavos en un tazón pequeño. Bata los huevos en uno grande. Revuelva la calabaza y la mezcla de azúcar y especias. Gradualmente agregue la leche evaporada y vaya revolviendo. Vierta en una refractaria poco profunda. Ponga la refractaria en el horno precalentado a 350°F durante aproximadamente 40 minutos. No exceda el tiempo de cocción; el centro debe quedar algo ondulado. Deje enfriar y disfrute a temperatura ambiente o también puede congelar.

BUTTERNUT SQUASH ASADO CON GLASEADO DE MIEL DE ALFORFÓN

2 PORCIONES

Este plato es una guarnición ideal para pavo o salmón.

Aceite de canola
1 *butternut squash* mediano, cortado por la mitad a lo largo, sin semillas o hilos
1 cucharada de mantequilla
2 cucharadas de miel de alforfón
Sal y pimienta negra molida

Precaliente el horno a 400°F. Engrase ligeramente una lata para hornear con el aceite de canola. Ponga en ella las mitades del *butternut squash* hacia abajo para ayudar a caramelizarlas. Hornee de 45 a 55 minutos o hasta que pueda pinchar el *butternut squash* fácilmente. Mientras tanto, derrita la mantequilla y agregue la miel, pimienta y sal al gusto. Una vez que el *butternut squash* esté cocido, sáquelo del horno y voltee las mitades. Úntelas con la mezcla de miel y mantequilla y devuélvalas al horno por 5 minutos. Corte el *butternut squash* en cuadros y sirva.

Cuatro cucharadas de miel de alforfón contienen aproximadamente diez miligramos de polifenoles. Puede no parecer mucho, pero un estudio con 25 hombres saludables encontró un aumento del 7% en su capacidad antioxidante de la sangre después de tomar agua tibia con cuatro cucharadas de miel de alforfón disueltas en ella.

Espinaca

SOCIOS: col, berza, acelga, hojas de mostaza, hojas de nabo, bok choy, lechuga romana, pimientos anaranjados

TRATE DE COMER: una taza si la verdura está cocida o 2 tazas si está cruda casi todos los días.

La espinaca contiene:

- Una sinergia de múltiples nutrientes/fitonutrientes
- Pocas calorías
- Luteína/Zeaxantina
- Betacaroteno
- Ácidos grasos omega 3 de origen vegetal
- Glutatión
- Acido alfalipoico
- Vitaminas C y E
- B vitaminas (tiamina, riboflavina, B6, folato)
- Minerales (calcio, hierro, magnesio, manganeso y zinc)
- Polifenoles
- Betaína

Es muy sencillo: usted debe comer espinacas. Junto con el salmón y los arándanos, la espinaca está en la cima de los superalimentos. Brinda más beneficios comprobados para la salud que casi cualquier otro alimento. ¿Esto se debe a que es uno de los mejores alimentos del mundo? Sí y no. Sí, porque es un alimento increíblemente nutritivo con un número impresionante de beneficios. No, solo porque existen otros alimentos (en particular otras verduras de hojas verde oscuro como la col y la berza) que son similares nutricionalmente. Tenemos más información sobre los beneficios de la espinaca que de cualquier otro candidato posible. Reconocida desde hace tiempo como un destacado alimento nutritivo, la espinaca ha sido objeto de numerosos estudios relevantes que demuestran la relación inversa que existe entre su consumo y:

- Enfermedades cardiovasculares, incluyendo apoplejías y enfermedades coronarias
- Una gran cantidad de cánceres, incluyendo cáncer de colon, pulmón piel, boca, estómago, ovarios, próstata y seno
- Degeneración de la mácula relacionada con la edad (AMD)
- Cataratas

Socios Superestrella

La mayoría de los superalimentos tiene socios, pero en el caso de la espinaca, los socios mencionados en la página 94 son alimentos poderosos. Cada uno de los alimentos verdes y frondosos ofrece un tremendo estímulo nutritivo. Varíe su consumo entre todos estos socios y coma por lo menos dos porciones casi todos los días. Recuerde: una porción es una taza si está cruda la verdura o media taza, si está cocida.

¿Qué es lo que hace que la espinaca y las otras verduras verdes y frondosas sean unos promotores de la salud tan eficaces? Antiguamente, los nutricionistas destacaban uno o dos de los nutrientes de la espinaca que la elevan a la más alta categoría. En la espinaca sobresale el hierro. ¿Recuerda a Popeye? El hierro es lo que supuestamente lo convertía en un fortachón. No se hubiera atrevido a enfrentarse a Bluto sin comerse una lata de espinacas. Pero hace años era casi como si los nutricionistas trabajaran con un estuche de ocho lápices de colores: hoy en día tenemos un estuche de 250. Basándonos en lo que sabemos y en lo que aprendemos todos los días sobre los micronutrientes, actualmente entendemos que es la *sinergia* de la gran gama de todos los nutrientes y fitonutrientes en las verduras de hojas verdes lo que hace que sean superestrellas.

CoQ$_{10}$

La coenzima Q$_{10}$, un miembro de la red antioxidante del doctor Lester Packer, uno de los investigadores científicos de antioxidantes más destacados del mundo, trabaja en sinergia con las vitaminas C, E y glutatión. Es protagonista en el mecanismo antioxidante de defensa de nuestra piel contra el daño causado por la luz del sol y, además, desempeña un papel clave en la producción de energía en la mitocondria. (La mitocondria es la fábrica de energía de las células.) La espinaca es una fuente rica en este importante antioxidante.

Aunque he enumerado los nutrientes más significativos de la espinaca al comienzo de este capítulo, a continuación encontrará una lista completa de lo que hasta ahora sabemos que contiene este superalimento:

- Los carotenoids luteína, zeaxantina y betacaroteno
- Los antioxidantes glutatión, ácido alfalipoico y vitaminas C y E
- Vitamina K (la espinaca es la fuente principal de esta vitamina)
- Coenzima Q$_{10}$ (la espinaca es una de las dos verduras que contiene cantidades significativas de esta coenzima; la otra es el brócoli)
- Las vitaminas B (tiamina, riboflavina, B6 y folato)
- Minerales (calcio, hierro, magnesio, manganeso y zinc)
- Clorofila
- Polifenoles
- Betaína
- Ácidos grasos omega 3 de origen vegetal
  Esta lista, como dije anteriormente, parece estar aumentando mientras

aprendemos más acerca de la espinaca; esto es realmente formidable. En la mayoría de los superalimentos, existen uno o dos nutrientes en particular que hacen que se destaque y sea el mejor de su categoría; sin embargo, en la espinaca la lista es tan larga e imponente que la gran gama de nutrientes individuales junto con la sinergia sin igual entre estos, es lo que hace que sea un superalimento.

Betaína

Este es un nutriente del que oiremos hablar mucho. La betaína es un derivado de la colina, una grasa esencial, y está involucrada en el metabolismo de la homocisteína. El suplemento de betaína ha demostrado que baja los niveles de homocisteína en los humanos, un paso importante en la reducción del riesgo de sufrir enfermedades cardiovasculares. La combinación de folato alimenticio y betaína puede ser la mejor herramienta para reducir la homocisteína. La espinaca, el germen de trigo, el salvado de avena, el salvado de trigo y el pan de granos integrales son excelentes fuentes de betaína..

ESPINACA EN SUS OJOS

De todas las enfermedades crónicas que combate la espinaca, las que afectan los ojos son particularmente interesantes para mí como oftalmólogo. Mi madre, quien tuvo una muy buena salud hasta que falleció a la edad de 91 años, sufrió de degeneración de la mácula relacionada con la edad. A los 75 años la declararon legalmente ciega. Durante los últimos dieciseis años de su vida, a pesar de su fuerte salud, no pudo disfrutar la vida plenamente. No podía leer, conducir, ver televisión, coser o ver una película. Observar a mi madre durante sus últimos años de vida tuvo una gran influencia en el rumbo de mi trabajo. Me inspiró a aprender todo lo que pudiera sobre nutrición y enfermedades crónicas.

La mácula del ojo es la responsable de la visión central, el tipo de visión que necesitamos para actividades tales como escribir y coser, así como también para distinguir objetos distantes y los colores. Tristemente, casi el 20% de las personas que tienen 65 años muestra por lo menos alguna evidencia temprana de cambios maculares relacionados con la edad. Al llegar a los noventa años, casi el 60% de las personas caucásicas se verá afectada por este mal. Peor aun, no existe ningún tratamiento efectivo que restaure una visión perfecta. De allí la importancia de la prevención, y una de las mejores fuentes a este respecto es ciertamente la alimentación, en particular ingerir alimentos como la espinaca y sus socios verdes y frondosos, junto con los ácidos grasos omega 3 de origen marino, que pueden ofrecer una verdadera esperanza.

El pigmento macular del ojo protege contra la degeneración de la mácula relacionada con la edad (AMD). Cuanto más bajo sea el nivel del pigmento, más alto es el riesgo de sufrir AMD. Los mejores alimentos para elevar los niveles del pigmento macular son la espinaca, la col, la berza y las hojas de nabo y de mostaza, así como los alimentos amarillos, tales como el maíz, las yemas de los huevos y el pimiento anaranjado.

Aunque nadie está completamente seguro de qué causa la degeneración de la mácula, existe amplia evidencia de que el daño que causan los radicales libres, debido a la exposición a la luz y a la radiación ultravioleta, puede tener injerencia en el trastorno. De lo que sí estamos seguros es que fumar es un factor de riesgo comprobado de sufrir AMD y probablemente de cataratas también. De hecho, fumar es la causa de AMD que más se puede prevenir.

Entran en acción los dos carotenoides más poderosos de la espinaca: la luteína y la zeaxantina. Varios estudios han demostrado una relación inversa entre el consumo de alimentos ricos en luteína y zeaxantina y la incidencia de AMD. Se encontró una relación similar entre la luteína y la zeaxantina dietarias y la prevalencia de cataratas. Sabemos con certeza que mientras los niveles de luteína y zeaxantina aumentan en la mácula del ojo, se reduce significativamente la cantidad de rayos de luz nocivos que llegan a las células de la retina que producen la visión. Hay pocas dudas acerca de la protección que ofrecen la luteína y la zeaxantina.

La mayoría de los que trabajamos en la investigación sobre la AMD cree que ocurren eventos adversos en la retina mucho antes de que se manifieste evidencia clínica de la degeneración. Información preliminar de mis estudios de personas con alto riesgo de presentar un posterior desarrollo de AMD apoya esta hipótesis. La prevención de tal discapacidad visual devastadora es probablemente una tarea de toda la vida. Cuanto más temprano empiece, mejor estará su retina. Nunca es muy tarde para actuar.

Las siguientes personas tienen mayor riesgo de desarrollar AMD y cataratas:

- Mujeres
- Personas con ojos azules
- Fumadores
- Quienes tienen antecedentes de enfermedades cardiovasculares e hipertensión
- Personas obesas
- Cualquier persona que permanezca mucho tiempo al aire libre recibiendo sol
- Personas que consumen poca fruta y verduras
- Personas que tienen hipermetropía (solo riesgo de AMD)

La luteína y la zeaxantina también ayudan a prevenir otros trastornos de los ojos. Las cataratas son comunes en personas mayores; 18% de las personas cuya edad oscila entre los 65 y 74 años tiene cataratas y el 45% de las personas cuya edad oscila entre los 75 y los 84. Una catarata es una acumulación de células dañadas sobre el lente del ojo en forma de una nube debida al envejecimiento. En un estudio de Harvard de doce años, se encontró que 77.466 enfermeras que sobrepasaban los 45 años mostraban una clara relación entre sus niveles de luteína y zeaxantina y el índice de desarrollo de cataratas. En general, las enfermeras que consumían la mayor cantidad de luteína y zeaxantina dietarias, tenían 22% menos cirugías de cataratas. Otro estudio con 36.000 médicos hombres tuvo resultados similares. Virtualmente todos los estudios sobre la salud de los ojos han llegado a la misma conclusión: cuantos más alimentos ricos en luteína y zeaxantina se consuman, particularmente espinaca, col, berza y brócoli, más sanos estarán los ojos. Considero estos poderosos carotenoides como gafas de sol naturales para el ojo. Además sabemos que la clorofila de la espinaca ayuda en la lucha contra el cáncer. Estudios preliminares sugieren que puede ser benéfica en la prevención del crecimiento de células tumorales y ejercer una influencia significativa en el efecto antimutante contra una gran gama de cancerígenos potencialmente dañinos.

La luteína y la zeaxantina siempre se encuentran juntas en diferentes proporciones en los alimentos. Existe evidencia preliminar de que la zeaxantina puede desempeñar un papel positivo e independiente en la prevención de la degeneración de la mácula. Mi meta recomendada es de 12 miligramos diarios de luteína, que provee una cantidad variable de zeaxantina. Las cantidades óptimas de zeaxantina todavía se desconocen.

Luteína Superestrella

1 taza de col cocida	23,7 mg
1 taza de espinaca cocida	20,4 mg
1 taza de berza cocida	14,6 mg
1 taza de hojas de nabo cocidas	12,1 mg
1 taza de espinaca cruda	3,7 mg
1 taza de brócoli cocido	2,4 mg

Zeaxantina Superestrella

1 pimiento anaranjado grande	8 mg
1 taza de maíz dulce amarillo de lata	0,9 mg
1 caqui japonés crudo	0,8 mg
1 taza de harina de maíz sin germen	0,7 mg

Con frecuencia me preguntan por qué el pimiento anaranjado está incluido en la lista de socios de la espinaca, ya que no es una verdura de hojas verdes. Los pimientos anaranjados tienen altas cantidades de luteína y zeaxantina. Les propongo a mis pacientes que odian la espinaca que coman más pimientos anaranjados, cortándolos en julianas y añadiéndolas a las ensaladas o sofriéndolas con otras verduras. La mayoría de supermercados vende pimientos anaranjados durante todo el año. Usualmente pongo en mi consultorio un plato lleno de julianas de pimientos y rodajas de zanahoria para el personal médico; se desaparecen rápidamente.

La información que presento sobre los pimientos (ver recuadro más adelante) es preliminar y está basada en los más confiables datos publicados recientemente, así como en conversaciones personales con la persona que tiene la patente de las semillas de estos pimientos. La USDA debería analizar este alimento, ya que todavía no lo ha incluido en su base de datos a pesar de ser tan nutritivo.

Un pimiento anaranjado mediano contiene:

0,4 mg de betacriptoxantina

1 mg de luteína

6,4 mg de zeaxantina

0,3 mg de alfacaroteno

0,4 mg de betacaroteno

223 mg de vitamina C

4,3 mg de vitamina E

Otra fuente de luteína y zeaxantina, y que está biodisponible para todos, es el humilde huevo. Aunque la yema no contiene una enorme cantidad de luteína y zeaxantina, la cantidad que tiene es tan biodisponible que se absorbe con gran eficacia en el torrente sanguíneo, lo que aumenta los niveles de estos carotenoides protectores en la sangre. Los huevos son bastante nutritivos. Son una buena fuente de vitamina B12, riboflavina, selenio, vitamina A y vitamina D, así como de luteína y zeaxantina. Tienen una alta cantidad de proteína, debido a su buen balance de aminoácidos. Un huevo al día, para la mayoría de las personas (por lo menos las que no sufren de colesterol alto y/o diabetes), es una buena adición a su dieta.

Es importante comprar huevos que tengan un alto contenido de omega 3, ya que contribuyen significativamente a un balance sano de ácidos grasos. Busque la etiqueta de "rico en omega 3" o "vegetariano" o "rico en DHA omega 3" en el empaque. A continuación encontrará una comparación entre un huevo típico del supermercado y un huevo enriquecido con omega 3.

	1 huevo grande	Egglands Best Egg
Calorías	75	70
Proteína	6.3	6
Grasa total	5	4
Grasa saturada	1.5	1
Colesterol	213	180
Vitamina E	0.5	aprox. 3.8

LA ESPINACA Y LA VITAMINA K

La espinaca es una fuente alimenticia rica en vitamina K, una vitamina que a diferencia de otras que son liposolubles, no se almacena en el cuerpo en cantidades considerables y debe ser reemplazada regularmente. Cada día estamos descubriendo más acerca de la importancia de esta vitamina, y parece ser que cuanto más aprendemos, más diversas y cruciales resultan ser esas funciones. (Este es otro argumento más para la filosofía de los *Superalimentos Rx*: una gran gama de alimentos llenos de nutrientes.) Lo que sabemos hasta ahora: la vitamina K es esencial para la producción de seis de las proteínas necesarias para la correcta coagulación de sangre. La sangre sencillamente no coagula bien sin ella. Existe la hipótesis de que la vitamina K afecta la salud vascular. Las investigaciones preliminares son prometedoras, aunque se deben adelantar más estudios. Sabemos que niveles bajos de vitamina K están relacionados con una baja densidad de los huesos y con un riesgo mayor de sufrir fracturas de cadera en mujeres, y que una porción diaria de espinaca reduce significativamente este riesgo. Tan sólo una taza de hojas frescas de espinca al día proporciona 190% del requerimiento diario de vitamina K.

La espinaca es un alimento saludable para el corazón. El abundante suministro de carotenoides y otros nutrientes ayuda a proteger las paredes arteriales contra daños. Las verduras que más carotenoides contienen son la espinaca, la remolacha y las hojas de mostaza, la col, la berza, y las hojas de nabos y de diente de león. Tan sólo media taza de espinaca cocida provee el 95% de mi consumo diario sugerido de betacaroteno y el 85% de mi consumo diario sugerido de luteína/zeaxantina. Usualmente, asociamos el betacaroteno con el color naranja, como en la calabaza y la batata, pero en la espinaca el betacaroteno anaranjado está enmascarado por el verde intenso de la clorofila de las hojas.

Estos nutrientes en la espinaca son una excelente fuente tanto de vitamina C como de betacaroteno y pueden ser convertidos en vitamina A por el cuerpo. Trabajan juntos para prevenir la acumulación de colesterol oxidado en las paredes de los vasos sanguíneos. Una taza de hojas de espinaca frescas puede suministrarle una cantidad sustanciosa de su requerimiento diario de vitamina A (por medio del betacaroteno), el 11% del requerimiento de vitamina C para las mujeres adultas y el 9% de la RDA *(required daily allowance)* para los hombres.

Verduras de Hojas Verdes y su Presión Sanguínea

Una manera fácil de aumentar su consumo de nutrientes antihipertensión es comer verduras de hojas verdes. Tienen un alto contenido de potasio y son bajas en sodio. Proporcionan calcio, magnesio, folato, polifenoles, fibra y, por lo menos, un vestigio de cantidades cuantificables de ácidos grasos omega 3 de origen vegetal. Sus vasos sanguíneos le agradecerán esta combinación de nutrientes.

La espinaca también es una fuente excelente de folato, el cual desempeña un papel importante en la prevención de enfermedades cardiovasculares porque sirve para escoltar un aminoácido peligroso, la homocisteína, fuera del cuerpo. Sabemos que niveles elevados de homocisteína están asociados con un mayor riesgo de ataques cardíacos y apoplejías. Además, el folato es un nutriente clave en la reparación del ADN. Es así como esta importante vitamina B tiene injerencia en la prevención del cáncer. El potasio y el magnesio en la espinaca también contribuyen a la salud cardiovascular, ya que estos dos componentes trabajan para reducir la presión sanguínea y el riesgo de sufrir apoplejías.

Para mejorar su absorción de carotenos, mezcle las verduras cocidas con una cucharadita de aceite de oliva extravirgen y/o nueces picadas y aguacate o sírvalas como guarnición de un filete de salmón.

LA ESPINACA Y EL CÁNCER

En estudios epidemiológicos, se ha encontrado que cuanto mayor sea el consumo de espinaca, menor será el riesgo de sufrir casi todo tipo de cáncer. No es una sorpresa que la espinaca sea un alimento poderoso anticancerígeno, dado el alto nivel de nutrientes y fitonutrientes que contiene. Existe un gran número de diferentes compuestos de flavonoides en la espinaca que trabajan conjuntamente para prevenir las distintas etapas de desarrollo del cáncer. Algunos investigadores creen que el glutatión y el ácido alfalipoico son los dos antioxidantes más importantes en el cuerpo; normalmente, estos nutrientes que ayudan a conservar la vida son producidos por el mismo cuerpo, pero esta habilidad parece disminuir con la edad. Sin embargo, la espinaca contiene una provisión de ambos. El glutatión es el antioxidante primario en todas aquellas células cuya función primordial es proteger nuestro ADN. También sirve para reparar nuestro ADN, promover la duplicación celular sana, mejorar el sistema inmunológico, desintoxicar contaminantes y reducir la inflamación crónica. El ácido alfalipoico no sólo aumenta los niveles de glutatión, sino que ayuda a estabilizar el azúcar en la sangre. Las investigaciones sugieren que tiene propiedades contra el envejecimiento (por ejemplo, ejerce una influencia favorable en el deterioro mental relacionado con la edad) y ayuda a prevenir el cáncer, los ataques cardíacos y las cataratas. El ácido alfalipoico es poco común ya que es a la vez hidrosoluble y liposoluble; puede actuar en la parte grasa de las membranas celulares y también en las partes de agua de nuestras células para reducir el daño de la oxidación.

La luteína, otro antioxidante poderoso presente en la espinaca, trabaja para mejorar nuestro sistema inmunológico y previene así muchos tipos de cáncer. Las verduras verdes parecen ser particularmente eficaces en la prevención del cáncer de estómago. Un estudio japonés encontró que un alto consumo de verduras amarillas y verdes podría reducir el riesgo de sufrir cáncer gástrico en un 50%.

Como regla general, cuanto más oscuras sean las verduras verdes, más fitonutrientes bioactivos tienen y, de esta manera, serán más poderosas contra el cáncer y otras enfermedades.

Los antiguos fumadores, en particular, se pueden beneficiar del poder de la espinaca. Los estudios han demostrado que las personas que consumen diariamente una porción de espinacas o de uno de sus socios, aun si han fumado en el pasado, tienen un riesgo significativamente menor de desarrollar cáncer pulmonar.

Calcio y Espinaca

Mientras que la espinaca es relativamente rica en calcio, el calcio que contiene está atado a oxalatos y no está biodisponible. Sin embargo, los oxalatos en la espinaca tienen un efecto mínimo en la absorción del calcio de los otros alimentos que se comen en su compañía. Es decir, si usted toma yogur o come cualquier otro alimento rico en calcio con espinaca, todavía se beneficiará.

LA DIFERENCIA DE HOJAS

No todas las verduras son creadas iguales. Muchos de nosotros estamos acostumbrados a pensar en lechugas *iceberg* cuando vamos a comer una ensalada. Si usted amplia su escogencia a otros alimentos, obtendrá mucha más nutrición de sus ensaladas, así como también de sus sándwiches, tacos y otros platos que requieren de hojas verdes y frondosas.

Comparaciones de verduras (1 taza cruda de cada una)	Epinaca	Romana	Iceberg
Calorías	7	9	6
Fibra	<-1 g	<-1 g	>-1 g
Calcio	30 mg	18 mg	11 mg
Hierro	0.8 mg	0.6 mg	0.2 mg
Magnesio	24 mg	8 mg	4 mg
Potasio	167 mg	140 mg	84 mg
Zinc	0.2 mg	0.1 mg	0.1 mg
Vitamina C	8 mg	13 mg	2 mg
Niacina	0.2 mg	0.1 mg	0.1 mg
Folato	58 mcg	76 mcg	31 mcg
Vitamina E	0.6 mg	0.1 mg	0.2 mg
Luteína/Zeaxantina	3.7 mg	1.4 mg	0.2 mg
Betacaroteno	1.7 mg	2 mg	0.1 mg

Como puede observar, la espinaca es la reina de este grupo. Tiene el mayor número total de carotenoides. La lechuga romana sólo tiene el 38% de la luteína que se encuentra en la espinaca, aunque tiene un poco más de betacaroteno. La lechuga *iceberg* sólo tiene el 5% de la luteína y el 6% del betacaroteno que tiene la espinaca, el 17% del magnesio y el 53% del folato. Si está acostumbrado a consumir ensaladas hechas con lechuga *iceberg*, intente mezclarla con lechuga romana y espinaca. Con frecuencia preparo una ensalada mitad espinaca y mitad lechuga romana; obtengo el bocado crujiente de la lechuga *iceberg* pero con muchos más nutrientes.

LA ESPINACA EN LA COCINA

La espinaca y las verduras verdes se consiguen en los supermercados durante todo el año. Existen diferentes variedades que van desde el tipo savoy con hojas arrugadas y rizadas hasta el tipo de hojas planas o lisas. La espinaca se vende suelta y en bolsas. Con excepción de la espinaca *baby* empacada en bolsas, prefiero comprar la espinaca suelta porque es más fácil examinar su frescura. Siempre debe tener un olor dulce y las hojas deben ser crujientes y estar intactas. Las verduras en bolsa pueden deteriorarse rápidamente, por ello, deben examinarse cuidadosamente para detectar hojas oscuras que pueden señalar que está vieja. Las hojas amarillentas también son una señal de que comprarlas en ese estado es una mala opción. La espinaca y la mayoría de verduras solo se conservan bien por tres o cuatro días después de su compra. No lave la espinaca antes de guardarla, ya que esto puede apresurar el deterioro. Envuelva la espinaca suelta en toallas de papel y guárdela en la bandeja para verduras de su refrigerador.

Antes de que la espinaca sea cocinada o servida en una ensalada, ¡debe lavarse muy bien! Las hojas tienden a esconder tierra. Rompa las hojas desde el centro fuerte del tallo, si usa espinaca *baby* no hay necesidad de hacer esto, y póngalas en un tazón grande o en el lavaplatos lleno de agua fría. Deje que la suciedad se asiente en el fondo, saque la espinaca, bote el agua y la tierra y repita hasta que el agua quede limpia, sin rastros de tierra. No remoje la espinaca; cualquier verdura verde perderá sus valiosas vitaminas si se deja en remojo. Un lavado, una sacudida y un enjuague son los pasos que debe seguir.

La peor tarea relacionada con la espinaca es el lavado, el enjuague, el lavado, el enjuague y así sucesivamente. Si encuentra espinaca en un puesto a la orilla de la carretera, vale la pena hacer todo el proceso, aunque a veces usted esté de prisa. Me sentí completamente realizado cuando encontré espinaca *baby* prelavada de marca Ready Pac en el supermercado. Puede ponerla en el microondas después de abierta la bolsa para que salga el vapor. Nosotros usamos varias bolsas a la semana.

¿Cocidas o Crudas?

Las verduras se consumen tanto cocidas como crudas. Cuando se cocinan, se liberan los carotenoides, especialmente el betacaroteno y se vuelve más biodisponible. Además, aumenta la luteína. Sin embargo, el calor degrada tanto la vitamina C como el folato. ¿Cuál es la mejor opción? Disfrute las verduras verdes tanto en ensaladas frías como cocidas.

- Haga capas de espinaca y otras verduras en una lasaña.

- Cocine la espinaca al vapor y rocíele jugo de limón fresco y queso parmesano rallado en el momento de servir. Se conserva bien por tres días en el congelador, así que disfrute las sobras en casa o en el trabajo.

- Agregue un puñado de hojas de espinaca a las sopas.

- Condimente las sobras de verduras verdes con vinagre balsámico y rocíelas con semillas de ajonjolí.

- Agregue verduras verdes picadas a una tortilla de huevo, más cebolleta, tomate, pimiento y cebolla.

- Corte las verduras verdes en tiras junto con lechuga romana y mézclelas en una ensalada.

- Corte las verduras verdes en tiras y cómalas en tacos y burritos.

Verdolaga

Muchas personas consideran que la verdolaga es una hierba común. Es una planta anual que sobrevive en suelos secos y arenosos y puede encontrarse a la orilla de las carreteras y quizás, inclusive, en los bordes de su propio jardín. La verdolaga es en realidad un superalimento. Considerada desde hace mucho tiempo, de hecho, desde la antigüedad, como un remedio para problemas cardíacos, dolores de garganta, articulaciones inflamadas, piel seca y otras enfermedades, fue y es comúnmente consumida en Grecia, Europa, México y Asia. La verdolaga es una adición útil para cualquier dieta: en realidad es la mejor fuente de ácidos grasos omega 3 de origen vegetal y una buena fuente de vitamina C, betacaroteno y glutatión. En una ensalada con un poco de aceite de oliva y jugo de limón, es deliciosa. Si está interesado en probarla, busque en Internet o en libros que muestren imágenes para que la identifique y trate de encontrarla en la naturaleza. Asegúrese de no cortarla si el terreno en el que se encuentra pudo haber sido tratado con químicos. Búsquela en los mercados de granjeros o Intente cultivarla usted mismo; es fácil hacerlo, pues resiste la sequía y se propaga sola rápidamente. Un gran número de proveedores de semillas ofrece semillas de verdolaga. Ensaye Seeds of Change (www.seedsofchange.com), Eden Seeds (www.edenseeds.com) o Bountiful Gardens (www.bountifulgardens.org).

EL PESTO DE ESPINACA DE PATTY

Haga un puré de espinaca cruda con almendras o nueces del nogal, un poco de ajo, aceite de oliva y queso parmesano. Es delicioso con garbanzos o pasta corta. Puede congelarse.

Leguminosas

SOCIOS: todas las leguminosas están incluidas en esta categoría, aunque hablaremos de las más populares y que se consiguen más fácilmente, tales como la judía pinta, la judía blanca, *Great Northern*, la judía de lima, el garbanzo, la lenteja, la judía verde, los guisantes y la arverja.

TRATE DE COMER: por lo menos cuatro tazas y media a la semana

Las leguminosas contienen:

- Proteína baja en grasa
- Fibra
- Vitaminas B
- Hierro
- Folato
- Potasio
- Magnesio
- Fitonutrientes

Muchas personas han relegado las leguminosas a un rincón de la despensa porque creen que son buenas para los vegetarianos, pero no tienen mucho que ofrecer a los que comen carne y porque suponen que se demoran demasiado tiempo en cocinar; y, claro, también está el asunto del gas...

La verdad es que las leguminosas son una verdadera maravilla gastronómica, una deliciosa fuente de proteína rica en vitaminas, baja en grasa, barata y versátil. Sólo por estas razones ya merecerían un lugar en la mesa, pero aún hay más: las leguminosas tienen la capacidad de bajar el colesterol, combatir las enfermedades del corazón, estabilizar el azúcar en la sangre, reducir la obesidad, aliviar el estreñimiento, la diverticulitis, la hipertensión y la diabetes de tipo II y disminuir el riesgo de sufrir cáncer. Por lo anterior, este alimento milenario debe ser un componente importante de cualquier dieta.

> Las leguminosas incluyen fríjoles frescos como alverjas, judías verdes y judías de lima, lentejas, garbanzos, fríjoles negros y toda la familia de fríjoles deshidratados.

Antes de continuar, es preciso dejar de lado las objeciones prácticas. Aunque es cierto que la mayoría de las leguminosas tarda en cocinarse, no toma tiempo *activo* de cocción. En otras palabras, se hierven sin que usted tenga que estar pendiente todo el tiempo de su cocción. Una alternativa para cocinar las leguminosas es utilizar enlatadas. Usted puede sencillamente abrir una lata de garbanzos, fríjoles *cannellini* o fríjoles negros, y agregarlos a una ensalada o al chili.

Sin embargo, existe un problema con las leguminosas enlatadas: algunas variedades y marcas tienen un alto contenido de sodio. Búsquelas bajas en sodio en el supermercado o en las tiendas naturistas. Después de sacarlas de la lata lávelas bien con agua fría, así eliminará cerca del 40% de la sal.

> En 1992, menos de un tercio de los norteamericanos comía leguminosas durante períodos de tres días. A medida que el poder adquisitivo aumenta, el consumo de leguminosas decrese.

Y sobre la queja de que las leguminosas causan gases... es cierto que los fríjoles causan flatulencia. Esto se debe a que la bacteria ataca el material que no se digiere y que se queda en el intestino. A continuación le daré algunos consejos para evitar este malestar después de comer leguminosas:

- A algunas personas las leguminosas enlatadas o en puré les producen menos gases.

- Si usted come pequeñas porciones con frecuencia, su cuerpo se acostumbrará a ellas y tendrá menos problemas digestivos.

- Sumérjalas en agua antes de cocinarlas, enjuáguelas, separe las que no estén bien y póngalas a hervir de dos a tres minutos. Apague el fuego y déjelas reposar por unas horas. Luego, bote el agua, ponga agua fresca y continúe la cocción. Cambiarles el agua reduce la cantidad de los carbohidratos no digeribles en ellas, lo que hace que el cuerpo las asimile mejor. A pesar de que en el proceso se pierden algunas vitaminas, le da la posibilidad de disfrutar de sus beneficios.

- También, algunas personas se han dado cuenta de que cocinarlas en una olla a presión les reduce la capacidad de producir gases. Además, esto acelera significativamente el tiempo de cocción.

- Trate de usar Beano, una enzima que ayuda a reducir la producción de gases de algunos alimentos como las leguminosas. Ponga unas pocas gotas en los primeros bocados. El producto trabaja digiriendo los carbohidratos que alimentarían la bacteria que produce los gases.

LA HISTORIA DE LOS FRÍJOLES

Los fríjoles, las alverjas y las lentejas son alimentos milenarios que se originaron en África, Asia y el Medio Oriente y que después se extendieron por casi todo el mundo, gracias a las tribus nómadas. Se han cultivado por miles de años. También existe evidencia de que en un principio se cultivaron muchos fríjoles en el continente americano. La mayoría de las leguminosas deshidratadas que se comen en Norteamérica son descendientes de las que se cultivaban en Centro y Suramérica hace 7,000 años. Fáciles de transportar, de buen sabor, nutritivas, no perecederas y de fácil adaptación a cualquier tipo de cocina, son típicas de varias latitudes. El *dal* de la India, el *hummus*, del Medio Oriente, y el arroz y los fríjoles de América Latina, son prueba de que este versátil alimento se usa en todo el mundo.

Las leguminosas son legumbres. Son una familia extensa de plantas que se distinguen por tener sus semillas en una vaina. Algunas variedades, como las judías, se comen frescas con todo y su vaina. Otras legumbres o parientes de los fríjoles que se incluyen acá son las lentejas y las arvejas. (Si bien la soya es una variedad de leguminosa, tiene su propio capítulo debido a sus características nutricionales, en la página 180). El maní, también una legumbre, estrictamente hablando, se ha incluido dentro del capítulo de las nueces del nogal, página 138, puesto que la mayoría de la gente lo considera una nuez.) La mayoría de las leguminosas de que hablamos en este capítulo se refiere a aquellas que se comen en su forma deshidratada cuando están completamente maduras.

No olvide que las arvejas, así como las judías y las judías verdes, son miembros de la familia de las leguminosas. Estas se consiguen frescas en el supermercado, son servidas con frecuencia en restaurantes y facilitan su meta de alcanzar o exceder su cuota semanal de leguminosas.

PROTEÍNA BAJA EN GRASA

Las leguminosas son buenas no solo para los vegetarianos. Consideradas por mucho tiempo como "la carne de los pobres" por ser una excelente fuente de proteína, fueron perdiendo popularidad a medida que los norteamericanos empezaron a comer más proteína animal. Pero dado que dicha proteína se ha asociado con tantas dolencias, particularmente enfermedades del corazón, algunos tipos de cáncer y diabetes, los consumidores más sabios han empezado a reconocer el valor de este humilde alimento.

Las pautas nutricionales de 1996, de la American Cancer Society recomiendan: "prefiera las leguminosas como una alternativa a la carne." Es una recomendación sencilla que se basa en un enorme e impresionante cuerpo de investigación que relaciona la proteína animal con un elevado riesgo de sufrir un gran número de enfermedades y un menor riesgo de sufrir dichas enfermedades, cuando se reemplaza en la dieta la proteína animal con proteína vegetal, como es el caso de las leguminosas.

Las leguminosas son una de las fuentes más saludables y económicas de proteína. Por ejemplo, una taza de lentejas provee 17 gramos de proteína con sólo 0,75 gramos de grasa. Dos onzas de solomillo magro arreglado provee la misma cantidad de proteína, pero seis veces más grasa.

La lisina es el principal aminoácido del que carecen muchas proteínas vegetales, pero la mayoría de las leguminosas contiene una cantidad generosa de ella; así, son la proteína complementaria ideal para cualquier otra opción de proteína vegetariana. La lisina es uno de los dos aminoácidos esenciales para la síntesis de la carnitina y esta, a su vez, es esencial para la producción eficiente de energía en la mitocondria, la fábrica de energía celular.

Las leguminosas contienen relativamente altos niveles de polifenoles. Las leguminosas de colores (por ejemplo, negro, amarillo, *beige,* rojo) tienen altos niveles de estos importantes fitonutrientes. Las leguminosas con mayor concentración de antioxidantes de mayor a menor son:

Habas/fríjoles fava

Judías pintas y fríjoles negros

Lentejas

La objeción tradicional a la proteína de las leguminosas (que no es una proteína completa) es una idea. Es cierto que (salvo la soya, que es una proteína completa) les hacen falta dos aminoácidos y, por tanto, en este sentido no están completas, ya que el cuerpo necesita estos aminoácidos para poder usar la proteína de las leguminosas. Sin embargo, la proteína de las leguminosas se completa con otros alimentos comunes, como nueces, productos lácteos y granos e, incluso, con proteína animal. De hecho, muchos platillos populares (arroz y fríjoles, cuscús y garbanzos, lentejas y cebada) aprovechan al máximo esta combinación. Muchas personas creían que se debían comer las leguminosas y el alimento complementario al tiempo, pero ahora sabemos que basta con que se consuman en el mismo día. Para todas las personas que tienen una dieta variada, con certeza quienes tienen una dieta *Superalimentos Rx*, no habrá ningún problema en obtener la proteína de las legumminosas.

Este tema de la proteína incompleta de las leguminosas es un ejemplo de cómo con frecuencia nos dejamos distraer por detalles nimios que tienen que ver con nutrición. Cuando engullimos una hamburguesa con papitas fritas y les hacemos "el feo" a la leguminosas porque estas no son una proteína completa, perdemos de vista el bosque por estar mirando los árboles. Sé que es un poco más complicado que eso: muchas personas han crecido creyendo que la carne es una parte importante de casi todas las comidas, y es difícil hacer caso omiso de esta influencia cultural. Pero sí merece la pena pensarlo mejor, sobre todo cuando estudios recientes sugieren que se puede reemplazar la carne roja por leguminosas para tener una mejor salud a largo plazo y evitar una serie de enfermedades crónicas. Y no es solo que comiendo estos alimentos deje de llenar su cuerpo de grasas saturadas, sino que obtiene todas las ventajas de la fibra, las vitaminas, los minerales y los fitonutrientes que contienen sin el contenido de grasa.

No olvide que comer proteína vegetal evita que perdamos tanto calcio como con la proteína animal, lo que es una ventaja para las personas que son vulnerables a la osteoporosis. En general, a medida que usted incrementa su ingesta de proteína animal, aumenta la cantidad de calcio que pierden los huesos, pues la acidez que se produce cuando se come carne aumenta dicha pérdida. Esto no ocurre cuando come proteína vegetal. Es más, la proteína vegetal provee fitonutrientes, vitaminas y minerales que son buenos para los huesos.

Las leguminosas son una buena fuente de vitaminas hidrosolubles, especialmente tiamina, riboflavina, niacina y folacina. Por lo general, las enlatadas contienen menos de estas vitaminas que las deshidratadas; sin embargo, aportan otros beneficios nutricionales y, por tanto, no deben evitarse.

Las leguminosas son un alimento excelente para el corazón. Un estudio sobre patrones de dieta por un período de veinticinco años examinó el riesgo de muerte a causa de enfermedad coronaria en más de 16,000 mil hombres de mediana edad en los Estados Unidos, Finlandia, Holanda, Italia, la antigua Yugoslavia, Grecia y Japón. Los patrones típicos fueron: mayor consumo de productos lácteos en el norte de Europa; mayor consumo de carne en los Estados Unidos; mayor consumo de verduras, legumbres, pescado y vino en el sur de Europa y mayor consumo de cereales, soya y pescado en Japón. Cuando los investigadores analizaron esta información relacionándola con el riesgo de sufrir una enfermedad del corazón, descubrieron que las legumbres eran un factor impresionante de reducción del riesgo.

En otro estudio, llevado a cabo durante diecinueve años, se les hizo seguimiento a 9.632 mujeres y hombres. Ninguno de los participantes tenía problemas del corazón cuando empezó el estudio. Durante los diecinueve años, se diagnosticaron 1.800 casos de enfermedad coronaria. Pero la información de seguimiento reveló que las personas que comían leguminosas al menos cuatro veces a la semana tenían el 22% menos riesgo de sufrir una enfermedad del corazón, en comparación con quienes las comían menos de una vez a la semana. Es más, aquellas personas que comían leguminosas con más frecuencia también tenían más baja la presión arterial, el nivel de colesterol más bajo y tenían menos probabilidades de que les diagnosticaran diabetes.

Alerta del Consumidor en Acción

Escríbales una carta o envíeles un correo electrónico a los productores de alimentos enlatados para pedirles que ofrezcan más alternativas de leguminosas bajas en sodio.

Comer leguminosas con frecuencia está asociado con niveles bajos de colesterol. Esto no se debe solamente a que sea la proteína animal la que le agregue colesterol a la dieta. Existe bastante confusión con respecto al colesterol, el cual es una sustancia parecida a la grasa que produce el cuerpo y que también se encuentra en algunos alimentos en conjunción con las grasas. Solo los alimentos provenientes de animales contienen colesterol. Algunas personas creen que si se consume mucho colesterol, el nivel de esta sustancia en la sangre será alto, pero lo cierto es que esto no funciona exactamente así. Existe una gran gama de respuestas al colesterol que proviene de los alimentos. Algunas personas son muy sensibles al colesterol en la comida; sin embargo, muchas otras responden muy ligeramente a este. En conclusión, es la ingesta de grasa saturada y transgrasa lo que en realidad cuenta; esto no necesariamente significa que usted deba descuidar del todo su ingesta de colesterol. Dado que este sólo está presente en las grasas animales, si usted se concentra en la cantidad de grasa saturada y en los aceites parcialmente hidrogenados de su dieta y trata de sustituirlos por proteína vegetal, como las leguminosas, estará allanando el camino hacia la reducción del nivel de colesterol en su sangre y una mejoría de su salud general.

Así, sigue siendo una meta saludable tratar de mantener bajo el nivel de colesterol de la sangre. ¿Cómo puede lograr esto? Aumente la cantidad de leguminosas en su dieta: coma media taza de leguminosas cada día. Todos recordamos haber oído el poder de la avena para bajar el colesterol de la sangre, pues las leguminosas son igual de eficaces, y en cantidades menores. En un estudio, la gente que comía una taza y media de leguminosas deshidratadas cocidas al día experimentó una reducción del colesterol en la sangre similar a la de aquellos que comieron una taza de avena cruda. Más aún, al combinar leguminosas y avena se obtuvieron resultados igual de satisfactorios con una cantidad menor, más realista, de avena. El resultado más importante de este estudio, en cuanto a usted le compete, es que incluso comer media taza de leguminosas enlatadas al día mostró una diferencia significativa en el nivel de colesterol y de triglicéridos en la sangre.

Las leguminosas también son una excelente fuente de fibra. (A propósito, la proteína animal no provee nada de fibra.) La fibra ayuda a mantener bajo el nivel de colesterol "malo" y ayuda a aumentar el del "bueno."

No sólo la capacidad de las leguminosas de bajar el colesterol es la buena noticia para su corazón; también son una fuente rica de folato. Las lentejas son particularmente ricas en folato y fibra. El folato tiene una relación directa con la disminución del nivel de homocisteína. Sin suficiente folato, el nivel de la homocisteína aumenta; lo que es peligroso, pues cuando se acumula en las paredes de los vasos sanguíneos, los deteriora. Por tanto, se corre un mayor riesgo de sufrir una enfermedad del corazón. Entre el 20% y el 40% de los pacientes que han diagnosticado con enfermedades coronarias tiene el nivel de homocisteína alto. Tan solo una taza de garbanzos cocidos al día provee 70,5% del requerimiento diario de folato. Además de esto, las leguminosas proveen una dosis sana de potasio, calcio y magnesio, una combinación mineral/electrolito que está asociada con un riesgo bajo de sufrir enfermedades del corazón e hipertensión.

LAS LEGUMINOSAS Y EL AZÚCAR EN LA SANGRE

La fibra totalmente soluble de las leguminosas es una bendición para el azúcar en la sangre. Si usted es resistente a la insulina, tiene hipoglicemia o diabetes, las leguminosas pueden ayudarle a equilibrar el nivel de azúcar en la sangre, mientras lo proveen de energía estable y de gasto lento. Su fibra no permite que el nivel de azúcar suba demasiado rápido después de comer. Investigadores compararon dos grupos de personas con diabetes tipo II a las que se les dio a comer diferentes cantidades de alimentos ricos en fibra. Un grupo tuvo una dieta que lo proveía de 24 gramos de fibra al día; el otro, 50 gramos al día; El segundo grupo mostró niveles más bajos tanto de azúcar como de insulina. El primero también mostró una reducción en su nivel de colesterol total casi en un 7%; sus triglicéridos, en un 10,2% y su lipoproteína de muy baja densidad (VLDL), en un 12,5%.

Comer leguminosas y avena es el método más barato, en lugar de comprar medicinas, para bajar el nivel de colesterol total y LDL.

LAS LEGUMINOSAS Y LA OBESIDAD

Las leguminosas desempeñan un papel importante en el manejo del peso. El hecho es que lo llenan fácilmente: es mucho volumen por pocas calorías. Cuando usted las incluye en su dieta, tiene más probabilidades de sentirse satisfecho antes de engordarse. Su gran contenido de fibra controla el nivel de azúcar en la sangre y ayuda a mantener el hambre a raya mientras mantiene el nivel de energía.

LAS LEGUMINOSAS Y EL CÁNCER

Existe evidencia prometedora de que las leguminosas podrían prevenir el cáncer, particularmente los de páncreas, colon, seno y próstata. En un estudio, se compararon su consumo y la tasa de cáncer en quince países; los análisis revelaron que cuanto más alto fuera el consumo, menor era el riesgo de sufrir cánceres de colon, seno y próstata. Las leguminosas contienen unos fitoestrógenos llamados "lignina" que se ha comprobado que tienen propiedades similares a los estrógenos. Investigadores especulan que cuando se ingieren alimentos ricos en lignina se puede reducir el riesgo de sufrir los tipos de cáncer que tienen relación con los niveles de estrógeno, particularmente el de seno. Es probable que la lignina también tenga un efecto quimiopreventivo sobre los tipos de cáncer que atacan el sistema reproductor masculino. Las leguminosas contienen otro compuesto llamado "fitato," que tal vez puede ser capaz de ayudar a prevenir ciertos tipos de cáncer de los intestinos. Varios estudios epidemiológicos han demostrado una tasa menor de cáncer entre las personas que consumen mayor cantidad de leguminosas, y se cree que en parte el responsable de este resultado es el fitato que contienen.

LAS LEGUMINOSAS EN LA COCINA

Todos podemos encontrar una variedad de leguminosa que nos guste. A la mayoría de la gente le gustan las judías verdes, aunque con frecuencia se olvida de que son parte de la familia de las legumbres. Muchos jardineros caseros cultivan en su propio jardín guisantes, que son dulces y deliciosos y se pueden comer crudos o cocidos. Es probable que los niños que rehúsan comer verduras, se las coman crudas sin ningún problema.

Si usted o su familia se resiste a las leguminosas deshidratadas, empiece a explorar su mundo con las lentejas. Estas son fáciles de preparar, porque se cocinan rápidamente. Son deliciosas, muy nutritivas y producen menos gases que otros tipos de leguminosas.

Si compra fríjoles refritos enlatados, asegúrese de que no contengan manteca de cerdo. Busque los que digan "vegetarianos" en la etiqueta.

A continuación encontrará un listado de las variedades más populares de leguminosas:

- Los fríjoles Adzuki son pequeños y de color rojizo. Tienen una línea blanca delgada en la cresta y la piel es algo gruesa. Tienen un sabor ligeramente dulce y a nuez.
- Los fríjoles negros o tortuga tienen un bello color negro mate. La carne es de color crema y tiene un sabor rico, ligeramente terroso.

- Los fríjoles blancos o *cannellini* son blancos y tienen forma de riñón. Tienen una textura cremosa y suave y son excelentes para sopas y ensaladas.

- Los garbanzos son una legumbre redonda de color crema. Son muy populares en el Mediterráneo, en la India y en el Oriente Medio. Saben un poco a nuez. Son muy ricos en fibra y en nutrientes y se pueden usar en ensaladas, mezclarlos con cebolla picada y aceite de oliva o en puré, como el *hummus*.

- Los fríjoles fava, por lo general, se consiguen en la vaina o desgranados. Son grandes, de color café claro; tienen un ligero sabor a nuez y su textura es un poco granulada.

- Los fríjoles *Great Northern* son fríjoles blancos grandes con una textura cremosa. Son muy apropiados para platillos al horno.

- Las judías blancas *(navy beans)* son pequeñas y blancas, y se llaman así porque la Marina de los Estados Unidos solía llevarlas en sus barcos como provisión habitual.

- Tal vez las judías pintas son las más populares en los Estados Unidos. Son de color rosa pálido con manchitas cafes. Una vez cocidas, se vuelven totalmente rosadas. Tienen un sabor rico, ligeramente parecido al de la carne.

COMPRAR LEGUMINOSAS

El aspecto más importante que hay que tener en cuenta cuando se compran leguminosas deshidratadas es que hay que hacerlo en un sitio de confianza. Si usted las cocina durante horas y estas no ablandan, puede que se dé cuenta de las ventajas de comprarlas frescas. Aunque sean deshidratadas, no deben ser demasiado viejas, porque en ese caso no se pondrán tiernas con la cocción. El problema es que es difícil saber si están muy viejas, pues a simple vista.no hay cambios aparentes. Así que cuando las compre, úselas pronto. Muchas personas se encuentran en problemas cuando compran leguminosas, las almacenan en el fondo de la alacena y tratan de cocinarlas ¡un año después!

Si en el lugar donde usted las compra, las tienen en barriles abiertos, asegúrese de que estos se mantengan con la tapa puesta y sean limpios. Si las compra en bolsa, revise que esta no tengan polvo, pues es un indicio de que pueden estar viejas. También fíjese en que los granos estén completos y no se vean partidos.

CÓMO COCINAR LEGUMINOSAS

Antes de cocinarlas, espárzalas sobre una superficie plana y bote las que no se vean bien; también revise que no tengan piedritas ni suciedad. Póngalas en un colador y lávelas bajo el chorro de agua fría. Lo más recomendable es que después las deje en remojo al menos durante una hora o incluso, durante toda la noche. En general, cuanto más los deje en remojo, menor será el tiempo de cocción y menor la cantidad de gases que le producirán. Las leguminosas frescas requieren menos tiempo de remojo y de cocción. Puede cocinarlas en una olla a presión, lo que reduce significativamente el tiempo de cocción. La mayoría de este tipo de ollas viene con un libro de recetas que, por lo general, describe la mejor manera de cocinar las leguminosas en cada modelo de olla.

A continuación le menciono algunas ideas para prepararlas:

- El *hummus* es fácil y rápido de hacer. Haga un puré con garbanzos enlatatados y añádales ajo picado y aceite de oliva.

- Las ensaladas con leguminosas son rápidas de hacer. Mezcle varias variedades con algunas hierbas aromáticas y aceite de oliva y tendrá una ensalada muy colorida.

- ¡Las leguminosas horneadas también son deliciosas! Cómprelas o prepárelas sin demasiada sal o azúcar.

- No se olvide de las judías de lima ni de las verdes. Se consiguen congeladas en los supermercados todo el año. Las judías de lima *baby* son una exquisitez.

- Haga un puré con fríjoles y ajo finamente picado y únteselo a los panes de sus sándwiches.

Vea la lista de compras *Superalimentos Rx* en la página 308, para encontrar algunos productos con leguminosas recomendados.

Naranja

SOCIOS: limón, toronja rosada y blanca, quinoto, mandarina, lima
TRATE DE COMER: una porción al día

La naranja contiene:

- Vitamina C
- Fibra
- Folato
- Limoneno
- Potasio
- Polifenoles
- Pectina

La naranja bien podría haber sido el primer "alimento saludable" de América. Desde hace mucho tiempo, ha sido reconocida como una fuente poderosa de vitamina C, y la mayoría de las personas la considera sabrosa, jugosas y quizás demasiado común. A nadie le emociona mucho una naranja en la lonchera, pero debería hacerlo. Los descubrimientos más recientes sobre su poder de ayudar a mantener la salud del corazón y prevenir el cáncer, la apoplejía, la diabetes y una serie de males crónicos, podrían ponerla, junto con otras frutas cítricas, en el centro del escenario como componente vital de una dieta saludable.

La naranja tiene su origen en Asia hace miles de años y se ha convertido en una de las frutas más populares en todo el mundo. Cristóbal Colón trajo semillas de naranja a las islas del Caribe a finales del siglo XV, y un siglo después los exploradores españoles trajeron naranjas a la Florida. Aproximadamente 200 años más tarde, en el siglo XVIII, los misioneros españoles las trajeron a California. Estos dos estados continúan siendo los principales productores de naranjas en los Estados Unidos.

EL SALVAVIDAS DE SU MAJESTAD

La historia de cómo las limas, y la vitamina C contenida en ellas, le salvaron la vida a los marineros de Su Majestad es muy conocida; es un relato interesante sobre el poder de la comida y de la importancia de incluir una gran variedad de nutrientes promotores de la salud en la dieta. En los siglos XV y XVI, los marineros solían perderse en sus largos viajes y era frecuente que murieran de escorbuto. A pesar de que creían estar comiendo suficiente, un incontable número de marineros murió. El explorador portugués Vasco de Gama perdió casi a la mitad de sus hombres por causa del escorbuto, en 1490, en su primer viaje alrededor del Cabo de la Buena Esperanza. No fue sino hasta mediados de 1700 cuando James Lind, un cirujano naval británico, descubrió que una porción diaria del cítrico contenido en limones, limas y naranjas mantenía bien la salud de los marineros; así, les salvó la vida a los marineros británicos o "*limeys*."

Este sería sólo un relato curioso si no fuera por el hecho de que del 20% al 30% de los adultos norteamericanos tiene un nivel mediano de Vitamina C en la sangre y un 16% tiene deficiencia de la vitamina. El cuerpo de los humanos (y de los conejillos de Indias) no puede producir vitamina C. Como esta vitamina es hidrosoluble y, por tanto, el cuerpo no la retiene, necesitamos un constante reabastecimiento de fuentes alimenticias para mantener unos niveles celulares y sanguíneos adecuados. Es alarmante que un alto porcentaje de niños consume cantidades mínimas de vitamina C. La RDA es de 90 miligramos al día para hombres adultos y 75 miligramos para mujeres adultas. En mi opinión, esta cantidad es muy baja. Creo que el consumo óptimo de vitamina C es 350 miligramos o más proveniente de alimentos. Pero casi un tercio de nosotros consume *menos* de 60 miligramos diarios de vitamina C.

Es increíble que, dada la abundancia actual de comida, tanta gente tenga niveles deficientes de una vitamina que es vital para tener buena salud. Aunque no estemos viendo casos de escorbuto, ciertamente estamos observando epidemias de enfermedades cardíacas, hipertensión y cáncer. La vitamina C en los cítricos, junto con otros nutrientes valiosos, puede desempeñar un papel destacado en la reducción de la incidencia de estas enfermedades crónicas.

Recuerde: la vitamina C se elimina rápidamente del cuerpo. Un consumo diario adecuado es muy importante para tener una salud óptima.

La disminución precipitada de los niveles de vitamina C en la población ha ocurrido a lo largo de los últimos 20 años por razones desconocidas. Una posibilidad es que muchos, si no todos, los consumidores ahora prefieren tomar el jugo de naranja que ya está listo en cambio del concentrado congelado de naranja. Y puesto que el jugo de naranja es la fuente primaria de vitamina C en nuestra dieta, y su forma congelada contiene una cantidad considerablemente superior de vitamina C que los jugos listos para tomar, este cambio podría estar produciendo un efecto nefasto para nuestra salud en general.

No estamos recibiendo suficiente vitamina C de fuentes alimenticias, y las naranjas y el jugo de naranja son la fuente principal de este nutriente beneficioso. Hay varios componentes poderosos en las naranjas enteras que son los que las hacen ser protagonistas en la lucha contra el envejecimiento y las enfermedades. Les aconsejo a todos mis pacientes que tomen y coman más cítricos. Un hecho sencillo: un nivel pobre de vitamina C se ha relacionado con un aumento de muchas causas de mortalidad, especialmente por cáncer y enfermedades cardiovasculares. Una sola naranja ombligona, con apenas 64 calorías, provee el 24% de mi recomendación diaria de 350 miligramos o más de vitamina C. (Esa misma naranja proporciona el 92% de la RDA para hombres adultos y el 110% de la RDA para mujeres adultas.) Solo unas pocas frutas y verduras son ricas en vitamina C.

Verduras	Miligramos de vitamina C
1 pimiento amarillo grande	341
1 pimiento rojo grande	312
1 pimiento anaranjado grande	238
1 pimiento verde grande	132
1 taza de brócoli crudo picado	79

Frutas	Miligramos de vitamina C
1 taza de frutillas frescas tajadas	97
1 taza de papaya en cubos	87
1 naranja ombligona	83
1 kiwi mediano	70
1 taza de melón en cubos	59

Jugos	Miligramos de vitamina C
1 taza (8 onzas) de Odwalla C Monster	350
1 taza de jugo de naranja natural	124
1 taza de jugo de concentrado de naranja	97

La única fruta o verdura rica en vitamina C que se consume regularmente en los Estados Unidos es el jugo de naranja. En promedio, los adultos que consumen una cantidad adecuada de vitamina C, ingieren más de una porción diaria de vitamina C.

EL PODER DE LOS FLAVONOIDES

Los flavonoides son una clase de polifenoles que se encuentran en las frutas, verduras, legumbres, nueces, semillas, cereales, té y vino. Existen más de 5,000 mil flavonoides que han sido identificados y descritos en la literatura científica, y cada día aprendemos más acerca de ellos. Los flavonoides cítricos, que se encuentran en el tejido, el jugo, la pulpa y la cáscara de las frutas, son unos de los responsables de las propiedades promotoras de la salud de las frutas cítricas y son el motivo por el cual la fruta entera es mucho más saludable que sólo su jugo. Dos de los flavonoides de los cítricos, la narinjina en las toronjas y la hesperidina en las naranjas, raras veces están presentes en otras plantas y son casi exclusi-vos de los cítricos. El poder de los flavonoides cítricos es impresionante. Son antioxidantes y antimutantes; esto último se refiere a su habilidad para prevenir la mutación celular que da inicio a los primeros estadios del desarrollo del cáncer y de otras enfermedades crónicas. Logran esta prevención gracias a su aparente habilidad de absorber los rayos ultra-violeta, proteger el ADN e interactuar con los agentes cancerígenos. Se ha demostrado que los flavonoides cítricos inhiben el crecimiento de células cancerígenas, fortalecen los vasos capilares, actúan como antiinflamato-rios y son antialérgicos y antimicrobianos. El consumo de flavonoides dis-minuye la incidencia de ataques cardíacos y apoplejías, así como también de otras enfermedades.

La rutina, un flavonoide que se encuentra en los cítricos (y en las grosellas negras), tiene un efecto antiinflamatorio y propiedades antivirales y ayuda a proteger los vasos capilares contra el deterioro relacionado con la edad.

LA NARANJA Y LA SALUD CARDIOVASCULAR

Estamos seguros de que una naranja al día promueve la salud cardiovas-cular. El Framingham Nurses' Health Study reveló que tomarse un vaso diario de jugo de naranja reduce el riesgo de sufrir una apoplejía en un 25%. Otros innumerables estudios han confirmado beneficios similares al consumir cítricos habitualmente. Empezamos a entender que, al igual que sucede con otros superalimentos, lo importante es la sinergia de múltiples alimentos y la variedad de los nutrientes que contienen y que se combinan para aumentar e intensificar los beneficios individuales.

Por ejemplo, las naranjas son ricas en vitamina C. También son ricas en flavonoides, tales como la hesperidina, que trabaja para reanimar la vitamina C después de que ha neutralizado un radical libre. Es decir, la hesperidina fortalece y amplía el efecto de la vitamina C en su cuerpo. En un interesante ensayo clínico humano, se demostró que el jugo de naranja eleva el colesterol HDL (el colesterol "bueno") mientras que disminuye el colesterol LDL (colesterol "malo").

La pectina, la fibra alimenticia que es tan eficaz para reducir el colesterol, está presente en grandes cantidades en el recubrimiento blanco de las frutas cítricas (llamado albedo). Una manera fácil de aumentar su consumo de pectina es comerse el albedo. Yo siempre me como el de la naranja y la mandarina junto con un poco del color anaranjado también para aumentar mi consumo de limoneno.

La fibra de la naranja también contribuye a la salud cardiovascular. Las frutas cítricas (especialmete las mandarinas) son una de las fuentes más ricas de pectina de alta calidad, un tipo de fibra dietaria. Como se mencionó en el recuadro anterior, la pectina es un componente importante del tipo de fibra que es conocida por reducir el colesterol; también es útil para estabilizar el azúcar en la sangre. Una sola naranja proporciona tres gramos de fibra; la fibra dietaria ha sido asociada con una amplia gama de beneficios para la salud. Cerca del 35% de los norteamericanos consume fruta únicamente en forma de jugos. En la mayoría de los casos, su salud mejoraría si se comieran una fruta entera cuando les fuera posible.

La Pulpa Poderosa

La concentración de vitamina C en la pulpa de la naranja es el doble de la que se encuentra en la cáscara y es diez veces mayor que la del jugo. Conclusión: cómase la pulpa y compre jugo que contenga mucha pulpa.

Las naranjas previenen, así mismo, enfermedades cardiovasculares al ser fuente de folato, también conocido como "folacina" o "ácido fólico," cuando se usan en forma de suplemento. El folato es una de las vitaminas B; se ha encontrado que el contenido total de ácido fólico en una dieta promedio está por debajo de la porción diaria recomendada, y con frecuencia la gente presenta una deficiencia leve a moderada de esta vitamina. De hecho, la falta de folato es una de las deficiencias vitamínicas más comunes en el mundo. Esto es desafortunado, ya que cada día aprendemos más acerca de la importancia de este nutriente. Sabemos que el folato dietario puede desempeñar un papel importante en la prevención de enfermedades cardiovasculares; es esencial para el mantenimiento normal del ADN y, además, interviene en la prevención del cáncer cervical, de colon y posiblemente hasta del cáncer de seno.

El folato desempeña un papel importante en la reducción de las concentraciones sanguíneas de homocisteína, que es un aminoácido subproducto del metabolismo de las proteínas y que influye en la incidencia de enfermedades cardiovasculares. Tener niveles altos de homocisteína se ha relacionado no sólo con la presencia de enfermedades cardiovasculares sino también con vasculares del ojo. En un estudio realizado en Harvard, los hombres que tenían niveles elevados de homocisteína eran tres veces más propensos a sufrir ataques cardíacos que aquellos con niveles normales. Una investigación extensa patrocinada por el gobierno norteamericano en 2002 indicó que existía un riesgo inverso de sufrir ataques cardíacos y apoplejías entre personas que consumen la mayor cantidad de folato: a mayor cantidad de folato, menor riesgo. El folato actúa con otras vitaminas B, como la B12 y B6 y, probablemente, con la betaína (un compuesto derivado vegetal que parece reducir la homocisteína), para eliminar la homocisteína del sistema circulatorio. La homocisteína que se acumula en su cuerpo puede dañar sus vasos sanguíneos y, en última instancia, puede precipitar un "acontecimiento cardiovascular." Existe evidencia interesante de que un consumo mayor de folato realmente mejora la salud del corazón en aquellas personas que ya hayan desarrollado una enfermedad cardiovascular.

Un consumo bajo de vitamina C puede doblar el riesgo de una fractura de cadera.

LA NARANJA Y EL CÁNCER

Informes recientes de investigadores han demostrado que las naranjas pueden desempeñar un papel significativo en la prevención del cáncer. Sabemos, por ejemplo, que la dieta mediterránea, que incluye una cantidad considerable de cítricos, está vinculada con una incidencia baja de cánceres de seno, pulmonar, páncreas, colon, recto y cervical. De hecho, se ha reportado que las frutas cítricas contienen numerosos agentes anticancerígenos, posiblemente más que cualquier otro alimento. El National Cancer Institute se refiere a las naranjas como un paquete completo de todos los inhibidores naturales anticancerígenos conocidos. Como usted puede intuir, el poder anticancerígeno de la naranja es más eficaz cuando se consume la fruta entera: parece ser que sus componentes anticancerígenos trabajan en sinergia para aumentar sus efectos. La fibra soluble pectina, que es tan buena para la salud cardíaca, también es un agente anticancerígeno. Contiene inhibidores de los factores de crecimiento que, en el futuro, podrían asosiarse con un efecto positivo en la disminución del crecimiento de tumores. Se ha comprobado que en los animales la pectina inhibe la metástasis del cáncer de próstata y melanoma.

Alerta del Consumidor en Acción

Pídales a los fabricantes que agreguen la cáscara de limón a la limonada, así como lo hacen en Europa, para que aumente su contenido de limoneno, un agente que promueve la salud.

Últimamente, un fitonutriente específico ha llamado la atención por ser un agente promotor de la salud. Inexplicablemente, por lo general botamos la parte más importante de la naranja. La cáscara de las frutas cítricas contiene un fitonutriente conocido como limoneno. Las naranjas, mandarinas, limones y limas contienen cantidades significativas de limoneno en su cáscara y una porción más pequeña en la pulpa. Este fitonutriente estimula nuestro sistema de enzimas desintoxicantes y antioxidantes y, de esta manera, ayuda a evitar el cáncer antes de que se desarrolle. (Resulta tranquilizador saber que un fitonutriente quimiopreventivo natural pueda trabajar para prevenir el proceso de carcinogénesis en sus etapas más tempranas.) El limoneno también reduce la actividad de las proteínas que puede ser detonante del crecimiento celular anormal; tiene acciones bloqueadoras y supresoras que, por lo menos en los animales, causan la regresión de tumores. Un estudio humano realizado en Arizona reveló que aquellas personas que usaban la cáscara de los cítricos cuando cocinaban redujeron el riesgo de sufrir carcinoma de escamocelular en un 50%. Hace mucho sabemos que los habitantes del Mediterráneo tienen menores índices de ciertos cánceres que personas procedentes de otras regiones; los investigadores creen que esto puede atribuirse a su consumo habitual de la cáscara de los cítricos. Pruebe la "limonada del Mediterráneo" al final de este capítulo para incrementar su nivel de limoneno. Por cierto, el jugo de naranja sí contiene un poco de esta sustancia, pero no tanto como la cáscara de la fruta. El jugo recién exprimido tiene la mayor cantidad de limoneno y de otros nutrientes. La pulpa del jugo de naranja tiene del 8% al 10% más limoneno que el jugo sin pulpa.

La cáscara de los cítricos tiene un gran poder nutritivo; sin mbargo, antes de comerla, lávela cuidadosamente con agua tibia y un poco de jabón líquido o, mejor aún, compre cítricos orgánicos. Algunas personas desarrollan dermatitis por el contacto con el limoneno de su cáscara.

La vitamina C es abundante en las naranjas y desempeña un papel en la lucha contra el cáncer. De hecho, existe una asociación inversa relativamente consistente entre la vitamina C y los cánceres de estómago, boca y esófago. Esto es lógico, ya que la vitamina C protege contra las nitrosaminas, agentes causantes del cáncer que se encuentran en varios alimentos. Se cree que estos agentes son responsables de causar cánceres de la boca, el estómago y el colon. Un estudio con hombres suizos señaló que aquellos que murieron por causa de cualquier tipo de cáncer tenían concentraciones de vitamina C 10% más bajas que las de aquellos que murieron por otras causas.

Se ha demostrado que la pectina dietaria reduce la absorción de glucosa y, de esta forma, la producción de insulina en las personas que tienen diabetes tipo II, enfermedad que se está convirtiendo a pasos agigantados en una epidemia en los países desarrollados. Así, la pectina ayuda a estabilizar los niveles de azúcar en la sangre.

LOS CÍTRICOS Y LA APOPLEJÍA

Los cítricos parecen tener propiedades protectoras contra la apoplejía. En el Men's Health Professionals Follow-Up Study, se observó que los cítricos y los jugos cítricos son grandes contribuyentes en la reducción del riesgo de sufrir una apoplejía. Se ha calculado que tomar un vaso de jugo de naranja al día puede reducir el riesgo de apoplejía en hombres saludables en un 25%, mientras que otras frutas reducen el riesgo solamente en 11%. Es muy interesante notar, a prpósito de la prevención de apoplejías, que el consumo de vitamina C en forma de suplemento al parecer no tiene los mismos beneficios que la fruta entera. Esto sugiere que deben existir otras sustancias protectoras en los jugos cítricos que son responsables del poder para prevenir apoplejías. La suposición actual es que es el poder de los polifenoles lo que hace la diferencia. ¡Esta es otra razón para depender de los alimentos enteros para una nutrición óptima! Por otra parte, más de 350 a 400 miligramos diarios de suplemento de vitamina C durante un periodo de por lo menos diez años parece ser un medio eficaz para reducir el riesgo de desarrollar cataratas (este es un caso en el que los suplementos sí funcionan.)

SUPLEMENTOS DE VITAMINA C

Yo prefiero los alimentos enteros para la obtención de nutrientes en vez de depender de suplementos. Sin embargo, aun los adultos que consumen cinco porciones de frutas y verduras al día, con frecuencia obtienen menos de 100 miligramos de vitamina C diariamente. Así que, si lo desea, es oportuno tomar suplementos de vitamina C. Recuerde que su cuerpo no puede distinguir entre la vitamina C obtenida de alimentos y el ácido ascórbico hecho en el laboratorio. Sin embargo, la vitamina C de los alimentos contiene polifenoles (bioflavonoides) que aumentan su efecto. Por esta razón, es mejor obtener ácido ascórbico con bioflavonoides para que tenga una mayor posibilidad de recibir los beneficios de la red antioxidante. Además, recuerde que existe un límite en la cantidad de vitamina C que su cuerpo puede absorber a la misma vez; así, es mejor tomar un suplemento de 250 miligramos en la mañana y un suplemento de 250 miligramos en la tarde en vez de tomar un suplemento de 500 o de 1,000 miligramos una sola vez. Si usted toma suplementos, asegúrese de mantener su consumo diario por debajo del límite superior tolerable de 2.000 miligramos al día sugerido por la Food and Nutrition Board. En mi opinión, 1.000 miligramos de suplemento de vitamina C es más que suficiente para optimizar sus beneficios.

Alerta del Consumidor en Acción

Pídales a los fabricantes que produzcan suplementos de vitamina C con bioflavonoides en cantidades de 100 a 250 miligramos. La mayoría de marcas de vitamina C sólo está disponible en cantidades superiores (de 500 a 1,000 miligramos).

NARANJAS EN LA COCINA

Las frutas cítricas, junto con las cerezas, las uvas y diez otras frutas, no maduran después de ser cosechadas. Un color naranja vivo no necesariamente significa maduro: por lo general, se expone las naranjas a gases y se las tiñe por razones cosméticas. Manchas verdes en una naranja no debe ser motivo de preocupación.

Cuanto más pesada y pequeña sea la fruta (y, usualmente, cuanto más delgada es su cáscara), más jugo contiene. También obtendrá más jugo de un limón o de una naranja si deja que estén a temperatura ambiente y los rueda sobre una superficie plana antes de exprimirlos.

Las naranjas enteras pueden guardarse ya sea en el congelador o a temperatura ambiente. Durarán aproximadamente dos semanas. No las guarde en bolsas plásticas porque les puede salir moho.

La cantidad de vitamina C en 8 onzas de jugo de naranja puede variar entre 80 hasta aproximadamente 140 miligramos, dependiendo de las naranjas y su grado de madurez, así como de la forma en la que fueron procesadas y transportadas. El calor y la pasteurización reducen el contenido nutricional del jugo. Revise la fecha que aparece en el envase antes de comprarlo: una vez se abra, se conservará fresco por dos o cuatro semanas más. El jugo de naranja comienza a perder vitamina C (y otros nutrientes) desde el momento en el que es exprimido; sin embargo, debido a la abundante cantidad de vitamina C que contiene, si el jugo sabe fresco, probablemente lo está proveyendo con las cantidades adecuadas. Un truco para revitalizar el contenido de vitamina C del jugo consiste en exprimirle un limón en el envase.

Asegúrese de leer la etiqueta: muchos contienen más azúcar o almíbar que jugo. Sólo compre jugo 100% natural.

A continuación encontrará un análisis nutricional interesante de dos socios, toronja blanca versus toronja rosada. Está basado en media toronja:

	Toronja blanca	Toronja rosada
Calorías	39	37
Vitamina C	39 mg	47 mg
Potasio	175 mg	159 mg
Licopeno	0	1.8 mg
Betacaroteno	un poco	0.7 mg
Betacriptozantina	0	rastro
Luteína/Zeaxantina	0	rastro
Alfacaroteno	rastro	rastro
Flavonoides	presentes	presentes

El jugo de toronja aumenta la biodisponibilidad de ciertas medicinas; se cree que uno de flavonoides en la toronja, probablemente la naringina, es el causante. Si está tomando medicamentos orales, consulte con su médico o nutricionista a fin de determinar si el jugo de toronja puede interferir con su tratamiento.

Aunque las frutas enteras son la mejor opción, a veces uno puede desear cítricos en otra forma, como por ejemplo para untarlos sobre tostadas. La mermelada de cítricos puede ser una buena opción, pues los flavonoides que sirven para fortalecer sus vasos capilares y aumentar los efectos de la vitamina C, sobreviven al proceso de elaboración, así como también lo hacen muchos de los antioxidantes y liminoides. ¡La mermelada de frutas cítricas es una mejor opción que la mantequilla para sus *muffins* o tostadas!

Incorpore las naranjas a su vida:

- Coma una naranja, una mandarina o una clementina al día.
- Agregue gajos de mandarina a una ensalada de espinaca con cebolla roja picada.
- Espolvoree azúcar morena sobre media toronja y métala al horno; disfrutará de un delicioso postre.
- Agregue jugo de naranja a un batido de fruta.
- Mantenga algunas cáscaras de naranja o de limón en su congelador: agréguelas a tortas, galletas, *muffins* o inclusive a bebidas, como un estímulo nutritivo, refrescante y sabroso. Mézclelas con su yogur, ensaladas de frutas y hasta ensaladas con pollo. También puede ponerlas en el té caliente. El jugo cítrico le da más sabor a muchos platos de pollo y pescado.
- Déles naranja a los atletas que conozca, sean jóvenes o mayores; es muy refrescante. Los gajos de naranja proporcionan un aumento necesario de antioxidantes y de vitamina C en el campo de juego o en el gimnasio.

El quinoto es la fruta cítrica más pequeña. Soy muy afortunado al tener dos arbustos de quinoto en mi jardín; cuando están en temporada, puedo comerme uno o dos todos los días. Su cáscara dulce y delgada está llena de fitonutrientes poderosos. Esta fruta puede conseguirse en supermercados, por lo general, durante el invierno. Pellízquela con sus dedos antes de comerla; liberará el jugo para saborear mejor la explosión agridulce que ofrece esta nutritiva fruta.

MUFFINS DE NARANJA Y SALVADO DE LINO

**24
MUFFINS**

- 1 ½ tazas de salvado de avena
- 1 taza de harina común
- 1 taza de semillas de linaza molidas
- 1 taza de salvado natural
- 1 cucharada de polvo para hornear
- ½ cucharadita de sal
- 2 naranjas, lavadas, partidas en cuatro y sin semillas
- ¾ taza de azúcar morena
- 1 taza de suero de leche
- ½ taza de aceite de canola
- 2 huevos
- 1 cucharadita de bicarbonato de soda
- 1 ½ tazas de uvas pasas

En un tazón grande, combine el salvado de avena, la harina, las semillas de linaza, el salvado, el polvo para hornear y la sal. Reserve. En una licuadora o procesador de alimentos, combine las naranjas, el azúcar morena, el suero de leche, el aceite, los huevos y el bicarbonato de soda. Mezcle bien. Vierta esta última mezcla con los ingredientes secos; revuelva bien hasta que esté homogénea. Agregue las uvas pasas (puede reemplazarlas por *chips* de chocolate blanco). Vierta la masa en los huecos del molde para *muffins* casi hasta arriba (en cada hueco ponga antes papel mantequilla para ponquecitos). Meta el molde al horno a 375°F de dieciocho a veinte minutos o hasta que al insertar un palillo de madera en el centro de un *muffin*, este salga limpio. Deje enfriar en el molde por cinco minutos antes de poner los *muffins* en un rejilla para que terminen de enfriarse.

Una ama de casa canadiense descubrió el *Microplane zester* cuando tomó prestada una de las herramientas de carpintería de su esposo para rallar la cáscara de un limón y quedó encantada con los resultados. El *Microplane zester* facilita mucho el proceso de rallar la cáscara de cualquier cítrico. Usted puede guardar las cáscaras en una bolsa plástica en el congelador para usarlas en muchas recetas. En la mayoría de tiendas de cocina y en Internet venden estos ralladores.

LIMONADA DE NARANJA FRESCA

12 PORCIONES
DE 8 ONZAS

2 ½ tazas de agua
1 taza de azúcar (o menos)
2 cucharadas de cáscara de naranja
2 cucharadas de cáscara de limón
1 ½ tazas de jugo de naranja natural, aproximadamente de 5 naranjas
1 ½ tazas de jugo de limón, aproximadamente de 8 limones
Agua
Cubos de hielo
Rodajas de cítricos, opcional

En una cacerola mediana, combine el agua y el azúcar. Cocine a fuego medio hasta que el azúcar se disuelva; revuelva ocasionalmente. Retire del fuego y deje enfriar. Agregue las cáscaras de naranja y limón a la mezcla anterior. Cubra y deje enfriar a temperatura ambiente por una hora. Cubra y meta en el refrigerador hasta el momento de tomarla.

Para servir, llene los vasos en partes iguales de la mezcla de frutas y de agua. Agregue hielo. Si desea, adorne la limonada con rodajas de cítricos.

Nueces del Nogal

SOCIOS: almendras, pistachos, ajonjolí, maní, semillas de calabaza y de girasol, nueces de macadamia, pecanas, avellanas, marañones (anacardos).
TRATE DE COMER: 1 onza cinco veces a la semana.

Las nueces del nogal contienen:

- Ácidos grasos omega 3 de origen vegetal
- Vitamina E
- Magnesio
- Polifenoles
- Proteína
- Fibra
- Potasio
- Esteroles de las plantas
- Vitamina B_6
- Arginina

Por lo general puedo predecir la respuesta de la mayoría de la gente cuando le digo que las nueces son un superalimento: "No puedo comer nueces; ¡engordan mucho!" Incluso les he oído decir a algunos de mis pacientes: "Ni siquiera puedo tener nueces en casa, pues me las como." Estas respuestas son entendibles, pues las nueces son sencillamente deliciosas. Mi cuñado empezó a comer todas las nueces que podía después de que le conté todos sus beneficios para la salud, y se subió cinco libras en un mes. No me hizo caso cuando le expliqué la otra parte de la ecuación de las nueces: ¡moderación! Es cierto que las nueces son ricas en calorías, pero proveen de una extraordinaria cantidad de beneficios para la salud y son una parte importante de su dieta. Voy a hacerle unas recomendaciones para que pueda disfrutarlas sanamente y no se engorde.

Primero, algo sencillo: si usted tiene sobrepeso, fuma, nunca se levanta del sofá y va cinco veces a la semana a comer comida rápida, hay una cosa que puede hacer para mejorar su salud y reducir el riesgo de sufrir una enfermedad cardiovascular sin necesidad de soltar el control remoto de su televisor. Coma un puñado de nueces cinco veces a la semana. Este sencillo acto reducirá las probabilidades de que sufra un ataque cardíaco al menos en un 15% y muy seguramente tanto como un 51%. Así de poderosas son las nueces.

Últimamente, han atraído mucha la atención. A medida que una nueva era nutricional emerge, que va más allá de los macronutrientes como la grasa y la proteína y se adentra en el fascinante mundo de los fitonutrientes, los nutricionistas están redescubriendo estas pequeñas fuentes de poder. Puedo decir sin temor a equivocarme que las nueces desempeñarán un papel importante en el proceso de maximizar la salud de los seres humanos en este siglo naciente.

Es un hecho sencillo pero sorprendente: las personas que comen nueces con frecuencia pueden disfrutar de una reducción significativa del riesgo de desarrollar una enfermedad coronaria. También se les reduce el riesgo de sufrir diabetes, cáncer y otra serie de enfermedades crónicas. Un estudio que tuvo en cuenta la raza, el género y la edad para analizar las causas de muerte encontró que el consumo de nueces era inversamente proporcional a *todas* las causas de mortalidad. Si yo pudiera desarrollar y patentar un medicamento que garantizara que quien lo tomara obtendría con seguridad todos los beneficios de un puñado de nueces al día, ¡sería millonario!

¿CUÁLES NUECES?

Se habrá dado cuenta de que las nueces del nogal son las representantes de esta categoría de *Superalimentos Rx*. Sin embargo, quiero resaltar que todas las nueces y semillas contribuyen a su buena salud. Tiene sentido que las nueces y las semillas sean fuentes de una gran variedad de nutrientes; son, después de todo, las que nutren la naturaleza. Las nueces y semillas son básicamente un dispositivo de almacenamiento que contiene una concentración de proteínas, calorías y nutrientes que el embrión de la planta va a necesitar para florecer.

Si bien, como hemos mencionado, las nueces del nogal son las representantes de la categoría, mis otras dos opciones favoritas son las almendras y los pistachos. Mis dos semillas predilectas son las de calabaza y las de girasol.

Las **nueces del nogal** son las representantes de la categoría por varias razones. Son una de las pocas fuentes de ácidos grasos omega 3 de origen vegetal (llamado ácido alfalinolénico o ALA, por sus siglas en inglés), junto con el aceite de canola, semillas y aceite de linaza, soya y aceite de soya, germen de trigo, espinaca y verdolaga. Son ricas en esteroles vegetales (que pueden desempeñar un papel importante en disminuir el nivel de colesterol en la sangre), fibra y proteína y también aportan magnesio, cobre, folato y vitamina E. Finalmente, son las nueces con mayor actividad antioxidante.

El **maní** es la nuez favorita de los Estados Unidos, aunque no es realmente una nuez, sino una legumbre pariente cercana de los fríjoles. Para efectos de este libro lo consideramos una nuez, dado que comparte con las nueces un perfil nutricional parecido. El maní abarca dos tercios de nuestro consumo total de nueces y es el número tres en ventas entre los pasabocas en los Estados Unidos. Una onza, cerca de 48 manís, aporta 15% de la cantidad de vitamina E que uno debe consumir al día, 2,5 gramos de fibra más calcio, cobre, hierro, magnesio, niacina, folato y zinc, además de siete gramos de proteína.

Las **almendras** son la mejor fuente de vitamina E y una fuente vegetal poderosa de proteína. De hecho, siendo 20% proteína, un cuarto de taza de almendras contiene 7,6 gramos de proteína más que un huevo grande, que contiene 6 gramos. También contienen riboflavina, hierro, potasio y magnesio y, además, son una fuente rica en fibra. Las almendras también son una excelente fuente de biotina, una vitamina B esencial para el metabolismo tanto del azúcar como de la grasa. Un cuarto de taza de almendras provee el 75% del requerimiento diario de su cuerpo de este nutriente, que ayuda en el mantenimiento de la salud de la piel y del nivel de energía. Las almendras también son ricas en arginina: sólo el maní contiene mayor cantidad de ella. Debido a su habilidad de promover la producción de un químico específico, la arginina es un vasodilatador natural, que mejora e incrementa el flujo de la sangre al relajar las paredes de los vasos sanguíneos. También, su cáscara contiene una gran cantidad de polifenoles, muchos de los cuales tienen la capacidad de eliminar los radicales libres.

Alerta del Consumidor en Acción

Pídales a los productores de maní que lo vendan crudo o tostado con la cáscara para obtener mayores beneficios; en esta se encuentra la mayor cantidad de polifenoles.

Finalmente, las almendras y el maní también contienen esfingolípidos. En este momento, no se conoce aún el requerimiento nutricional de estos lípidos, pero parece que desempeñan un papel importante dentro de la estructura y el funcionamiento de la membrana celular. El cáncer tiene que ver con numerosos defectos en la regulación de la célula, y los esfingo-lípidos, al parecer, afectan la regulación de las células defectuosas del cán-cer. Es preciso tener más información sobre este tema, pero por ahora creo que es más seguro suponer que los esfingolípidos desempeñan un papel importante en la optimización de nuestra salud y representan otro com-ponente de los alimentos integrales, que trabajan en sinergia con otros nutrientes y fitonutrientes.

Los *pistachos* son unas de las nueces comestibles más antiguas sobre la tierra. En China, se les conoce como "la nuez feliz" por su cáscara a medio abrir. Una porción de 1 onza de pistachos equivale a 47 nueces, es decir, más por porción que cualquier otra nuez con excepción del maní, que representa 48 por porción. Los pistachos están cargados de fibra: usted obtiene más fibra dietaria de cada porción de pistachos que de media taza de brócoli o espinaca. Los pistachos también son ricos en potasio, tiamina y vitamina B$_6$. Es interesante notar que la vitamina B$_6$ en una porción de una onza de pistachos equivale a la contenida en una porción de tres onzas de pollo o cerdo. Como todas las nueces, son particularmente ricos en los fitonutrientes que están asociados con una reducción del colesterol y la protección contra varios cánceres.

Las Nueces en Pocas Palabras

Una porción de nueces con cáscara es una onza. Una onza de nueces equivale a entre 10 y 48 nueces, dependiendo de su tamaño. Una porción de nueces aporta entre 150 y 200 calorías.

SEMILLAS

Mientras las nueces del nogal son las representantes de esta categoría, de lo que sabemos hasta ahora, es la sinergia de múltiples nutrientes lo que provee la mayor cantidad de beneficios. A pesar de que las semillas todavía no cuentan con el respaldo académico de las nueces, podemos suponer, dado su perfil nutricional, que ellas también ofrecen múltiples beneficios para la salud. Aunque comemos semillas en cantidades pequeñas, son una gran fuente de proteína, especialmente para las personas vegetarianas.

Así, es una equivocación separar las nueces de las semillas. De hecho, casi cualquier semilla o fruta que contenga un hueso comestible dentro se llama nuez, de manera que las nueces y las semillas incluyen todo desde las almendras hasta las nueces del nogal, así como las semillas de girasol, ajonjolí, semillas de calabaza y piñones. Para efectos de este libro, mis opciones favoritas incluyen las semillas de girasol y de calabaza. Animo a la gente a incluir las semillas en esta categoría y a usarlas regularmente como pasabocas o en ensaladas, cereales y guisos. Cada mañana como un puñado de nueces y/o semillas; así mismo, prefiero las jaleas con semillas e, incluso, me como las semillas de la sandía.

Supersemillas de Girasol

Una onza contiene:

- 95% de la RDA de vitamina E
- Más de 50% de la RDA de tiamina
- Cerca del 30% de la RDA de selenio
- 25% de la RDA de magnesio
- 16% de la RDA de folato

Las semillas de girasol son::

- Muy ricas en ácidos grasos poliinsaturados
- Una fuente bastante rica de potasio

Supersemillas de Calabaza

Una onza contiene:

- Más de 50% de la RDA de hierro
- Más del 30% de la RDA de magnesio
- Más del 20% de la RDA de vitamina E
- Casi el 20% de la RDA de zinc
- Una cantidad generosa de potasio

¿ENGORDAN LAS NUECES?

Mi cuñado sería el primero en decirme que las nueces sí engordan. Cualquier alimento que usted *añada* a su dieta actual lo puede engordar; y es cierto que las nueces tienen muchas calorías. Pero el concepto clave de las nueces es *sustitución*: agregue unas pocas nueces a su dieta diaria, pero que sustituyan a otro alimento. No aumentará ni un gramo, si usted agrega una onza de nueces por lo menos cinco veces a la semana y resta algún alimento con calorías comparables, preferiblemente uno que contenga grasa saturada, como el queso, la mantequilla, o, aun mejor, la cantidad equivalente de ejercicio que queme las calorías de exceso.

La verdad es que aquellos que las comen en una dieta balanceada tienden a ser más delgados que aquellos que no, porque las nueces llenan. Debido a esto, ayudan a las personas a mantenerse en una dieta de alimentos que son ricos en carbohidratos pero bajos en fibra. En un estudio de Harvard, las personas que comieron 85% de sus calorías de grasas saludables (la recomendación común es entre el 25 y el 30% de calorías de grasa) tuvieron tres veces más probabilidades de bajar de peso, que las que hicieron dieta restringiendo su ingesta de grasa en un 20%. Mientras es cierto que el 79% de la energía de las nueces proviene de la grasa, también es cierto que las nueces tienen poca grasa saturada y son ricas en ácidos grasos sin saturar. Es interesante tener en cuenta que las grasas saturadas aumentan el nivel de colesterol en la sangre a casi el doble de lo que las grasas poliinsaturadas lo bajan.

A continuación encontrará la información de cuantas calorías hay en una nuez común, junto con algunas actividades que puede incorporar en su rutina diaria para mantener su ingesta de nueces en perspectiva. Le voy a hacer dos recomendaciones sobre cómo puede comerlas y mantenerse delgado: sustituya las calorías de las nueces consumidas por su equivalente en ejercicio o elimine de lo que come el equivalente de "malas" calorías provenientes de grasa saturada.

Calorías de las nueces
(onza, a menos que se especifique lo contrario)

Almendras (24 nueces, crudas)	164 calorías
Almendras (22 nueces, tostadas)	169 calorías
Nueces del nogal (14 mitades)	185 calorías
Avellanas (20 nueces, crudas)	178 calorías
Maní (48, tostados sin sal)	166 calorías
Mantequilla de maní (dos cucharadas)	190 calorías
Pecanas (20 mitades, crudas)	195 calorías
Pistachos (47, tostados sin sal)	162 calorías
Pistachos (47, crudos sin sal)	158 calorías

Calorías quemadas con actividad
(Cada actividad quemará aproximadamente
150 calorías o una porción de nueces)

Caminar con rapidez (4 mph)	32 minutos
Caminar despacio	43 minutos
Correr (6 mph)	13 minutos
Nadar (general)	21 minutos
Nadar (vigorosamente)	13 minutos
Montar en bicicleta (vigorosamente, 14-16 mph)	13 minutos
Montar en bicicleta (despacio, 10-12 mph)	21 minutos
Montar en bicicleta estática (despacio)	26 minutos
Jugar tenis, sin pareja	16 minutos
Jugar golf con carrito	37 minutos
Jugar golf sin carrito	16 minutos
Jugar básquetbol	16 minutos
Trabajar en el jardín	26 minutos
Rastrillar hojas	32 minutos

CÓMO LE AYUDAN LAS NUECES A SU CORAZÓN

Un importante cuerpo de investigación ha demostrado que consumir nueces está relacionado con una disminución en el riesgo de sufrir enfermedades del corazón. A la fecha, por lo menos cinco estudios epidemiológicos grandes han demostrado que el consumo frecuente de nueces disminuye el riesgo de las enfermedades coronarias. En cada uno de estos estudios, cuantas más nueces se consumieran (aproximadamente cinco porciones a la semana), menor era el riesgo. Incluso cuando se tuvieron en cuenta otros factores, como la edad, el género, la raza y el estilo de vida, los resultados se mantuvieron iguales. En general, las personas que comieron nueces cinco o más veces a la semana tuvieron entre el 15 y el 51% de disminución en enfermedades coronarias, y, sorprendentemente, hasta las personas que comieron nueces solo una vez al mes tuvieron la misma disminución.

Unos de los mayores contribuyentes a la salud del corazón dentro de las nueces, particularmente dentro de las nueces del nogal, son los ácidos grasos omega 3. Sabemos que este componente particular de grasa trabaja de varias maneras para ayudar a garantizar el funcionamiento sano del corazón y del sistema circulatorio. Como la aspirina, el omega 3 adelgaza la sangre, lo que le ayuda a fluir más libremente y previene que se formen coágulos que se adhieran a las paredes de los vasos sanguíneos. El omega 3 también actúa como antiinflamatorio y previene que los vasos sanguíneos se inflamen, situación que interfiere con el fluido de la sangre. Su baja presión es otro beneficio del omega 3, y, por supuesto, reducir la hipertensión (o la presión arterial alta) es una excelente manera de disminuir el riesgo de sufrir una enfermedad cardiovascular e incluso degeneración de la mácula.

Las nueces del nogal también son ricas en arginina, que es un aminoácido esencial. La arginina ayuda a mantener suave el interior de los vasos sanguíneos, mientras promueve la flexibilidad de las paredes, aumenta el flujo de la sangre, reduce su presión y, por ello, alivia la hipertensión. Las fuentes más importantes de arginina entre las nueces, en orden descendente son: las semillas de sandía, las semillas de calabaza, el maní, las almendras, las semillas de girasol, las nueces del nogal, las avellanas y los pistachos

Es interesante notar que mientras la composición benéfica de los ácidos grasos de las nueces tiene la responsabilidad de algunos de los efectos positivos sobre los lípidos de la sangre y, por ello, los beneficios para la salud del corazón, esto no explica el panorama completamente. En otras palabras, además de los factores positivos para la salud ya conocidos de las nueces, incluyendo el omega 3, las vitaminas B, el magnesio, los polifenoles, el potasio y la vitamina E, existen otros elementos que todavía tienen que ser identificados y que trabajan para reducir el colesterol y promover la salud del corazón.

Un estudio con profesionales de la salud hombres en los Estados Unidos encontró una relación inversa entre el consumo de nueces y la muerte por un ataque cardíaco repentino. Los médicos que consumían nueces tenían menos probabilidades de morir de la arritmia repentina que usualmente acompaña al ataque cardíaco.

LAS NUECES Y LA DIABETES

Recientemente, hubo mucho revuelo en la prensa cuando investigadores de Harvard estudiaron más de 83.000 mujeres y encontraron que quienes decían comer un puñado de nueces o dos cucharadas de mantequilla de maní por lo menos cinco veces a la semana tenían un 20% menos probabilidades de desarrollar diabetes tipo II, que aquellos que nunca o casi nunca comían nueces. La diabetes tipo II se desarrolla cuando el cuerpo no puede usar apropiadamente la insulina. A las mujeres del estudio en cuestión se les hizo seguimiento por casi dieciséis años. Se especula que los resultados se aplican también a los hombres. No solamente la grasa "buena" de las nueces es la que trabaja en pro de la salud del corazón, su fibra y el magnesio también ayudan a mantener balanceados los niveles de insulina y glucosa. Definitivamente, no hay nada más fácil que usted pueda hacer para mejorar su salud que comer un puñado de nueces cinco veces a la semana.

La Mantequilla de Maní

Comer mantequilla de maní con moderación aporta beneficios a la salud. Cómprela de una marca que tenga buen control de calidad; algunas veces las que se encuentran en las tiendas naturistas o en los mercados de granjeros, por ejemplo, no cuidan tan rigurosamente la limpieza. Busque mantequilla de maní a la que no le hayan puesto azúcar o sal adicional. Es importante que no contenga aceites parcialmente hidrogenados. Personalmente, me gusta la marca de Laura Scudder, que fabrica productos naturales sin sal a la manera antigua. Guardo el frasco al revés en la alacena por varios días antes de abrirlo para que el aceite se disperse entre la mantequilla y no tenga que revolverla cada vez.

Mientras la evidencia demuestra la contribución de las nueces a la salud del corazón y a la prevención de la diabetes, debemos recordar que las nueces, como cualquier otro superalimento, no tiene como objetivo unos pocos sistemas aislados en nuestro cuerpo. De hecho, son consideradas un superalimento por su efecto increíblemente poderoso sobre nuestra salud general; son un superalimento extraordinario porque el abanico de sus habilidades conocidas como promotoras de la salud es vastísimo. Y, con seguridad, todavía hay más por descubrir sobre su poder sinérgico.

Fibra: las nueces son una fuente rica de fibra dietaria. En un estudio, un aumento de 10 gramos al día de fibra dietaria disminuyó en un 19% el riesgo de sufrir una enfermedad cardíaca. Una onza de maní o de nueces mixtas provee cerca de 2,5 gramos de fibra, una magnífica contribución a nuestro consumo general de fibra diaria.

Vitamina E: la mayoría de nosotros no consume suficiente vitamina E al día, y las nueces y las semillas son una fuente rica de este nutriente. Uno de los componentes de la vitamina E, el gamatocoferol, tiene poderosas propiedades antiinflamatorias. Supongo que esta es una de las razones por las cuales las nueces contribuyen tan significativamente a la salud del corazón, a pesar de que los estudios todavía no lo han comprobado. Cada nuez provee diferente cantidad de los componentes de la vitamina E, lo cual es una buena razón para variar el tipo que se consume; las almendras, por ejemplo, son una fuente rica de alfatocoferol. Por su parte, los pistachos lo son de gamatocoferol y contienen poco alfatocoferol y muchos gamatocotrienoles. La mayoría de los suplementos de vitamina E solo contiene d-alfatocoferol y, por tanto, aporta solamente una fracción del beneficio de un alimento entero que contenga vitamina E.

Ácido fólico: últimamente, este nutriente ha llamado mucho la atención por su eficacia para prevenir defectos de nacimiento, particularmente los del tubo neural, como la espina bífida. Las nueces son ricas en ácido fólico, cuyos beneficios van más allá de su importante papel en la prevención de los defectos de nacimiento. También, disminuye la homocisteína (un factor de riesgo independiente de sufrir una enfermedad del corazón) y ayuda a prevenir el cáncer y varias causas de envejecimiento.

Cobre: el que se encuentra en las nueces es útil en el mantenimiento de un nivel saludable de colesterol. También contribuye al mantenimiento de la presión arterial y ayuda a prevenir un metabolismo anormal de la glucosa.

Magnesio: las nueces contienen una impresionante cantidad de este importante nutriente. Así, no es una sorpresa que una baja ingesta de magnesio se asocie con el riesgo de sufrir un ataque cardíaco. El magnesio disminuye las arritmias cardíacas y ayuda a prevenir la hipertensión. Es muy importante también para el relajamiento normal de los músculos, la transmisión de los impulsos nerviosos, el metabolismo de los carbohidratos y el mantenimiento del esmalte de los dientes. Una ingesta baja de magnesio representa un factor de riesgo de sufrir migrañas. Es interesante notar que casi la mitad de los pacientes que las padecen tienen el nivel de magnesio más bajo de lo normal.

Reversatrol: este flavonoide, que se encuentra abundantemente en la piel de las uvas y del maní, tiene propiedades anticancerígenas. También es un antiinflamatorio y se cree que ayuda a mantener sanos los niveles de colesterol.

Ácido elágico: este polifenol se encuentra en grandes cantidades en las nueces, particularmente en las del nogal. Estudios con animales han demostrado que el ácido elágico es benéfico en la prevención del cáncer, pues afecta tanto la activación como la desintoxicación de los posibles cancerígenos.

LAS NUECES EN LA COCINA

Debido a su gran concentración de grasas, las nueces tienen la tendencia a ponerse rancias. El calor, la humedad y la luz aceleran el proceso de descomposición. Asegúrese de comprar nueces en una tienda de confianza, y que le respondan si estas salen dañadas, especialmente si las venden en barriles abiertos. Todas las nueces deben oler a nuez o ligeramente a dulce. Un olor ácido o amargo indica que las nueces pueden estar rancias. En general, las enteras se conservan mejor que las partidas; las que están sin procesar, mejor que las procesadas; las que están con cáscara, mejor que las peladas. Guarde las nueces en un lugar fresco dentro de un recipiente cerrado hasta por cuatro meses. También puede guardarlas en el refrigerador por casi seis meses y en el congelador, hasta por un año.

Las nueces tostadas siempre son una buena opción. Evite las que les han puesto sal adicional. Como de costumbre, verifique la etiqueta: algunas veces es posible que encuentre que les han puesto preservativos, sirope de maíz u otros endulzantes o sal. Las ideales son sin ella, pero si usted es de los que no pueden comerlas sin sal, elimine de su dieta cualquier otra fuente de sal, aunque tenga en cuenta que es más saludable comerlas puras.

Usted mismo puede tostar las nueces, pero hágalo con cuidado: la temperatura alta destruye el omega 3. Esparza las nueces en una lata de galletas
y póngalas en el horno entre 15 y 20 minutos, o hasta que estén doradas,
a una temperatura entre 160° y 170°F.

Muchos de mis pacientes han encontrado que el congelador es la clave
del consumo saludable de las nueces, especialmente si usted es un fanático
de ellas y no puede dormir por estar pensando todo el tiempo que en la casa
tiene un frasco abierto de nueces mixtas. (Utilizo este truco con mi hija y
las galletas de avena y uvas pasas; si están a la vista, se las come. Si están
congeladas, tiene que pensárselo un poco mejor antes de comerlas.) Trate
de tenerlas en su congelador y en bolsas cerradas. Después, usted puede
sacar una pequeña cantidad cada vez para comer lo que necesita, y nada
más. Si prefiere guardarlas en el refrigerador, no olvide que sólo puede
hacerlo hasta seis meses.

La mayoría de las nueces sabe mejor cuando están tostadas. Con frecuencia, esparzo un puñado de nueces del nogal picadas, piñones o almendras tajadas en una lata de teflón y la meto al horno a temperatura media
mientras me preparo una ensalada. Muevo la lata con frecuencia hasta que
las nueces están ligeramente tostadas, luego se las agrego a mi ensalada.

A continuación le doy algunas ideas para que su vida tenga un toque de nuez:

- Póngale nueces a su yogur helado.
- Póngale nueces o semillas picadas a su ensalada.
- Póngale mantequilla de maní a sus estofados o curris para enriquecerlos y darles más sabor.
- Cubra el pescado y las aves con nueces picadas.
- Procure comer sus *pancakes* con mantequilla de maní con o sin mermelada.
- Saltee ligeramente nueces picadas en aceite de oliva con crutones de pan y ajo picado y mézclelas con pasta.
- No olvide el clásico norteamericano: un sándwich de mantequilla de maní y mermelada. Prepárelo con pan de trigo integral, es muy nutritivo.
- Póngale dos cucharadas de semillas de girasol tostadas a su cereal.

Vea la lista de compras *Superalimentos Rx* en las páginas *320-322*, para encontrar algunos productos con nueces recomendados.

Pavo (pechuga sin piel)

SOCIOS: pechuga de pollo sin piel

TRATE DE COMER: entre tres y cuatro porciones a la semana de 3 a 4 onzas (máximo 4 onzas por porción)

El pavo contiene:

- Proteína baja en grasa
- Niacina
- Vitamina B_6
- Vitamina B_{12}

- Hierro
- Selenio
- Zinc

¡Por fin el pavo está recibiendo el reconocimiento que se merece! Después de haber perdido su lugar como pájaro nacional oficial ante el águila y a pesar del entusiasmo de Benjamin Franklin, por lo general el pavo se relegaba a la cena de un día al año. Se hacía caso omiso de él y era virtualmente invisible once meses del año, por lo que los últimos siglos fueron bastante tranquilos para la pobre ave. El pavo es un superalimento; es altamente nutritivo, bajo en grasa, barato, versátil y siempre está disponible en los supermercados. Cuando usted descubra todos los beneficios nutritivos del pavo, con seguridad lo convertirá en parte regular de su dieta.

La pechuga de pavo sin piel es una de las fuentes más magras, si no la más, de proteína animal del planeta. Sólo por esta característica, ya sería un superalimento; pero el pavo también aporta un abanico rico en nutrientes, particularmente: niacina, selenio, vitaminas B_6 y B_{12} y zinc. Estos nutrientes contribuyen a la salud del corazón y también son muy valiosos en cuanto ayudan a disminuir el riesgo de sufrir cáncer.

PROTEÍNA BAJA EN GRASA

Puesto que la pechuga de pavo sin piel es tan baja en grasa saturada, se aproxima bastante a las fuentes magras de proteína animal presentes durante la época paleolítica. Varios estudios sugieren que esta dieta era muy saludable. También existe un consenso generalizado en cuanto a que las dietas mediterránea, japonesa y la de Okinawa, que también son bajas en grasa saturada, tienen múltiples propiedades benéficas para la salud. En general, no existen patrones alimenticios validados científicamente como saludables que sean ricos en grasa saturada. No hay duda de que cuanto más magra sea la fuente de proteína, tanto mejor; pero encontrar proteína animal saludable, baja en grasa, es muy difícil. Muchas de las aves y las carnes rojas que se encuentran en los supermercados tienen demasiada grasa mala y muy poca o ninguna grasa buena. Por ejemplo, tres onzas de jamón fresco tienen 5,5 gramos de grasa saturada. Tres onzas del lomo magro tienen 4,5 gramos de grasa saturada. La misma cantidad de pechuga de pavo sin piel tiene menos de 0,2 gramos de grasa saturada.

¿Y el pollo? Muchas personas creen que el pollo y el pavo son práctica-mente intercambiables. Se sorprenden cuando ven que la pechuga de pollo no está en la lista junto con la pechuga de pavo como un superalimento. La carne blanca sin piel del pollo tiene más calorías y grasa saturada que la carne de pavo.

Carne (3 onzas)	calorías	proteína	colesterol*	grasa saturada
Carne blanca de pavo sin piel	115	26 gramos	71 miligramos	0.2 gramos
Carne blanca de pollo sin piel	140	26 gramos	72 miligramos	0.85 gramos
Carne de res 95% magra	145	22 gramos	65 miligramos	2.4 gramos

*El contenido de grasa saturada es más importante que la cantidad de colesterol. A usted le son "permitidos" 300 mg de colesterol al día, y la cantidad de colesterol en estas carnes no es alto; en comparación, la yema de un huevo tiene aproximadamente 213 mg de colesterol.

LA PROTEÍNA EN SU DIETA

"Proteína" se ha convertido por estos días en una palabra cargada de significado. Los conceptos de "rico en proteína" y "bajo en carbohidratos" han dominado las discusiones sobre nutrición en los últimos años. ¿Cuál es la verdad? Primero, una lección de química: la mayor parte de nuestro cuerpo, incluyendo los músculos, órganos, piel, pelo y enzimas, está constituida primordialmente por proteína. Cada célula del cuerpo contiene proteína, y esta es necesaria para la vida. La proteína, a su vez, está compuesta de aminoácidos. Algunos de ellos son producidos por el cuerpo. Nueve, llamados esenciales, deben obtenerse de los alimentos que comemos. Algunos de estos alimentos, incluyendo toda la proteína animal, como huevos, carne y pescado, contienen todos los aminoácidos esenciales y se les conoce como proteínas "completas". Otros alimentos, en especial los vegetales, son proteínas incompletas; deben completarse obteniendo los aminoácidos que hacen falta de otras fuentes. Esta es la razón por la cual los vegetarianos deben hacer ciertas combinaciones de alimentos; por ejemplo, arroz integral y frijoles, mantequilla de maní y pan de granos integrales y macarrones integrales y queso, para obtener las proteínas completas. La única excepción vegetal a esta regla es la soya y sus productos como el tofu: son proteínas completas.

No se preocupe demasiado por su ingesta total de proteína, más bien, piense en las fuentes saludables de proteína y cómo incrementarlas en su dieta. Recuerde que las fuentes vegetarianas de proteína como los productos de soya y las nueces y los granos son buenas opciones, así como el pescado y los mariscos, el salmón, las ostras, las almejas y las sardinas, y los productos lácteos descremados o semidescremados.

Nuestro cuerpo necesita una fuente constante de proteína, puesto que no la guardamos como hacemos con las grasas. Sin embargo, obtener suficiente proteína no es un problema para la mayoría de la gente, que de hecho, obtiene demasiada proteína de la dieta, o al menos más de la que necesita. El promedio de las mujeres come 65 gramos de proteína al día; un hombre, en promedio, 90 gramos al día. Algunas dietas ricas en proteína recomiendan doblar o incluso triplicar estas cantidades.

En el 2002, la National Academy of Sciences publicó una nueva Dietary Reference Intake que incluye desde fibra hasta ácidos grasos. Recomiendan que para reducir el riesgo de desarrollar enfermedades crónicas degenerativas, un rango óptimo de ingesta de proteína debe variar entre el 10% y el 35% de calorías. (En una dieta de 2.000 calorías al día, se deben ingerir entre 50 y 175 gramos de proteína.) Esta recomendación se basa en exhaustivas investigaciones científicas y constituye, en mi opinión, una muy buena pauta.

¿Qué quiere decir esto en términos corrientes? Las mujeres adultas necesitan por lo menos 46 gramos de proteína; los hombres adultos, 56 gramos (las personas muy activas o de la tercera edad pueden necesitar más). Es muy fácil alcanzar esta recomendación de proteína. Una mujer puede alcanzar su meta diaria si come 3 onzas de atún (20 gramos de proteína) más 3 onzas de pechuga de pavo (26 gramos de proteína). Una rebanada de pan de trigo integral tiene casi 3 gramos de proteína y 1 onza de almendras, 6 gramos. Puesto que muchos alimentos contienen proteína (una taza de sopa de lentejas tiene casi 7,8 gramos; un huevo, 6 gramos; y una papa asada, 3 gramos), usted puede observar lo rápido que la mayoría de la gente alcanza su meta de proteína diariamente.

¿Y qué sucede con las dietas ricas en proteína? Muchas personas creen erróneamente que existe un paraíso especial "quema grasa", en el que uno entra cuando restringe drásticamente la ingesta de carbohidratos y, simultáneamente, aumenta la ingesta de proteína. Pero no existe ningún tipo de magia en las dietas ricas en proteína, a pesar de nuestra tendencia a creer en ellas. La verdad simple e irrefutable es que cuando usted come más calorías que las que quema, se engorda; si quema más de lo que come, pierde peso. La mayoría de las personas que tiene una dieta rica en proteínas y pierde peso, lo hace sencillamente porque sus escogencias alimenticias son tales, que automáticamente se reducen las calorías. Cuando usted restringe drásticamente un grupo de alimentos (carbohidratos), un grupo que por lo general le aporta más de la mitad de su ingesta de calorías, no puede sino perder peso. Y una vez deja la dieta, es probable que gane todo o casi todo el peso que perdió.

Trate de sustituir su consumo de carne roja por proteína de soya o de nueces; esto reducirá el riesgo de sufrir una enfermedad cardiovascular y, probablemente, reducirá el riesgo de sufrir cáncer.

Existen algunos peligros comprobados cuando se hace una dieta excesivamente alta en proteína. Por una parte, cuanta más proteína coma, mayor es la cantidad de calcio que elimina en la orina, aumentando así el riesgo de sufrir osteoporosis. En el Nurses' Health Study, las mujeres que consumían más de 95 gramos de proteína al día (una hamburguesa de carne extramagra de 6 onzas tiene 48,6 gramos de proteína) tenían mayor riesgo de sufrir fracturas. Mientras exista el debate sobre el tema, parece ser que la proteína vegetal causa menos pérdida de hueso que la proteína animal.

Una dieta rica en proteína también se asocia con un riesgo de sufrir daño en los riñones entre la gente susceptible a ello. Si usted tiene una función renal menor de lo normal, debe hablar con un profesional de la salud antes de empezar cualquier dieta rica en proteína.

Otro peligro de ingerir demasiada proteína tiene que ver con el nivel de insulina. Uno de los argumentos de la dieta rica en proteína es que ingerir demasiados carbohidratos aumenta el nivel de insulina en la sangre, lo que a su vez causa aumento de peso, pues obliga a las calorías a convertirse en células de grasa en lugar de permitir que estas mismas calorías se quemen como energía. Un estudio reciente de la Michigan State University al parecer contradice este argumento. En la realidad, un nivel alto insulina en la sangre es un factor de riesgo de desarrollar diabetes y tal vez cáncer.

Proteína Vegetariana

Es relativamente fácil consumir suficiente proteína si usted es vegetariano. Es suficiente si escoge entre uno de estos tres grupos cada día:

Granos integrales

Legumbres

Nueces y semillas

Infortunadamente, para la mayoría de las personas en los Estados Unidos, una dieta rica en proteína significa un aumento en su consumo de carne roja. Este tipo de proteína, rica en grasa saturada, y el aumento desproporcionado en la cantidad que de ella se consume tienen el peor impacto sobre la salud a largo plazo.

Existe un amplio consenso acerca de que es prudente mantener la ingesta de grasa saturada por debajo del 7% de calorías de grasa. Dos fuentes significativas de grasa saturada en la típica dieta norteamericana son la carne roja y los productos lácteos enteros. Numerosos estudios sugieren que existe una relación entre el incremento de grasa saturada proveniente de la dieta y el cáncer de colon, las enfermedades coronarias y el Alzheimer. Además, una gran cantidad de estudios han demostrado que existe relación entre el consumo de carne roja y el cáncer de próstata. Igualmente, es importante recordar que la ingesta de grasa saturada tiene una influencia mucho mayor sobre el incremento del colesterol en la sangre que la ingesta de colesterol en la dieta. Sustituir la proteína rica en grasa saturada por pechuga de pavo sin piel es una estrategia fácil de seguir a fin de ayudar ayudar a mejorar la salud.

Una fuente completa de proteína al día es suficiente. Hace algún tiempo, los científicos creían que se necesitaba ingerir alguna proteína completa en cada comida. Hoy sabemos que los aminoácidos de la proteína se quedan en el cuerpo por lo menos cuatro horas o como máximo cuarenta y ocho. Así, no se preocupe por tratar de comer una proteína completa en cada comida; mejor piense en términos de la ingesta diaria.

¿DÓNDE ESTÁ LA CARNE ROJA?

No existe nada intrínsecamente malo en la carne roja. La carne roja de los búfalos norteamericanos, por ejemplo, es rica en proteína y baja en grasa saturada. El problema con la carne roja que se consigue con más facilidad en los Estados Unidos es que esta aporta demasiada grasa que no necesitamos: grasa saturada y ácidos grasos omega 6, y muy poca grasa que sí necesitamos: ácidos grasos omega 3.

En teoría, el ganado criado libremente debería ofrecer una alternativa mejor que el ganado criado en lotes de engorde. El ganado es rumiante, lo que significa que su sistema digestivo está diseñado para ingerir pasto, no granos; sin embargo es más rápido y más fácil engordarlo con maíz. Una dieta basada en maíz es rica en ácidos grasos omega 6 (de los cuales obtenemos demasiado), de manera que la carne del ganado así alimentado es rica en estos ácidos grasos y también tiende a tener mayores residuos de hormonas y antibióticos.

Con frecuencia se usan antibióticos como promotores del crecimiento en las granjas de animales. Se estima que los ganaderos les administran aproximadamente más de 26 millones de libras de antibióticos a los animales cada año, y de esta cantidad se usan solamente 2 millones de libras en el tratamiento de infecciones. Recuerde que se han encontrado cepas de bacterias resistentes a los antibióticos en los productos cárnicos comerciales y ¡en los intestinos de los consumidores! Tratemos de influir en la decisión de usar menos antibióticos en los animales que nos vamos a comer.

La carne del ganado alimentado con pasto es más magra y más saludable, pues contiene un equilibrio entre los ácidos grasos omega 6 y omega 3; contiene ácidos grasos omega 3 derivados de plantas y la vitamina E que se encuentra en las verduras de hojas verdes, y menos grasas saturadas, en comparación con la del ganado que ha sido alimentado con maíz. Por supuesto, el que ha sido alimentado con pasto y ha sido criado libremente es más difícil de encontrar y es más costoso. Por esta razón, las fuentes de proteína más magras, como, por ejemplo, la pechuga pavo, son una muy buena opción.

Si usted quiere comer carne de res de cualquier tipo, quítele la grasa visible. En aquellas ocasiones en que mi esposa y yo molemos carne, la ponemos en un colador bajo el chorro de agua caliente primero, para sacarle la mayoría de la grasa antes de condimentarla y preparar la receta.

En la dieta mediterránea, la carne roja y los productos cárnicos se consumen entre cuatro y cinco veces al mes. Cuanto menos, mejor; pero esta es una meta de inicio bastante razonable para la mayoría de los norteamericanos. Idealmente, usted no debería comer más de 3 onzas de carne roja magra en diez días.

PAVO PARA SU CORAZÓN

El pavo es una buena fuente de niacina, vitamina B_6 y vitamina B_{12}. Estas tres vitaminas B son importantes para la producción de energía. Al parecer, la niacina está relacionada con una disminución del riesgo de sufrir un ataque cardíaco o morir por su causa. Tener bajos niveles de vitamina B_{12}, de vitamina B_6 y de folato puede relacionarse con niveles altos de homocisteína, una sustancia parecida a los aminoácidos que, como ya lo mencionamos, puede ser un factor de riesgo independiente de sufrir enfermedades del corazón.

PAVO PARA SU SISTEMA INMUNOLÓGICO

El pavo es rico en zinc, un nutriente extraordinario que está presente en todos los tejidos del cuerpo. Es bastante común que ingiramos menos zinc del que necesitamos; el consumo frecuente de pavo puede desempeñar un papel importante en la mejoría de su nivel general en la población. La cantidad de zinc en el pavo es bastante más biodisponible que el contenido en las fuentes no cárnicas de este mineral. Es muy importante para tener un sistema inmunológico saludable; el zinc ayuda en la curación de las heridas y en la división normal de las células. Una porción de tres onzas de pechuga de pavo aporta casi el 14% de su requerimiento diario.

PAVO: SUPERFUENTE DE SELENIO

El pavo es muy buena fuente del oligoelemento selenio, que resulta vital para la salud humana: desempeña un papel importante en varias de las funciones del cuerpo, incluyendo el metabolismo de la hormona de la tiroides en los sistemas de defensa antioxidantes y en las funciones inmunológicas. La evidencia parece sugerir que existe una relación inversa entre la ingesta de selenio y el riesgo de sufrir cáncer. Se especula que lo anterior es posible debido al papel que desempeña el selenio en la reparación del ADN. Finalmente, existe también evidencia de que la ingesta de selenio puede estar relacionada con una disminución en el riesgo de sufrir enfermedades coronarias. En áreas de los Estados Unidos que tienen un alto nivel de selenio en la tierra, al parecer, se ha observado una menor incidencia de este tipo de enfermedades.

EL PAVO EN LA COCINA

En las semanas previas al Día de Acción de Gracias, los escritores nutricionales discuten sobre el pavo febrilmente: ¿congelado o fresco? ¿Cuánto tiempo toma descongelarlo? ¿Ponerlo en salmuera o no? Y luego todo el mundo se olvida del pavo hasta el año siguiente. Pero las cosas están cambiando, a medida que el pavo ha ido ganando popularidad. Cada vez con más frecuencia se ven aquí y allá recetas para preparar este superalimento. Hace años, por lo general se conseguían los pavos completos, pero hoy, usted puede comprar medias pechugas, la carne molida, las chuletas, los muslos, las alas e, incluso, en filete. Todas estas partes se pueden cocinar rápidamente, lo que facilita comer y disfrutar pavo con frecuencia.

El pavo recién molido puede ser un alimento excelente, pero lea la etiqueta con cuidado. La carne molida debe ser de la pechuga sin piel. Algunas veces, muelen la pechuga con la piel, la grasa y la carne oscura. Busque pavo molido que sea 99% libre de grasa. Si este porcentaje es más bajo, es probable que contenga la carne oscura y/o la piel.

A continuación le mencionaré algunas de nuestras maneras favoritas de preparar el pavo:

- Almuerzo de pavo preparado con la carne de una pechuga fresca y asada. Le quitamos la piel después de cocinarla. Se cuece rápidamente y viene bien con todas las guarniciones tradicionales.

- Un sándwich de pavo con pan integral tostado, hojas de espinaca y lechuga romana, rodajas de cebolla y palta (aguacate) y un poco de mayonesa o mostaza.

- Se pueden preparar tacos o burritos con pavo cocido y desmenuzado, salteado en aceite de oliva con cebolla y pimentones.

- Tajadas de pavo con un poco de salsa *barbeque* (¡me encanta ese licopeno!). Por lo general me llevo esto al trabajo en un recipiente cerrado con un poco de salsa de arándano agrio.

- Sopa de pavo con muchas verduras.

- Pechuga de pavo magra molida con salsa para pasta.

Compre solamente pavo entero sin grasas o aceites adicionales. El pavo precocido o que venden condimentado en los supermercados puede contener soya hidrogenada, aceite o mantequilla de maíz. Lea con cuidado la etiqueta.

Salmón Silvestre

SOCIOS: mero de Alaska, atún albacora en lata, sardinas, arenque, trucha, róbalo, ostras y almejas
TRATE DE COMER: pescado entre dos y cuatro veces a la semana

El salmón contiene:

- Ácidos grasos omega 3 de origen marino
- Vitaminas B
- Selenio
- Vitamina D
- Potasio
- Proteína

Hace años (de hecho, no hace tanto tiempo), la gente creía que la grasa era un monstruo asesino y la dieta ideal estaba completamente desprovista de cualquier tipo de grasa. Esa fue la era de los alimentos "libres de grasa". Aderezos libres de grasa, ponqués, tortas y galletas libres de grasa; sopas y cazuelas sin grasa. Incluso las botellas de jugos de fruta pregonaban orgullosamente "alimento libre de grasa" en su etiqueta. (¿Acaso existió alguna vez un jugo de fruta grasoso?) ¿Por qué este miedo a la grasa? Todo

163

comenzó con una bien intencionada campaña para mejorar la salud. La segunda mitad del siglo XX presenció una alarmante epidemia de problemas cardíacos; numerosos estudios buscaron las razones de esta epidemia. Fue claro que fumar, llevar un estilo de vida sedentario y una dieta alta en grasas eran aspectos ligados al incremento de enfermedades cardiovasculares. La lección por aprender era obvia: para reducir el riesgo de sufrir enfermedades del corazón, potencialmente fatales, se debía reducir al máximo la grasa de la dieta alimenticia. El colesterol se volvió un término de uso cotidiano y los norteamericanos desarrollaron una fobia a la grasa.

Así ha tomado años para que una verdad más compleja e interesante saliera a la luz pública. Primero, algunas investigaciones que indicaban que no todos los tipos de grasa son malos empezaron a divulgarse. Se necesitaban luces sobre la grasa en la dieta, y poco a poco se fue obteniendo esta información. En resumen, se supo que existen cuatro tipos de grasa que se obtienen de la comida: la grasa saturada, la llamada transgrasa (aceites parcialmente hidrogenados), grasa monoinsaturada y grasa poliinsaturada. La información sobre la grasa saturada no ha cambiado: encontrada principalmente en carnes rojas, productos lácteos enteros y algunos aceites tropicales, tiene un efecto negativo plenamente identificado. Su consumo incrementa el riesgo de desarrollar diabetes, problemas coronarios, infartos, algunos cánceres y problemas de obesidad. Un investigador, en su artículo para el *Journal of the American Dietetic Association*, concluyo que "la reducción del consumo diario de ácidos grasos saturados podría prevenir miles de casos de enfermedades coronarias y generar miles de millones de dólares de ahorro en costos relacionados con los tratamientos de estas dolencias." Hay pocos puntos a favor de la grasa saturada y su consumo no debería constituir más del 7% de las calorías de grasa diarias.

Las transgrasas se anuncian en las etiquetas como "aceites vegetales parcialmente hidrogenados," y también son malos, inclusive peores que la grasa saturada. Las transgrasas fueron creadas por químicos en su afán de buscar grasas que pudieran conservarse mejor que las grasas animales. Fue un intento de aumentar la vida útil de almacenamiento para este tipo de alimentos.

Recuerde que también hay grasas buenas: las monoinsaturadas, del tipo que se encuentra en el aceite de oliva y de canola. Estas grasas no sólo protegen su sistema cardiovascular, sino que también reducen la resistencia a la insulina, una condición física que puede derivar en diabetes y eventualmente en cáncer.

La ingestión promedio de ácidos transgrasos por el consumo de aceites parcialmente hidrogenados corresponde actualmente al 3% del total de calorías diarias consumidas. Actualmente no existe una recomendación para el consumo de este tipo de aceites. El Nurses' Health Study sugiere que la incidencia de diabetes tipo II podría reducirse en un 40% o más si la gente consumiera estas grasas en su forma original, sin hidrogenar.

Por último, los ácidos grasos poliinsaturados, tanto el omega 6 (grasa linoleica o LA) como el omega 3 (grasa alfalinolénica o ALA), se denominan grasas esenciales poliinsaturadas (EFA, por sus siglas en inglés). Nuestro cuerpo no puede producir estas grasas y, por lo tanto, debemos apoyarnos en su consumo de por vida, para evitar un descenso en los niveles de estas grasas naturales. Los ácidos grasos omega 6 se obtienen fácilmente de la dieta típica occidental; están presentes en los aceites de maíz, alazor, semilla del algodón y girasol. Prácticamente nadie en Norteamérica sufre de deficiencia de estas grasas. Al leer la etiqueta de casi cualquier tipo de comida empacada, comprobará que alguno de estos aceites hace parte de los ingredientes.

Brevemente se analizarán las grasas poliinsaturadas omega 3. Vienen en dos presentaciones: derivados de las plantas (ALA) y derivados de una gran variedad de especies marinas (EPA/DHA). Mensualmente se publican nuevos estudios sobre los beneficios del omega 3. Infortunadamente, muchos norteamericanos sufren deficiencia de esta clase de aceites grasos esenciales. Este tipo de ácidos, que hacen del salmón un superalimento, no se incluyen en las cantidades necesarias en nuestra dieta, en parte por falta de conocimiento del público y también porque han sido descartados de las dietas modernas. Esta deficiencia tiene consecuencias desastrosas a largo plazo para muchas personas. De hecho, William S. Harris, al escribir para el American Journal of Clinical Nutrition, ha dicho: "En términos de su impacto potencial sobre la salud del mundo occidental, la historia del omega 3 podrá ser vista como una de las más relevantes en la historia moderna de las ciencias de la nutrición." El doctor Evan Cameron, del Linus Pauling Institute, ha dicho: "Nuestra epidemia de enfermedades cardíacas y cáncer bien puede ser el resultado de una deficiencia de aceites de pescado tan grande que no la alcanzamos a reconocer." En conclusión: no solo está bien incluir ácidos grasos omega 3 en su dieta, es imprescindible hacerlo, si se quiere restaurar el balance crítico de su cuerpo, que probablemente se encuentra afectado.

Coma salmón. El salmón es una de las mejores fuentes de ácidos grasos omega 3 de origen marino, aparte de ser de las más sabrosas y fáciles de conseguir. Al incluir salmón silvestre (o alguno de sus socios) en su dieta, dos a cuatro veces a la semana (vea el recuadro sobre el atún en la página 115), usted deberá lograr una protección adecuada contra una gran cantidad de enfermedades asociadas con la deficiencia en los niveles de estas grasas esenciales.

EL BALANCE VITAL ENTRE LOS ÁCIDOS GRASOS

La clave de los ácidos grasos esenciales, como en otros casos referentes a la salud, es mantener el balance. Su cuerpo no puede funcionar bien si no tiene una proporción balanceada de dichos ácidos. El balance ideal de estas grasas es una proporción entre omega 6 y omega 3 de 1:1 y 4:1. Infortunadamente, la dieta occidental contiene de catorce a veinticinco veces más omega 6 que omega 3. Esta proporción desequilibrada con la cual convivimos determina una gran cantidad de efectos bioquímicos que afectan nuestra salud; por ejemplo, una gran cantidad de omega 6 (la grasa predominante en las dietas típicas) promueve las inflamaciones, lo que genera un incremento del riesgo de desarrollar coágulos en la sangre y que se estrechen los vasos sanguíneos.

Para obtener una cantidad saludable de ácidos grasos esenciales omega 3 y omega 6 en su dieta, usted debe:

- Usar huevos enriquecidos con omega 3
- Cocinar con aceite de canola en vez de aceite de maíz
- Comer semillas de soya y nueces del nogal
- Ponerle germen de trigo a su cereal o yogur, e incluirlo en sus tortas
- Coma salmón silvestre o sus socios de dos a cuatro veces por semana
- Busque aderezos o salsas que incluyan soya o aceite de canola
- Usar aceite de linaza en sus aderezos caseros (guárdelo en una botella oscura y manténgalo refrigerado durante períodos menores a dos meses)
- Utilizar semillas de linaza molidas en sus panes, pasteles o *pancakes*
- Evitar la comida procesada y refinada en tanto sea posible, incluyendo tortas empacadas, galletas y demás productos de pastelería

También sabemos que sin suficientes cantidades de ácidos grasos omega 3, el cuerpo no puede construir membranas celulares adecuadas. Las membranas construidas deficientemente no son capaces de optimizar la salud celular, lo que deriva en un mayor riesgo de tener problemas de salud, que van desde una apoplejía, un ataque al corazón, arritmias cardíacas, algunas formas de cáncer, resistencia a la insulina (que puede generar diabetes), asma, hipertensión, degeneración de la mácula relacionada con la edad, enfermedades crónicas obstructivas del pulmón, trastornos del sistema inmunológico, trastorno de déficit de atención e hiperactividad, hasta depresión. Esta lista parece incluir las dolencias más comunes del siglo XX. Algunos científicos aseguran que la proliferación de estas enfermedades se debe, aunque sea en parte, a la falta de ácidos grasos omega 3 en nuestra dieta.

Un reporte estima que cerca del 99% de los norteamericanos no consume suficientes ácidos grasos omega 3 y el 20% de nosotros tiene niveles tan bajos de omega 3 que ni siquiera se pueden observar. Esta deficiencia en los ácidos grasos esenciales no se detecta fácilmente, porque sus síntomas son imperceptibles. Piel reseca, fatiga, uñas y cabello quebradizo, estreñimiento, gripas frecuentes, dificultad para concentrarse, depresión y dolor en las articulaciones pueden ser el resultado de una falta de ácidos grasos omega 3 en la dieta. Muchos de nosotros convivimos con estos síntomas, sin detenernos a pensar por un momento que sufrimos de una deficiencia nutritiva que eventualmente puede generar enfermedades crónicas e incluso muerte.

¿Y el Aceite de Hígado de Bacalao?

Muchos pacientes me han preguntado si una cucharada diaria de aceite de hígado de bacalao es la solución para mejorar los niveles de ácidos grasos omega 3. La respuesta es sí y no. Si bien es verdad que el aceite de hígado de bacalao contiene una buena dosis de omega 3 (lo que seguramente protegió a nuestros abuelos de muchos malestares), también es cierto que además de tener un sabor muy desagradable, puede estar contaminado con mercurio y bifenilos policlorados (PCB).

NUESTRA DEFICIENTE DIETA

El descenso de los ácidos grasos omega 3 en nuestra dieta tiene una historia interesante. Hasta el siglo XX, este grupo de ácidos grasos abundaba en la comida. Algunos científicos se atreven a afirmar que el consumo de estos ácidos grasos permitió la evolución del cerebro humano hasta su etapa actual de desarrollo. Anteriormente, el omega 3 se encontraba no sólo en los pescados de agua fría, sino también en las verduras de hojas verdes (hoy en día comemos un tercio de las verduras que comían nuestros antepasados) y en la carne de animales que se alimentaban de pasto (en comparación con la carne de animales alimentados con granos que comemos hoy, que tiene niveles bajos de omega 3). En la medida en que los alimentos se volvieron más procesados, la cantidad de ácidos grasos omega 3 disminuyó, mientras la cantidad de omega 6 aumentó hasta llegar a los peligrosos niveles actuales. De hecho, hace setenta años, antes de la aparición de los aceites vegetales y del auge del maíz en el engorde de animales, la gente no estaba expuesta a los altos niveles de ácidos grasos omega 6, tal como lo está hoy. En palabras de un investigador: "Bien podemos estar experimentando la 'paradoja del ácido linoleico' en la que un componente graso saludable (aquel que reduce el colesterol, por ejemplo) termina asociándose con el incremento de enfermedades como cáncer, dolencias cardiovasculares e inflamatorias en estas mismas décadas. La base de esta paradoja se encuentra en el consumo de bajos niveles de ALA (omega 3 de origen vegetal) y otros aceites omega 3 de pescado."

Las personas que tienen una dieta con el balance óptimo entre los ácidos grasos esenciales logran evitar muchas dolencias comunes. Los esquimales en Groenlandia llamaron la atención sobre el tema de la grasa en la dieta, porque presentan poca tendencia a enfermedades cardíacas a pesar del alto consumo de grasa en su dieta (40% del total del consumo de sus calorías diarias, incluyendo más de diez gramos de EPA/DHA al día). El Lyon Heart Study comparó los efectos de la dieta de Creta modificada, enriquecida con ácidos grasos omega 3, con los de la dieta recomendada por la American Heart Association. Este destacado estudio evidenció una reducción del riesgo de muerte del 56% y del 61% de casos de cáncer en el grupo sujeto del experimento (los que llevaron una dieta alta en ALA) en comparación con el grupo de control. Los japoneses, quienes tradicionalmente consumen una dieta rica en pescado, están protegidos contra las enfermedades del corazón, mientras que muchos de sus vecinos que consumen mucho menos pescado sufren de altos niveles de enfermedades cardiovasculares. Es interesante observar que aquellas culturas que ingieren altos niveles de omega 3 presentan menor incidencia de depresión que aquellas con dietas en las cuales prevalecen los ácidos grasos omega 6. Así, en un excelente estudio epidemiológico, el consumo de pescado fue la variable más significativa al comparar los niveles de depresión y las enfermedades coronarias.

En conclusión, se puede decir que debe existir un balance crítico y óptimo entre los ácidos grasos omega 3 y omega 6. Este equilibrio trabaja con otros factores nutricionales, tales como minerales, vitaminas, fitonu-trientes, fibra, antioxidantes y electrolitos para reducir la incidencia de muchas enfermedades degenerativas que hoy se pueden catalogar como epidemias en muchos países del mundo occidental.

Guía Sobre el Atún

El atún enlatado es una fuente muy popular de ácidos grasos esenciales omega 3.

Algunos consejos para incluir atún enlatado en su dieta son:

- Debido a que es posible que el atún contenga mercurio, los adultos no deben comer más de una lata de atún a la semana.
- Compre atún albacora: es la fuente más rica de ácidos grasos esenciales omega-3.
- Compre atún en agua, así evitará ingerir grasa adicional.
- El atún bajo en sal es el más recomendable.

BENEFICIOS DE LOS ÁCIDOS GRASOS OMEGA 3

A continuación enumeramos algunos de los beneficios que usted puede disfrutar si incrementa su consumo de ácidos grasos omega 3, siguiendo las recomendaciones de *Superalimentos Rx* de incluir salmón silvestre y otro tipo de pescados de agua fría en su dieta.

- Se reduce el riesgo de sufrir enfermedades coronarias. Sabemos que los ácidos grasos omega 3 ayudan a incrementar los niveles de HDL (el colesterol bueno), a bajar los niveles de tensión arterial y a estabilizar los latidos del corazón, lo que previene las causas de los infartos fulminantes: las arritmias cardíacas impredecibles. Los aceites esenciales omega 3 también actúan como adelgazantes de la sangre, al reducir lo "pegajoso" de las plaquetas, que genera las obstrucciones vasculares y las apoplejías. En un estudio, un grupo de pacientes que había sufrido un infarto y recibía un gramo al día de omega 3 presentó una disminución del 20% en la mortalidad total, una disminución del 30% en las muertes por afecciones cardiovasculares y una disminución del 45% en muertes súbitas, al compararlos con pacientes similares a quienes no se les suministró omega 3 o solo tomaron Vitamina E.

- Se controla la hipertensión. La conclusión es que cuantos más ácidos grasos omega 3 se consuman, más baja será la tensión arterial. Esto es debido al efecto benéfico del omega 3 en la elasticidad de las venas y arterias. Una investigación conducida en 1993 sobre los efectos del aceite de pescado en la tensión arterial demostró que comer pescado de agua fría tres veces a la semana era tan eficaz en la reducción de la tensión arterial como tomar suplementos de aceite de pescado en dosis altas.

- Previene el cáncer. Diferentes investigaciones han empezado a demostrar que los ácidos grasos omega 3 pueden desempeñar un papel importante a la hora de prevenir el cáncer de seno y de colon.

- Previene la degeneración de la mácula relacionada con la edad. En el Nurse's Health Study, las mujeres que comían pescado cuatro o más veces a la semana presentaban un menor riesgo de desarrollar esta degeneración que quienes consumían pescado menos de tres veces al mes. El DHA es el ácido graso con mayor presencia en la retina, y la principal fuente de esta "grasa buena" es el salmón, así como otros pescados definidos como "amigos del corazón". El DHA también parece reducir el efecto adverso de los rayos solares sobre las células de la retina.

- Mitiga enfermedades del sistema inmunológico tales como el lupus, la artritis reumatoidea y la enfermedad de Raynaud. Los investigadores creen que las cualidades antiinflamatorias del omega 3 ayudan a reducir los síntomas de estas enfermedades y a prolongar la expectativa de vida de aquellos pacientes que sufren de estas dolencias.

- Alivia la depresión y reduce las posibilidades de sufrir otras enfermedades mentales. Tal vez sea la investigación más interesante sobre el omega 3 la que trata su relación con la salud mental y enfermedades tales como la depresión, el déficit de atención e hiperactividad, la demencia, la esquizofrenia, el trastorno bipolar y el Alzheimer. Nuestro cerebro es sorprendentemente grasoso, más del 60% está compuesto de grasa. Los ácidos grasos omega 3 mejoran la capacidad del cerebro para regular las señales de cambios de ánimo; hacen parte esencial de las membranas de las neuronas y son necesarios para el funcionamiento normal del sistema nervioso, para el control de las emociones y para las funciones de atención y memoria.

Hay algunos traslapos y algunas propiedades específicas de cada uno de los ácidos grasos omega 3 (ALA y EPA/DHA). Por ello, es mejor incluir una combinación de todos en nuestra dieta. No existe ningún estudio clínico publicado que nos recomiende la proporción ideal entre ALA y EPA/DHA. Mientras no tengamos esta información, recomiendo combinarlos.

Aunque a menudo pensamos que si un poco de algo es bueno, en mayor cantidad es mejor, hay que ser cuidadoso: un exceso de omega 3 puede aumentar el riesgo de sufrir una apoplejía al adelgazar demasiado la sangre. El tiempo de sangrado se prolonga con un consumo de omega 3 superior a tres gramos al día. (Los esquimales de Groenlandia, que consumen un promedio de 10,5 gramos de omega 3 al día, tienen un riesgo alto de sufrir una apoplejía hemorrágica). Su consumo demasiado alto también puede afectar negativamente el sistema inmunológico; sin embargo, un estudio publicado en mayo de 2003 en el *American Journal of Clinical Nutrition* encontró que un consumo menor o igual a 9,5 gramos de ALA o 1,7 gramos de EPA/DHA no alteraba el funcionamiento de tres tipos de células importantes que tienen que ver con inflamaciones e inmunidad. Las personas que toman medicamentos para adelgazar la sangre y/o aspirina deben tener en cuenta lo anterior si piensan modificar su consumo de ácidos grasos e, igualmente, deben consultar con un profesional de la salud antes de hacerlo.

Hace poco, The Food and Nutrition Board del Institute of Medicine y las National Academies revisaron la recomendación de ingesta diaria de ALA (omega 3 de origen vegetal) y definieron 1,6 gramos para hombres adultos y 1,1 gramos para mujeres adultas. Concuerdan en que no es posible definir un rango único aceptable para todos los tipos de ácidos grasos omega 3 (ALA, EPA, DHA). Por tanto, recomiendan una meta de EPA o DHA de 160 miligramos al día para los hombres y 110 miligramos al día para las mujeres. Personalmente, creo que la recomendación de consumo de EPA/DHA debería ser más alta para alcanzar un estado de salud óptimo. Mi meta es alrededor de un gramo de EPA/DHA de origen marino al día y estoy de acuerdo con la recomendación sobre el ALA, que es la cantidad que se encuentra en menos de una cucharada de semillas de linaza.

SALMÓN SILVESTRE AL RESCATE

Algunos de mis pacientes entornan los ojos cuando empiezo a hablarles sobre el balance entre el consumo de ácidos grasos esenciales omega 6 y omega 3. Para ser honestos, no están interesados en la bioquímica de la grasa, sólo quieren maneras fáciles de mejorar su salud. En lo que concierne a los ácidos grasos omega 3, el salmón es una respuesta fácil. Inclúyalo en su dieta. El salmón silvestre es delicioso, rico en proteína, disponible en muchas presentaciones, inclusive enlatado, fácil de preparar y lo que es más importante, con un alto contenido de omega 3. Si usted come salmón silvestre o algún otro pescado de agua fría como sardinas o trucha entre dos y cuatro veces por semana y practica otras recomendaciones sobre el uso de aceites, fácilmente balanceará la proporción de ácidos grasos en su cuerpo y estará en camino de mejorar la salud de sus células. Existe mucha evidencia de los efectos positivos sobre su salud general a corto y largo plazo si incluye pescados de agua fría en su dieta. Tenga en cuenta que puede tomar hasta cuatro meses lograr los niveles ideales de omega 3 en el cuerpo. Hoy en día, la American Heart Association les recomienda a pacientes sin antecedentes de enfermedades coronarias comer dos porciones de pescado a la semana, preferiblemente pescado grasoso como el salmón, y mayor cantidad a aquellos si tienen antecedentes de enfermedades del corazón. Creo que comer entre tres y cuatro porciones a la semana permite construir una buena protección contra gran variedad de enfermedades. También le recomiendo variar los pescados que coma.

EL DILEMA "D"

La deficiencia de vitamina D es una epidemia de grandes proporciones que aún no ha sido reconocida y que actualmente afecta tanto a hombres como a mujeres en los Estados Unidos. En una encuesta con personas saludables entre 18 y 29 años, en Boston, el 36% tenía una deficiencia de vitamina D. Otro estudio reportó que el 42% de mujeres afroamericanas en edades entre los 15 y los 49 años y el 4,2% de mujeres blancas en el mismo grupo de edad presentan deficiencia de vitamina D. Esto es importante porque aparentemente existe un alto riesgo de morir de varios tipos de cáncer: seno, colon, ovarios y próstata, cuando se tienen niveles bajos de vitamina D. Los afroamericanos, que con frecuencia tienen deficiencia en sus niveles de esta vitamina, presentan mayor incidencia, y a veces formas muy agresivas, de varios tipos de cáncer. (Es importante anotar aquí que aunque la D es una vitamina, realmente se comporta como una hormona en nuestro cuerpo.) Los estudios indican que los hombres que toman el sol pueden retardar el cáncer de próstata en más de cinco años, mientras que los niños que reciben suplementos de vitamina D desde que cumplen un año tienen el 80% menos probabilidades de desarrollar diabetes tipo I. Un consumo adecuado de vitamina D está asociado con un menor número de fracturas por osteoporosis en mujeres después de la menopausia. En otro estudio sobre el tema, ni siquiera el consumo de leche o de una dieta enriquecida con calcio parecían reducir estos riesgos.

La fuente más importante de vitamina D es la síntesis que hace la piel de la vitamina que recibe por la exposición al sol. La gente que vive lejos del Ecuador y, por ende, recibe menor cantidad de luz, y que usa bloqueadores o que tiene una pigmentación más pesada (los afroamericanos tienen grandes concentraciones de melanina, lo que limita su capacidad para sintetizar la vitamina D), puede presentar riesgos por sus bajos niveles de vitamina D. Los bloqueadores solares pueden reducir la producción de vitamina D hasta en un 95%. No recomiendo suspender su uso, pero esta es una buena razón para aumentar el consumo de las fuentes dietarias de vitamina D. Curiosamente, los bajos niveles de esta vitamina no se consideraron un problema de salud sino hasta la revolución industrial, cuando la gente empezó a recibir menos sol, dado que cada vez más se trabajaba en interiores. Las mejores fuentes de esta vitamina incluyen pescados grasosos como las sardinas, el salmón y el atún, así como alimentos fortificados, en especial los cereales y algunos productos lácteos.

¿Cómo protegerse de sufrir deficiencia de vitamina D? Incluya salmón silvestre, sardinas y atún en sus comidas. Intente exponer al sol la cara y los brazos al menos quince minutos cada tercer día, antes de las diez de la mañana y después de las tres de la tarde, cuando los rayos ultravioleta son menos dañinos para la piel. Revise también la etiqueta de los alimentos fortificados que consuma, incluyendo cereales, leche y leche de soya. La Food and Nutrition Board no ha definido aún una RDA para la vitamina D. Las recomendaciones vigentes para su consumo son: 200 IU al día para adultos entre 19 y 50 años; 400 IU al día para adultos entre 51 y 70 años y 600

IU al día para adultos mayores de 70 años. Si no recibe cantidades adecuadas de vitamina D por medio de sus alimentos, puede tomar suplementos, aunque debe ser cuidadoso, ya que en el caso de dicha vitamina existe el riesgo de intoxicación si se exceden las cantidades recomendadas.

Alerta del Consumidor en Acción

Diferentes estudios han demostrado consistentemente que el contenido de vitamina D en la leche fortificada es altamente variable. Se supone que una porción de 8 onzas contiene 100 IU. Los productores deben mantener dicha proporción en este lácteo. Es más. los consumidores deberíamos exigir que el yogur y otros productos con leche fermentada también estén fortificados con vitamina D.

Hay que agradecer a Minute Maid que haya lanzado al mercado un jugo de naranja fortificado con calcio y vitamina D.

UNA HISTORIA CON OLOR A PESCADO

Hace un tiempo se creía que el salmón silvestre y, en general, todos los pescados eran una fuente confiable de alto valor nutricional. El pescado en su entorno natural se alimenta de zooplancton (organismos microscópicos unicelulares), una fuente rica en ácidos grasos omega 3. Quienes consumían pescado obtenían esta grasa saludable. Tristemente, en la medida en que los océanos han sido explotados y contaminados, el panorama ha cambiado; por una parte, el salmón de la costa atlántica norteamericana está prácticamente extinto. (La mayor parte del salmón que se vende en los Estados Unidos proviene de criaderos.) Por otra parte y aún peor desde el punto de vista de la salud, es que muchos de los pescados de agua fría están contaminados con mercurio, como el pez espada, el tiburón, el lofolátilo y la caballa gigante. Evite comer estos pescados.

Aproximadamente el 8% de las mujeres en los Estados Unidos entre los 16 y los 49 años presentan concentraciones de mercurio mayores a las recomendadas por la Environmental Protection Agency. En general, pescados como el abadejo, la tilapia, el salmón, el bacalao, el gado, el atún albacora en lata, el lenguado y la mayoría de los mariscos tienen niveles bajos de mercurio. Para mayor información visite la página *web* de la FDA: http://www.epa.gov/mercury/fish.htm o llame al 888-SAFEFOOD.

Actualmente los pescados de criadero dominan la oferta del mercado. Sin duda, usted puede haber notado una amplia gama de precios en la venta del salmón, algunas presentaciones muy baratas de salmón de criadero y otras muy costosas de salmón fresco de Alaska. Muchos grupos ambientalistas se oponen a la venta del salmón de criadero y existe una controversia sobre los contenidos reales de omega 3, teniendo en cuenta que no siempre se alimenta a los peces con la dieta marina que produce las altas cantidades de este tipo de ácidos grasos. En mi opinión, el mejor salmón es el silvestre de la costa pacífica norteamericana, ya sea fresco, congelado o enlatado. La autoridad ambiental marina, The Marine Stewardship Council, lo certifica como "la mejor elección ambiental."

Debido a que no hay conclusiones definitivas con respecto a muchas inquietudes relacionadas con la presencia potencial de toxinas ambientales en algunas variedades de salmón de criadero y a que muchas de estas granjas presentan una amenaza real al medio ambiente, en este momento no podemos recomendar ninguna variedad de salmón de criadero, ya sea fresco, congelado o enlatado.

Para tomar decisiones responsables frente al medio ambiente en cuanto a las variedades de pescado que consume, consulte las siguientes páginas de Internet para obtener información actualizada. Los temas ambientales relacionados con los camarones son muy complicados, y una ojeada a estos sitios puede ayudarle a informarse mejor:

http://www.audubon.org (888-397-6649)

http://www.enviromentaldefense.org (202-387-3525)

http://www.mbayag.org (831-648-4800)

Otros mariscos benéficos y seguros para su corazón y el medio ambiente son: el salvelino, el bagre (de criadero en los Estados Unidos), las almejas (de criadero), el cangrejo *dungeness*, la cigala, el mero de Alaska, el arenque, el mahi-mahi, los mejillones (de criadero), el bacalao negro, las sardinas, las vieiras (de criadero), la lubina y la tilapia (de criadero).

La mayoría de los norteamericanos no comen suficientes mariscos, o suficientes de los variedades recomendables (¡camarones fritos no cuentan como comida saludable!). La razón es obvia, ya que no siempre es fácil encontrar pescado bueno y fresco en los mercados locales. Algunos de nosotros disfrutamos de buena oferta local, pero muchas otras personas están demasiado lejos de fuentes de pescado fresco diferentes a las tiendas de mascotas. A estas personas les presento dos soluciones: salmón silvestre de Alaska y atún albacora enlatados o pescado congelado.

Las variedades enlatadas se conservan por largo tiempo en su alacena. Una lata de salmón contiene 203 miligramos de calcio, equivalente al 17% de la cantidad diaria recomendada. Y si viene con espinas tiene el beneficio adicional de que contiene más calcio. No se preocupe, este pescado viene precocido y las espinas son tan suaves que no se sienten. Puede agregarlo a una ensalada verde y obtener así una comida saludable y ligera. Puede prepararlo como hamburguesa, en una opción con más sabor. El atún enlatado es otra buena opción, aunque con menor contenido de calcio. Asegúrese de que venga empacado en agua. Las sardinas enlatadas son otra buena fuente de ácidos grasos marinos y vitamina D, más calcio, derivado de sus suaves espinas. Prefiera las sardinas en salsa de tomate, por el contenido de licopeno, o en aceite de soya o de oliva. Si nunca las ha probado, intente primero las que vienen en aceite de oliva; para mi gusto, son las de mejor sabor.

Alerta del Consumidor en Acción

¡Pídales a los productores de pescado en lata que le pongan menos sodio! La sal siempre puede agregarse después, dependiendo del gusto del consumidor.

El pescado congelado puede ser una buena alternativa frente al pescado fresco. Muchas tiendas de cadena como Trader Joe's y Whole Foods se diferencian por ofrecer pescado congelado acorde con la protección del medio ambiente y con altos contenidos de ácidos grasos esenciales. Asegúrese de descongelarlo lentamente en su refrigerador para que conserve la textura y el sabor.

Obviamente, el salmón silvestre, la trucha y la lubina frescas también son una opción maravillosa. Familiarícese con su pescadería local y no le dé vergüenza preguntar por los productos más frescos en oferta.

¿Cree que es difícil convencer a su familia de comer pescado entre dos y tres veces a la semana? No se rinda. Aunque sea una porción semanal, disminuirá el riesgo de morir debido a enfermedades cardiovasculares en el largo plazo, como lo demostró un estudio realizado con 20.000 médicos en los Estados Unidos. ¡Algo es mejor que nada!

HAMBURGUESAS A LA PARRILLA DE SALMÓN SILVESTRE

4
PORCIONES

Tomado de la página *web* de Alaska Seafood Marketing

1 lata de 14 ¾ onzas de salmón silvestre de Alaska
2 cucharadas de jugo de limón
1½ cucharadas de mostaza Dijon
¾ de taza de miga de pan seca
½ taza de cebolla de verdeo picada
2 huevos enriquecidos con omega 3

Escurra y desmenuce el salmón. Aparte, mezcle el jugo de limón con la mostaza. Revuelva el salmón con la miga de pan, las cebollas y la mezcla de limón-mostaza. Agregue los huevos hasta formar una mezcla homogénea. Divida en cuatro partes y forme las hamburguesas (enfriarlas en el refrigerador por una hora ayudará a que mantengan su forma). Ase en una sartén ligeramente engrasada hasta que tomen un color dorado por ambos lados. Sirva con pan integral, lechuga, tomate y condimentos a su gusto.

Una excelente fuente de información sobre mariscos por correo es http://www.vitalchoiceseafood.com

Para Aquellos que Simplemente No Quieren Comer Pescado...

De vez en cuando me encuentro con algún paciente que me dice que simplemente no puede o no quiere comer pescado. Jamás. Si esta es su descripción, entonces tome un suplemento por lo menos de un gramo de EPA/DHA al día, con las comidas. Cuando no puedo comer omega 3 de las fuentes naturales, lo reemplazo por un suplemento de 500 miligramos de EPA/DHA, en dos de mis comidas. Si usted toma cápsulas de aceite de pescado, tome diariamente entre 200 IU y 400 IU de vitamina E al día. Busque marcas de aceite de pescado que digan en la etiqueta que contienen una pequeña cantidad de d-alfatocoferol (vitamina E), que mantiene fresco dicho aceite. Una vez abiertas, almacene las cápsulas en el refrigerador. Yo uso la marca de Trader Joe's, Trader Darwin's Omega-3 Fatty Acid Dietary Supplement. Cualquier sensación de aliento a pescado desaparecerá después de tres o cuatro días de consumo.

Vea la lista de compras *Superalimentos Rx* en las páginas *307-308*, para encontrar algunos productos con salmón silvestre recomendados.

Soya

SOCIOS (en este caso, formas de soya): tofu, leche de soya, nueces de soya, edamame, tempeh, miso

TRATE DE COMER: por lo menos 15 gramos de proteína de soya al día (entre treinta y cincuenta isoflavonoides; no de productos fortificados con isoflavonoides) y divida su ingesta total de soya diaria en dos comidas separadas o pasabocas

La soya contiene:

- Fitoestrógenos
- Ácidos grasos omega 3 de origen vegetal
- Vitamina E
- Potasio

- Folato
- Magnesio
- Selenio
- Es una excelente alternativa de proteína no animal

Uno de los programas de televisión de la mañana presentó en su segmento de cocina los beneficios nutricionales del tofu.

"Esto es genial, estoy tratando de aumentar las cantidades de soya en mi dieta," afirmó el anfitrión del programa.

"¡Excelente! Tengo la solución: ¡puedes tomar lo que me corresponde!," le respondió su compañero en la presentación del programa.

Esta pequeña broma demuestra las ideas que muchos tenemos con respecto a la soya y al tofu, en particular. Creemos que deberíamos consumir más soya, aunque no estamos muy seguros del porqué; algunos de nosotros estamos seguros de que no queremos tener nada que ver con este tipo de comida.

Mi meta para estas próximas páginas es convencerlo de que la soya es una valiosa adición para su dieta y que, aunque nunca haya pensado en comerla o en cocinar tofu, existen otras maneras de incorporar productos de soya en su dieta diaria.

Comencemos con las buenas noticias: la soya verdaderamente es un superalimento. Ofrece asombrosos beneficios para la salud cuando se incluye en la dieta. Es una fuente de proteína vegetal barata, de alta calidad, rica en vitaminas y minerales, con grandes cantidades de fibra, ácidos grasos omega 3 y, lo que es mas importante, rica en fitonutrientes útiles para combatir gran cantidad de enfermedades. De hecho, la soya es la mayor fuente nutricional de los poderosos fitoestrógenos, grandes promotores de la salud. Es reconocida por muchos investigadores como un protagonista en la prevención de enfermedades cardiovasculares, cáncer y osteoporosis, así como en el alivio de los síntomas menstruales y de la menopausia. Lo que es más importante: no hay que consumir grandes cantidades de soya para disfrutar de sus ventajas. Una vez conozca sus beneficios comprobados, y las simples formas en que se puede incorporar este particular alimento en su dieta, creo que se convertirá a la causa.

La soya ha sido cultivada en China desde el siglo XI a.C. De hecho, es la legumbre más cultivada y utilizada en todo el mundo. El nombre de la soya en chino significa "el grano más grande," y también se le conoce como "la carne sin huesos." Como muchos otros granos, la soya crece en vainas, y aunque normalmente pensamos en estos brotes de color verde, también los hay amarillos, negros o cafés. Llegó a los Estados Unidos en el siglo XVIII gracias a Ben Franklin, aquel visionario quien, impresionado por el tofu, "el queso chino elaborado a partir de la soya", envió unos granos desde París a granjeros de Pensilvania. Pero no fue sino hasta el siglo siguiente que se extendió su cultivo en los Estados Unidos. En el siglo XX, la gente comenzó a reconocer las cualidades saludables de la soya y, hoy en día, para sorpresa de muchos, los Estados Unidos es el mayor productor comercial de este grano en el mundo.

LA SOYA, UN LIENZO EN BLANCO

Uno de los aspectos más inusuales de la soya, al compararla con otros superalimentos, es a la vez su mayor ventaja: *puede dársele el sabor que se quiera*. Puede usarla en gran cantidad de preparaciones y si no le gusta mucho el tofu, puede disfrutar más bien de nueces tostadas de soya. Puede agregar una cucharada de proteína de soya a sus malteadas o *pancakes* u hornear con leche de soya sin notar la diferencia. Mis propios hijos llevan años consumiendo soya sin siquiera conocer el nombre de este alimento. El mensaje que quiero dejarle es que con seguridad podrá encontrar alguna versión de la soya con la cual convivir. Los productos de soya son todos derivados del grano, aunque hay muchas variedades de la semilla básica que veremos en detalle más adelante.

La Soya y la Intolerancia a la Lactosa

Muchas personas tienen dificultad para digerir la lactosa, el principal tipo de azúcar de los productos lácteos. A quienes sufren de intolerancia a la lactosa les da mal de estómago y diarrea cuando consumen productos lácteos, en especial leche. Afortunadamente, los productos derivados de la soya les permiten a quienes sufren de este mal consumir las cantidades necesarias de proteína y calcio sin mayor problema.

LA SOYA: PROTEÍNA ALTERNATIVA

Antes de entrar a detallar los beneficios de la soya, echemos un vistazo a otro punto en su favor: es una excelente fuente alternativa de proteína. Por ejemplo: media taza de tofu contiene entre dieciocho y veinte gramos de proteína, lo que constituye del 39 al 43% de la recomendación diaria para una mujer adulta. Esta misma cantidad de tofu contiene 258 miligramos de calcio (más de la cuarta parte de la recomendación diaria) y 13 miligramos de hierro (el 87% de la recomendación diaria para mujeres y el 130% para hombres). He aquí una comparación del porcentaje de proteína por peso en diferentes tipos de alimentos: la harina de soya contiene 51% de proteína, los granos integrales deshidratados de soya son proteína en un 35%; mientras que el pescado contiene sólo 22% de proteína, una hamburguesa, 13% y la leche entera, 3%.

Al sustituir 15 gramos de proteína animal por 15 gramos de proteína de soya, se cambiaría la proporción de proteína animal versus vegetal para los Estados Unidos de dos a uno, por la más deseable; de uno a uno, en los niveles de 1900. Con estos niveles de consumo, la proteína de soya todavía estaría por debajo del 20% del consumo total de proteína por adultos en los Estados Unidos.

Como complemento a la proteína de alta calidad que se obtiene al sustituir la proteína animal por la de soya, se consigue una cantidad adicional de vitaminas, minerales y una buena dosis de fitonutrientes. La soya contiene una mezcla saludable de grasas sin colesterol. En un estudio, al sustituir con soya otros productos derivados de animales, se redujo el riesgo de sufrir enfermedades coronarias; esto, debido a la reducción de los lípidos en la sangre (como el LDL), la homocisteína y la presión arterial. Para aquellos que consumimos la típica dieta norteamericana, esto significa que la soya es muy buena ¡porque en general nuestra dieta es realmente mala para la salud! Muchas de nuestras fuentes de proteína vienen con ingredientes adicionales, poco deseables, en especial grasas saturadas, hormonas, pesticidas y otros elementos negativos. El tofu es bajo en calorías, inclusive al compararlo con otras fuentes de proteína de origen vegetal. De hecho, el tofu tiene la menor proporción de calorías de cualquier alimento vegetal, a excepción del fríjol mungo y los brotes de soya.

La soya ofrece la mejor calidad de proteínas dentro de los alimentos vegetales. Está disponible en presentaciones orgánicas (por ende, libres de pesticidas u otros aditivos), ofrece los nueve aminoácidos esenciales y es una buena fuente de ácidos grasos omega 3 de origen vegetal. De cualquier forma, si usted consume soya como sustituto de la carne, aunque sea dos veces por semana, llevará la delantera al mantener una vida saludable.

La soya es reconocida desde hace mucho tiempo como un alimento altamente nutritivo. Los científicos occidentales mostraron especial interés en ella cuando notaron que las dietas asiáticas producían menores índices de enfermedades cardíacas, cáncer y osteoporosis y menos trastornos hormonales que las típicas dietas de Occidente. Aunque faltan por realizar muchas investigaciones, existe un consenso sobre las virtudes de la soya con respecto al mantenimiento de la salud.

El mayor beneficio de la soya, demostrado de forma concluyente, tiene que ver con la salud cardiovascular. Se han realizado estudios extensos sobre los efectos de la soya en la disminución de los niveles de colesterol. Un estudio muy conocido, publicado en el *New England Journal of Medicine* en 1995, presenta el análisis de 38 estudios. Los autores encontraron que el consumo de proteína de soya resultó en reducciones significativas del colesterol total (9,3%), colesterol LDL (12,9%) y triglicéridos (10,5%) con un pequeño, aunque no significativo, incremento en el colesterol HDL. Un estudio reciente, de marzo de 2003, publicado en el *Journal of Nutrition* demostró que el consumo de soya y sus derivados por mujeres premenopáusicas se relacionaba inversamente con el riesgo de sufrir enfermedades coronarias y apoplejías, así como con otros trastornos. Estudios similares han demostrado este mismo efecto sobre pacientes con diabetes y con colesterol alto.

Isoflavonoides en los Alimentos de Soya

El USDA, en colaboración con la Iowa State University, ha compilado una lista del contenido de isoflavonoides en la soya y sus derivados. Los valores están expresados en miligramos por porción individual. Los alimentos están ordenados según su contenido de isoflavonoides, de mayor a menor. *(Tomado de Wellness Foods A to Z)*

Isoflavonoides en los Alimentos de Soya *(continuación)*

	Calorías	Grasa (gr)	Isoflavonoides
Granos de soya, secos, cocidos (1 taza)	298	15	95
Brotes de soya (¼ taza)	171	9.4	57
Nueces de soya (¼ taza)	194	9.3	55
Tempeh (4 onzas)	226	8.7	50
Harina de soya, entera (⅓ taza)	121	5.7	49
Tofu, firme (4 onzas)	164	9.9	28
Leche de Soya (1 taza)	81	4.7	24
Edamame, cocido (4 onzas)	160	7.3	16

Nadie tiene la certeza absoluta de cuánto disminuye el colesterol por el consumo de soya, pero sí existe evidencia de que lo hace; tanto así, que en octubre de 1999, la FDA dio apoyo oficial al consumo de soya al permitir que los productores de soya y sus derivados incluyeran estos beneficios para la salud en sus empaques. Se les permitió anunciar que incluir proteína de soya en dietas bajas en grasa saturada y colesterol, ya que puede reducir el riesgo de sufrir enfermedades coronarias al bajar los niveles de colesterol en la sangre.

También se ha demostrado que varios componentes de la soya tienen efectos anticancerígenos, estos incluyen inhibidores de proteasas, fitoesteroles, saponinos, ácidos fenólicos, ácido fítico e isoflavonoides. Dos de los isoflavonoides presentes en la soya, la genisteína y la daidzeína, merecen atención especial, porque los alimentos de soya son su principal fuente. Estos dos isoflavonoides actúan como estrógenos débiles en el cuerpo y aunque sus efectos no se entienden por completo, sí sabemos que pueden competir con los estrógenos naturales, más fuertes, y ayudan, así, a prevenir cánceres relacionados con las hormonas, como son el de seno y el de próstata. Los isoflavonoides se aglomeran en lugares de las membranas celulares normalmente ocupados por hormonas que pueden estimular el crecimiento de tumores. Además de su capacidad para bloquear estas poderosas hormonas naturales, la genisteína también puede inhibir la actividad de las enzimas que promueven el crecimiento de coágulos de sangre y tumores. Aunque existen algunas variaciones en los estudios que relacionan el consumo de soya con la reducción del cáncer de seno, algunos estudios epidemiológicos demostraron que las mujeres del Sudeste Asiático que tienen una dieta rica en proteína de soya (de 10 a 50 gramos al día), tienen de cuatro a seis veces menos riesgo de sufrir cáncer de seno, en comparación con las mujeres norteamericanas que normalmente consumen cantidades mínimas de soya.

Existe alguna controversia en cuanto a los efectos de la soya en la dieta, y la mayor parte del debate rodea la relación de la soya con el cáncer de seno. Existen estudios sobre el papel de la soya en la dieta de mujeres diagnosticadas con cáncer de seno y sobre la posibilidad de que la soya estimule o reduzca el crecimiento de tumores en estas pacientes. Debido a esta controversia, tomo el camino conservador al recomendar el consumo de soya. (Si usted tiene antecedentes de cáncer de seno, consulte con su médico de cabecera sobre los pros y contras del consumo de soya.) Esta es una de las razones por las cuales nunca recomiendo el consumo de sus suplementos, sino únicamente de alimentos completos derivados de ella. También puedo citar el hecho de que un estudio reciente y extenso, publicado en enero de 2003 en *Nutrition Review*, ha confirmado la seguridad de incluir isoflavonoides en la dieta.

Existieron algunos reportes, que eventualmente fueron desmentidos, sobre la soya y el incremento en el desarrollo de demencia senil. De hecho, la mayoría de las poblaciones con altos consumos de soya presenta índices menores de demencia senil en comparación con poblaciones que no consumen soya.

Un estudio publicado en *Nutrition and Cancer* reporta que la gente que consume regularmente al menos una y media porciones de leche de soya tiene mejor protección contra el cáncer que aquellos que consumen soya sin ninguna regularidad. Trate de comerla diariamente, ya sea en forma de leche, con cereal o avena, o como proteína dentro de sus batidos, o granos de soya como pasabocas. Los estudios sugieren que tomar dos porciones separadas en las diferentes comidas funciona mejor.

¿Sirve la soya para aliviar los síntomas de la menopausia? Aunque es un tema que genera controversia, alguna evidencia indica que también contribuye a ello. Por ejemplo, investigadores de la Universidad de Bolonia, en Italia, formaron dos grupos de mujeres menopáusicas; a un grupo le dieron 60 gramos de leche de soya y al otro, un tipo de placebo parecido a leche deshidratada, durante 12 semanas. Las mujeres que consumieron proteína de soya experimentaron menos sofocos, calores y sudores nocturnos que el grupo que consumió el placebo. Nuevamente, se considera que son los isoflavonoides que emulan a los estrógenos naturales los responsables de este efecto. En la medida en que los niveles normales de estrógeno decaen durante la menopausia, los isoflavonoides parecen ayudar a aliviar la tensión generada por estos cambios.

Existe evidencia de que por su comportamiento similar al de los estrógenos, la soya también contribuye a la salud de los huesos y ayuda a evitar la osteoporosis. Un estudio realizado en la Universidad de Illinois con 66 mujeres después de la menopausia encontró que la inclusión de la proteína de soya en su dieta ayudó a aumentar el contenido mineral de sus huesos y la densidad de su columna vertebral, tras seis meses de estudio.

Mucha gente no tiene clara la cantidad que se recomienda ingerir al día de isoflavonoides. Algunos estimados realizados sobre los consumos de las personas en los países asiáticos indican un rango entre 15 y 50 miligramos al día. El consumo promedio es de 30 a 32 miligramos diarios. Estas cantidades se estiman sobre el consumo de productos enteros no fortificados.

A continuación encontrará un resumen de los componentes más importantes de la soya y los beneficios que le aportan a la salud:

Isoflavonoides: los granos de soya son la fuente más conocida de estos componentes que actúan como antioxidantes y como estrógenos. Dos de los isoflavonoides presentes en la soya, la genisteína y la daidzeína, reducen el riesgo de enfermedades coronarias, mitigan los cánceres hormonales y reducen la capacidad de los tumores para desarrollar nuevos vasos sanguíneos. La evidencia preliminar sugiere que la genisteína también reduce el crecimiento de nuevos vasos sanguíneos en la retina, lo que puede derivar en pérdida de visión debido a la degeneración de la mácula relacionada con la edad.

Ligninas: se adhieren a los carcinógenos presentes en el colon y aceleran el tránsito de estos elementos, lo que reduce sus efectos potencialmente negativos y elimina los radicales libres.

Saponinos: fitonutrientes que alimentan el sistema inmunológico y combaten el cáncer.

Inhibidores de proteasas: bloquean la actividad de las proteasas, enzimas causantes del cáncer y, por ende, reducen el riesgo de sufrirlo. Se ha reportado que los inhibidores de proteasas suprimen los carcinógenos.

Ácido fítico: antioxidante que se adhiere y elimina los metales que pueden causar tumores.

Fitoesteroles: son componentes no digestivos que reducen la absorción del colesterol en el intestino y pueden ayudar a prevenir el cáncer de colon.

Proteína: es la única proteína de alta calidad de origen vegetal, totalmente libre de colesterol y baja en grasa.

Aceite: es un aceite saludable libre de colesterol que ofrece una proporción saludable de ácidos grasos (bajo en grasas malas, alto en grasas buenas). También es una fuente de ácidos grasos omega 3 de origen vegetal.

¡La salsa de soya no es una buena fuente de soya! Tiene muy poco o ningún beneficio nutricional y tiene niveles muy altos de sodio.

Tal como se ha mencionado, la soya está presente en una gran variedad de alimentos. Los granos se pueden comer enteros: frescos o congelados, como en el edamame, o secos como en las nueces de soya; también pueden fermentarse para preparar tempeh, miso o salsa de soya. Estos dos últimos se usan como saborizantes de otras preparaciones agridulces. Pueden remojarse, aplastarse y calentarse para crear leche de soya, o cuajarse para hacer tofu o cuajo de fríjol. Se procesan para obtener aceite, harina y pasta de soya. La clave es recordar que aunque todos los productos de soya se derivan del grano, en últimas son procesados. Esto no es malo, pero es importante que usted lea la etiqueta cuando decida comprar tales productos; es probable que tenga que ensayar cuáles son los productos que se ajustan mejor a sus gustos.

Un consumo diario de 25 gramos de proteína de soya es ideal. A continuación encontrará algunas fuentes ricas en este alimento:

Cuatro onzas de tofu firme contienen entre 18 y 20 gramos de proteína

Una "hamburguesa" de soya, entre 10 y 12 gramos de proteína

Un vaso de 8 onzas (una taza) de leche de soya marca Edensoy, fórmula original, contiene aproximadamente 11 gramos de proteína

Una barra de proteína de soya, 14 gramos de proteína

Media taza de tempeh, entre 16 y 19 gramos de proteína

Un cuarto de taza de nueces tostadas de soya, 15 gramos, aproximadamente

La clave para comprar derivados de soya es revisar el contenido de proteína en la etiqueta. Mucha gente se confunde al comprar estos productos de soya, porque trata de escoger de acuerdo con el contenido de isoflavonoides anunciado en la etiqueta; sin embargo, mientras que algunos productos no lo mencionan, otros anuncian cantidades inexactas y otros, alimentos fortificados con isoflavonoides, pero yo no recomendaría isoflavonoides agregados a sus alimentos. Simplemente no existe evidencia que confirme la seguridad de consumir productos fortificados con isoflavonoides.

En general, la mejor forma de aprender sobre el contenido de isoflavonoides en los alimentos es verificando el contenido de proteína, ya que ambos contenidos están relacionados. Usted puede obtener los beneficios de la soya con cantidades tan pequeñas como lo son 10 gramos diarios. Por ejemplo, un cuarto de taza de nueces de soya contiene 15 gramos de proteína de soya. Aunque las nueces son ricas en calorías, son del gusto de la mayoría de la gente, por lo que no es problema sentarse a comer un cuarto de taza mientras se relaja al final del día. ¡Y con ello podrá beneficiarse de las propiedades de la soya!

Obviamente, también existen otras fuentes de soya; a continuación encontrará algunas:

Tofu: es posible que el tofu sea el producto de soya más conocido. Es blanco, de consistencia parecida al queso, y está hecho de leche de soya cuajada en forma de bloques. El tofu se consigue en varias presentaciones según su consistencia: firme, extrafirme, suave y de seda. Las variedades firme y extrafirme sirven para tajar y agregar a sopas y sofritos. También pueden prepararse a la parrilla u hornearse. El tofu de seda es excelente para agregar a batidos o salsas y a aderezos.

Cuatro Maneras Fáciles de Incluir la Soya en Su Dieta Diaria

1 taza de leche de soya con el cereal
1 onza de proteína en polvo en un batido o malteada
¼ de taza de nueces de soya como pasabocas
Cereales secos y panes que la contengan

Leche de Soya: es una gran fuente de proteína. Está hecha de granos que han sido molidos, cocinados y colados. Se consigue con varios aditivos y se encuentra en gran variedad de sabores. Está disponible en empaques asépticos que permiten conservarla por largo tiempo sin necesidad de refrigeración antes de abrirse. Tal como dice Lorna Sass en su popular libro *The New Soy Cookbook*: "No todas las leches de soya son iguales. Su gusto varía del ligero, fresco y un poco dulce al terroso, aceitado e intensamente 'granoso.'

Su color se encuentra en rangos desde un blanco crema hasta el caramelo oscuro, con todas las gamas intermedias." Realmente debe ensayar con las marcas a su disposición para encontrar el producto que lo satisfaga.

Es muy importante leer la etiqueta de la leche de soya; la cantidad de proteína y calcio, así como la de otras vitaminas, grasas y azúcar varía considerablemente entre las diferentes marcas. La mayoría contiene entre 6 y 11 gramos de proteína en porciones de 8 onzas (una taza). Mis leches de soya favoritas son la Westsoy Unsweetened Vanilla Organic Soymilk y la Original Edensoy Extraorganic Soymilk. Tenga en cuenta que la grasa contenida en este alimento es grasa buena. Personalmente, prefiero la leche de soya entera. Tenga cuidado con las calorías adicionales en forma de azúcar.

La leche de soya puede sustituir la leche de vaca en preparaciones de pastelería. Algunas personas, en especial los niños, pueden rehusarse por el aspecto y sabor de algunas marcas, de tal forma que no disfrutarían al tomarla con su cereal; en tal caso, puede incluirla al preparar *pancakes*, tortas, *muffins*, etc.

Granos de soya: son granos de soya que han sido remojados en agua y luego tostados hasta tomar un color dorado. Contienen altos niveles de proteína, isoflavonoides y fibra soluble, también son ricos en calorías, por lo que se debe limitar su consumo a cantidades moderadas, sin sobrepasar un cuarto de taza al día. (Recuerde que esta cantidad contiene 136 calorías). Aunque los granos de soya se consiguen tostadas con miel y con otros sabores, recomiendo que se consuma la variedad sin aditivos. Lea la etiqueta para evitar productos con agregados como aceite o sal. Los granos de soya son una golosina fácil de llevar a todas partes. Yo se los agrego a mi granola. Un cuarto de taza contiene alrededor de 15 gramos de proteína.

Edamame: son granos de soya verdes, todavía en su vaina. Son ideales por ser un alimento entero; se consiguen en la sección de congelados de almacenes naturistas y en muchos supermercados. Hierva las vainas en agua ligeramente salada por algunos minutos y coma los granos sin la vaina. El edamame sabe como las habas, ligeramente más dulce. También puede encontrar los granos con cáscara congelados en bolsa. Son ideales para agregar a sopas, salsas, ensaladas y guisos. Una taza de edamame con cáscara contiene alrededor de 23 gramos de proteína.

Proteína de soya en polvo: existen dos clases de esta proteína, y debo admitir que es confuso escoger al buscar este aditivo para malteadas, batidos y preparaciones horneadas.

El concentrado de proteína de soya se obtiene de hojuelas de soya desgrasadas. Contiene alrededor de un 70% de proteína de soya y mantiene una gran cantidad de la fibra contenida en el grano. Dependiendo de su proceso de preparación, puede o no contener cantidades significativas de isoflavonoides.

Cuando la proteína se extrae de las hojuelas desgrasadas, el resultado son los isolatos de proteína, la versión más refinada de este producto. Con un contenido de un 92% de proteína, los isolatos contienen la mayor cantidad de proteína de cualquier producto derivado de la soya. Son una fuente altamente digestiva de aminoácidos (proteína necesaria para el crecimiento y regeneración del cuerpo humano). Los isolatos de proteína de soya son la sustancia más usada en muchos de los estudios relacionados con este alimento.

Tenga en cuenta que cualquiera que sea la variedad de esta proteína en polvo que usted escoja, verifique que no esté fortificada con isoflavonoides de soya agregados.

Harina de soya: ha sido procesada a partir de granos molidos. Utilícela para aumentar el contenido de proteína de panes, tortas y galletas. La harina de soya no contiene gluten, por lo que no puede reemplazar a la harina de trigo en las preparaciones horneadas, pero sí se puede utilizar como suplemento de la harina normal. En panes con levadura puede usar 2 cucharadas de harina de soya por cada taza de harina de trigo. En panes puede reemplazar hasta un cuarto de la harina de trigo por harina de soya; notará que los panes con harina de soya toman color más rápido que aquellos que solo tienen harina de trigo. Un cuarto de taza de harina de soya contiene entre 8 y 12 gramos de proteína.

Si usted es novato en el uso de la soya, es recomendable que revise algunas fuentes donde encontrará inspiración e ideas. Recomiendo *Amazing Soy* o *The Joy of Soy*, libros de la autora Dana Jacobi. Ambos están llenos de recetas maravillosas e información general sobre cómo incorporar la soya a su dieta. Otros dos libros de recetas son *This Can't Be Tofu,* de Deborah Madison, y *The New Soy Cookbook,* de Lorna Sass. Ambos le cambiarán la perspectiva de cocinar con soya.

También puede encontrar información valiosa sobre este alimento en los siguientes sitios de Internet:

Soyfoods.com

Soybean.org

Soyproducts.com

Tempeh: es un producto hecho a partir de granos de soya que han sido partidos y almacenados con una bacteria saludable. Se fermenta y toma la forma de bloques. En algunas preparaciones se agregan granos de arroz integral, cebada o mijo. El tempeh tiene un sabor similar al de la carne y se incluye como su reemplazo en algunas preparaciones. Puede marinarse y prepararse a la parrilla, así como agregarse a guisos o salsas. Es rico en proteína, fibra e isoflavonoides y se consigue usualmente en la sección de lácteos de las tiendas. El tempeh puede congelarse, pero una vez descongelado debe conservarse refrigerado. Tiene una vida útil de alrededor de 10 días; 3 onzas de tempeh, alrededor de media taza, contienen 16 gramos de proteína.

Miso: al igual que el tempeh, es un producto fermentado derivado de la soya. Existen gran cantidad de misos disponibles, sobre todo si puede acceder a tiendas de productos asiáticos en su ciudad. Generalmente tiene un sabor fuerte, condimentado con sal, y la presentación más común es en la sopa de miso. Contiene isoflavonoides, pero al igual que la salsa de soya, tiene un alto contenido de sodio y, por ello, no es una buena fuente de proteína de soya.

Mucha gente me pregunta por qué más bien no tomar un suplemento de soya. Una vez conocidos los beneficios de la soya, no pasó mucho tiempo para que se consiguieran suplementos de isoflavonoides de soya en las tiendas naturistas. Estos suplementos, que contienen isoflavonoides concentrados de soya, se promocionan como benéficos para las mujeres, como alivio de los síntomas de la menopausia. Usted ya debe intuir mi respuesta: para disfrutar de los beneficios de la soya, es necesario consumir el alimento directamente. Por una parte, nadie puede asegurar los contenidos de estos suplementos: es posible que contengan más o menos isoflavonoides de los que anuncian en su etiqueta. Aun más, no está comprobado si el comportamiento de los isoflavonoides consumidos a través de suplementos es igual al que se adquiere cuando se consumen por el alimento entero. Mi recomendación es evitarlos.

Consejo de Cocina para el Tofu

Muchas personas no están conscientes de que el tofu, al igual que la leche o la carne, es perecedero. No durará para siempre en el congelador. Preste atención a la fecha de vencimiento en el paquete cuando lo compre (busque la fecha más lejana, tal y como lo haría con la leche de vaca), consérvelo en el congelador y cambie el agua del paquete a diario. Además, recuerde que el tofu, como la carne, puede ser el huésped de bacterias dañinas como la salmonela. Asegúrese de manipularlo sobre una superficie limpia y lavarlo (y sus manos) con agua y jabón antes y después de tocarlo.

Vea la lista de compras *Superalimentos Rx* en las páginas *326-327*, para encontrar algunos productos a base de soya recomendados.

Té

SOCIOS: ninguno

TRATE DE TOMAR: una o más tazas al día

El té contiene:

- Flavonoides
- Flúor
- Ninguna caloría

¿Qué piensa usted acerca de un superalimento que sea barato, sin calorías, se asocie con la relajación y el placer, sepa bien y se encuentre en todas partes desde los restaurantes más elegantes hasta la cafetería de la esquina? ¿Y si, además, disminuye la presión arterial, ayuda a prevenir el cáncer y la osteoporosis, disminuye los riesgos de sufrir una apoplejía, mejora la salud del corazón, ayuda a proteger contra los daños causados por el sol en la piel (tales como arrugas y cáncer) y contribuye a los consumos diarios de líquido? ¿Y si para rematar, es un antiviral, antiinflamatorio, anticaries, antialérgico y previene las cataratas? El té es todo esto. Si usted no toma pekoe de naranja en la oficina, o té helado para refrescarse, o un Earl Grey después de la comida, está perdiendo la oportunidad de mejorar su salud y aumentar su longevidad, pues el té es el superalimento más popular.

Dice la leyenda que el descubrimiento del té ocurrió por accidente en el año 2700 a.C., durante el reinado del emperador chino Sheng Nung. Mientras este descansaba bajo la sombra de un árbol, un sirviente calentaba agua en las cercanías. Una brisa sopló y depositó hojas de té en el agua caliente. El emperador, impaciente por calmar su sed, tomó de esta infusión y quedó encantado con su sabor. Así nació una bebida que, después del agua, es la más popular alrededor del mundo. Hay más de 3.000 variedades de té disponibles y es una bebida que por su complejidad y variedad atrae a los conocedores y se presta para el protocolo. Desde la hora del té institucionalizada por los británicos, hasta las ceremonias del té japonesas, ninguna otra bebida, con la probable excepción del vino, inspira tanto ritual como debate.

Aunque la degustación del té en términos culinarios es un pasatiempo que data de tiempos antiguos, las propiedades saludables solo se han venido a conocer recientemente. El interés en sus propiedades medicinales es como una marea que sube y baja a lo largo de los siglos, pero sólo hasta hace poco las investigaciones han confirmado lo que se sospechaba desde tiempos antiguos: el té, esta simple y común infusión, es una bebida saludable.

El verdadero té proviene de una sola planta: la perenne *Camellia sinensis* (los tés de hierbas no se consideran realmente tés, sino infusiones de hierbas, raíces y otras fuentes. Aunque algunas tienen propiedades medicinales, están en una categoría diferente al té). Se producen tres tipos de té del arbusto: el té verde, el té negro y el té oolong. Las diferencias se dan por la forma en que se procesan las hojas después de recogidas. El verde se procesa muy poco. Es la bebida favorita en Japón y su consumo compromete alrededor del 21% de la producción mundial de té. El té negro, favorito en Europa y Occidente, alrededor del 77% de la producción mundial. El té negro se obtiene a partir de las hojas fermentadas tras la cosecha; este fermento oscurece las hojas y permite que se desarrolle un sabor más fuerte. El té oolong es el favorito en China y Taiwán, y es parcialmente fermentado.

Mientras el té verde se ha robado la atención en lo que respecta a beneficios para la salud, en realidad, todas las variedades son saludables. El té verde ha sido estudiado más extensamente.

El té contiene más de 4.000 compuestos químicos. Aquellos que llaman más la atención y que tienen beneficios comprobados, incluyen los fitonutrientes polifenoles llamados "flavonoides", del mismo tipo que se encuentran en el vino tinto y en las bayas. Hay aproximadamente 268 miligramos de flavonoides en una taza de té negro y alrededor de 316 miligramos en una taza de té verde. Una taza de té verde contiene una cantidad de flavonoides cinco veces mayor de las que se encuentran en la cebolla roja. El polifenol más poderoso del té es una sustancia conocida como EGCG, epigalocatenina galato, que pertenece a un grupo de fitoquímicos flavonoides conocidos como cateninas. La investigación nos muestra que en el laboratorio las cateninas son antioxidantes más eficaces inclusive que las vitaminas C y E. En una prueba de laboratorio, el EGCG del té verde llegó a ser 20 veces más poderoso que la vitamina C.

Una taza de té negro contiene alrededor 268 miligramos de flavonoides. Una taza de té verde contiene 316, pero sólo la mitad de estos contenidos son descafeinados. Se puede aumentar esta proporción al presionar la bolsa de té después de realizar la infusión. Otras infusiones herbales no son fuentes representativas de polifenoles.

¿Cuál té es el mejor? Mientras se creía que el té verde era el mejor para la salud, ahora sabemos que tanto el té verde como el negro tienen propiedades similares, distintas y, en algunos casos, complementarias en cuanto a sus efectos bioquímicos, fisiológicos y epidemiológicos. Es posible que existan dolencias para las cuales una variedad sea más eficaz que la otra, pero, en general, la recomendación es escoger la variedad de té que más le guste y disfrutarla. Yo tomo indistintamente té verde y negro a diferentes horas del día.

Existe evidencia sobre la relación de los beneficios saludables del té con sus contenidos de cafeína. La cafeína parece tener propiedades antimutantes, que pueden asociarse con un efecto anticancerígeno. Estudios epidemiológicos sugieren que la cafeína brinda protección contra el desarrollo de la enfermedad de Parkinson. Debido a ello, parecería más recomendable tomar el té en su versión con cafeína. Si la cafeína presenta problemas para usted, límite su consumo de té a las horas de la mañana y consuma té verde, que generalmente es más bajo en cafeína, en la tarde.

Hay menos cafeína en el té que en una cantidad igual de café, aproximadamente un tercio menos, y adicionalmente parece moderar algunos de los efectos típicos de la cafeína.

Algunas investigaciones sobre los beneficios del té han producido resultados contradictorios. Por ejemplo, algunas evidencias sobre los efectos del té solo se han obtenido en el laboratorio. ¿Será posible generar estos mismos resultados en los humanos? Habrá que esperar. En algunos casos, ha habido asociaciones negativas entre el té y la salud, pero en muchos de estos casos existían otros factores en juego. Los estudios han evidenciado al té como una influencia tanto positiva como negativa en el desarrollo del cáncer de esófago, ya que muchos investigadores sospechan que en los casos negativos podría influir la forma en que se consume; en algunos países el té se toma a altas temperaturas y/o con grandes cantidades de sal, y cualquiera de estas combinaciones favorece el desarrollo de este tipo de cáncer.

Creo que las noticias positivas sobre el té son convincentes. Y al igual que otros superalimentos, el té debe verse como parte de un estilo de vida saludable: usted no debe fumar, beber alcohol, comer de más, no hacer ejercicio y esperar que el té sea su tabla de salvación. Y tampoco puede respaldarse sólo en los polifenoles del té y olvidar por completo las frutas y verduras. Por otra parte, creo que el té es una valiosa adición a un estilo de vida saludable por sus propiedades para mantener la salud y prevenir contra enfermedades.

Tome una taza de té verde o negro antes de hacer ejercicio en la mañana; los flavonoides aparecerán en la sangre en los siguientes 30 minutos, con una dosis adicional de antioxidantes que le ayuda al cuerpo a manejar los radicales libres generados por el ejercicio.

EL TÉ Y EL CÁNCER

Existe evidencia de que el consumo de té reduce el riesgo de desarrollar cánceres de estómago, próstata, seno, páncreas, colon, esófago, vejiga y pulmón. Estudios de laboratorio muestran resultados consistentes sobre la eficacia del té para inhibir la formación y el crecimiento de tumores. Los investigadores han demostrado que las cateninas en el té previenen la mutación de las células y desactivan muchos carcinógenos; también reducen el crecimiento de células cancerígenas e inhiben el crecimiento de las venas, que requieren los tumores para crecer. En un estudio japonés, los investigadores mostraron que mujeres que tomaban sobre todo té verde, en cantidades de hasta diez tazas al día, tenían un menor riesgo de desarrollar cáncer en comparación con otras mujeres que no tomaban té. También existe la creencia entre los investigadores de que la incidencia en casos de cáncer de próstata en los Estados Unidos es quince veces mayor que en Asia, en parte por la diferencia considerable en el consumo de té en esa región. Igualmente, parece ser que los tés tienen efectos probióticos, lo que mejora la salud gastrointestinal.

Aunque sólo una taza de té al día ya trae beneficios para la salud, puede ser que se requiera un mínimo de cuatro tazas diarias para lograr un descenso real de los riesgos de padecer cáncer.

Aunque las investigaciones sobre demencia y el consumo de té están en curso, sí sabemos que las personas con mayor consumo de flavonoides muestran tener los menores riesgos de desarrollar enfermedades mentales.

Está comprobado que el consumo de té está asociado con menores riesgos de enfermedades cardíacas y apoplejías. La conexión fue evidente al comparar las arterias de consumidores de té de la comunidad chino-americana con las arterias de consumidores de café de la comunidad caucásica. Los tomadores de té tenían dos tercios del daño coronario y un tercio del daño en arterias cerebrales, en comparación con los tomadores de café. Otro estudio encontró que en los hombres, la muerte por enfermedades coronarias se reducían en un 40% en aquellos que tomaban más de una taza de té al día. Por otra parte, un estudio de Harvard mostró que existía un 44% menos de riesgo de sufrir un ataque cardíaco en las personas que tomaban por lo menos una taza de té al día.

Aunque algunos estudios sobre el té y las enfermedades coronarias están aún inconclusos, en algunos de ellos, realizados en animales, se ha demostrado que las cateninas disminuyen los niveles de colesterol, especialmente el dañino LDL. También existe una relación inversa entre el consumo de té y los niveles de homocisteína, que se asocian con el riesgo de enfermedades del corazón. Así mismo, parece tener un papel en mantener libres de plaquetas las paredes de las venas y arterias, lo que redunda en reducir el riesgo de enfermedades coronarias. Parece ser que estos beneficios pueden lograrse al tomar entre una a tres tazas diarias, con mayores beneficios en la medida en que se incremente el consumo.

En un estudio muy interesante, se mostraba que el consumo de té durante el año anterior a un infarto se asocia con una menor tasa de mortalidad después del evento. En esta investigación, consumidores moderados de té tomaban menos de catorce tazas a la semana, en comparación con quienes no tomaban té y quienes tomaban una mayor cantidad. Tanto los tomadores moderados como los intensos presentaron una tasa menor de mortalidad en comparación con el grupo que no tomaba. La conclusión lógica de muchos estudios es que uno no necesita consumir grandes cantidades de té para disfrutar de sus beneficios. El consumo a partir de una taza al día ya es bueno para su salud.

Información preliminar sugiere que el té puede contribuir a bajar de peso al incrementar el gasto de energía.

MÁS NOTICIAS BUENAS

El té parece tener un efecto positivo sobre su salud mental. Tomar té reduce el riesgo de desarrollar caries y enfermedades de las encías. Un estudio encontró que el té puede reducir la formación de caries hasta en un 75%: esto sucede por muchas razones: el contenido de flúor del té previene la formación de caries. El té también evita que las bacterias se adhieran al esmalte dental e inhibe la producción de ácido causada por bacterias orales.

También puede relacionarse su consumo con la prevención de los cálculos renales. Aunque algunas publicaciones sugieren lo contrario, en el Nurse's Health Study se encontró que por cada taza de té diaria, se disminuye el riesgo de desarrollar cálculos renales en un 8%.

Tanto hombres como mujeres pueden mejorar la salud de sus huesos al tomar té. Los estudios que se enfocan en los riesgos de fractura de cadera encontraron que su consumo habitual, especialmente durante más de diez años, redunda en un beneficio para la densidad mineral de los huesos; esto parece deberse a que algunos de los flavonoides contenidos en el té tienen actividad fitoestrógena, lo que beneficia la salud de los huesos. Aún más, algunos extractos de té parecen ayudar a combatir su degeneración.

Un estudio reciente encontró que el té oolong fue exitoso en el tratamiento de la dermatitis tópica, sin duda, debido a las propiedades antialérgicas del té. Este beneficio fue evidente tras consumir té durante una o dos semanas. En este estudio, se tomó una bolsa de un tercio de onza preparada en una infusión de cuatro tazas de agua hirviendo, tres veces al día, una con cada comida.

ALGUNOS CONSEJOS PARA TOMAR EL TÉ

- Las infusiones de té aportan más beneficios que el té instantáneo.
- Las bolsas de té aportan los mismos beneficios que el picadillo de té.
- Prepare las infusiones por lo menos durante tres minutos.

- Exprima la bolsa de té para obtener el doble de contenido de polifenoles.

- Agregue una rodaja de limón con cáscara para una dosis extra de polifenoles.

- Si tiene problemas con la cafeína, reduzca el tiempo de infusión a un minuto.

- Evite tomar el té demasiado caliente.

- Los flavonoides se degradan con el tiempo; es mejor tomar una infusión recién hecha, ya sea caliente o recién servida sobre hielo.

Vea la lista de compras *Superalimentos Rx* en la página *327*, para encontrar algunos productos con té recomendados.

Tomate

SOCIOS: sandía, toronja rosada, caqui japonés, papaya de carne roja, fresa-guayaba

TRATE DE COMER: una porción de tomates procesados o de sus socios al día y varias porciones de tomates frescos a la semana

El tomate contiene:

- Licopeno
- Pocas calorías
- Vitamina C
- Alfa y betacaroteno
- Luteína/Zeaxantina
- Fitoeno y fitoflueno

- Potasio
- Vitaminas B (B6, niacina, folato, tiamina y ácido pantoténico)
- Cromo
- Biotina
- Fibra

Muchas personas tienen la certeza de que junto con las buenas noticias vendrán malas al enterarse de que el tomate es un superalimento. Por supuesto, les gustan los tomates, piensan, pero en muchos lugares, los tomates solo son sabrosos por un par de meses al año. Pues bien, tengo buenas noticias y más buenas noticias con respecto al tomate. No sólo es una gran fuente nutricional, sino que usted puede disfrutar de sus beneficios todo el año. Esto se debe a que el tomate procesado también contiene propiedades poderosas. Las salsas para pasta y para tacos que a usted le encantan, junto con esa tajada de pizza e, incluso, sí, la *ketchup* y la salsa *barbeque*, todas contienen el poder del tomate. Así, no importa dónde viva, es fácil incluir más tomates en su dieta y empezar a disfrutar sus fantásticos beneficios.

El tomate, un ingrediente importantísimo en algunas de nuestras recetas favoritas, incluyendo la *pizza* y la lasaña, tiene un pasado difícil. Al principio era considerado un alimento siniestro y venenoso (uno de sus nombres latinos es *lycopersicon*, que significa "albaricoque del lobo," que se refiere a la creencia de que los tomates eran como un lobo: peligrosos). Sólo hasta finales del siglo XIX los tomates se volvieron populares. En un principio fueron cultivados por los aztecas en México, después fueron llevados a Europa por los misioneros españoles. En general, todos pensaban que era un alimento peligroso, con excepción de los italianos y los españoles. Tomó muchos años que los tomates perdieran tal reputación.

Existe en sus hojas algún tipo de fundamento para el escepticismo original: es cierto que estas contienen alcaloides tóxicos. Aceptados totalmente por los norteamericanos hacia el final del siglo XIX, los tomates se han convertido en una de las verduras más populares y hoy se los reconocen como uno de nuestros superalimentos favoritos.

Debe tenerse en cuenta que los tomates no son realmente verduras. Botánicamente hablando, están clasificados como una fruta, puesto que contienen las semillas de la planta. Sin embargo, en 1893, se presentó un caso ante la Corte Suprema de los Estados Unidos relacionado con las tarifas de envío de los tomates. ¿Los granjeros debían pagar por ellos tarifas de verdura o de fruta? La Corte decidió a favor de las verduras, así que se quedaron siendo verduras.

Existen dos nuevos carotenoides con beneficios para la salud muy promisorios: tanto el fitoeno como el fitoflueno se encuentran en los tomates y los productos con tomate. Se ha demostrado que el fitoeno tiene propiedades antioxidantes y anticancerígenas. Es necesario realizar más estudios, pero el trabajo preliminar indica que ambos carotenoides son en parte responsables de la capacidad de los tomates de combatir el cáncer y otras enfermedades.

EL PODER DEL ROJO

El licopeno, un miembro de la familia de los carotenoides y un pigmento que contribuye al color rojo de los tomates, es en gran medida el responsable de su poder curativo. Se ha demostrado que el licopeno tiene una amplia gama de propiedades biológicas únicas que han intrigado a los científicos por mucho tiempo. Algunos investigadores creen que el licopeno podría ser un antioxidante tan poderoso como el betacaroteno. Sabemos que es la sustancia más eficaz a la hora de contrarrestar el efecto de los radicales libres y también es capaz de neutralizar una gran cantidad de ellos.

El licopeno es un nutriente al cual le llegó su hora. Últimamente ha sido objeto de un gran interés a medida que más y más investigadores se han concentrado en su poder particular. La atención comenzó en 1980, cuando varios estudios empezaron a revelar que las personas que comían gran cantidad de tomate tenían muchas menos probabilidades de morir de cualquier tipo de cáncer, en comparación con aquellas personas que comían poco o nada de tomate. Muchos otros estudios hicieron eco de estos hallazgos positivos sobre sus efectos.

El licopeno no solamente ayuda a mitigar el cáncer, también es una parte importante de la red de defensa antioxidante de la piel; proveniente de la dieta, por sí mismo o en combinación con otros nutrientes, puede aumentar el factor de protección solar (FPS) de la piel. En otras palabras, al comer tomates (ya sean procesados o cocidos) usted está mejorando la capacidad de su piel de contrarrestar el daño de los rayos del sol: ¡actúa como un bloqueador solar interno!

Indirectamente, el licopeno también puede disminuir el riesgo de sufrir degeneración de la mácula relacionada con la edad, al prescindir de la oxidación de la luteína, para que esta pueda ser transportada a la mácula en su forma protectora y sin oxidar.

El Licopeno en los Alimentos

(22 miligramos de licopeno es la cantidad diaria ideal)

	Miligramos
Puré de tomate (½ taza)	27.2
Jugo de tomate (1 taza)	22
Jugo de verduras R.W. Knudsen	
Very Veggie (1 taza)	22
Salsa de tomate (½ taza)	18.5
Tajada de sandía	13
Pasta de tomate (2 cucharadas)	9.2
Bolitas de sandía (una taza)	7
Ketchup (2 cucharadas)	5.8
Tomates cocidos en lata (½ taza)	5.1
Pizza (tajada de 3 onzas)	4
Tomate (mediano, fresco)	3.2
Cinco tomates *cherry*	2.2
Toronja rosada (media)	1.8

Probablemente usted ha oído hablar sobre un estudio en el cual el doctor David Snowdon, del Sanders-Brown Center on Aging de la Universidad de Kentucky, les hizo seguimiento a 88 monjas católicas romanas entre 77 y 98 años. Las monjas que mostraban una mayor concentración de licopeno en la sangre tenían mayor capacidad de cuidarse a sí mismas y llevar a cabo sus tareas diarias. En general, las que presentaban el nivel más alto de licopeno tenían 3,6 veces mayor capacidad de funcionar en la vida diaria que aquellas que tenían un nivel más bajo. Lo más interesante es que no se encontró una relación similar entre el vigor y la presencia de otros antioxidantes tales como la vitamina E y el betacaroteno.

Es raro hallar licopeno en los alimentos, y el tomate es uno de los pocos que es rico en este poderoso antioxidante. De hecho, la *ketchup*, el jugo de tomate y la salsa para *pizza* aportan más del 80% de la ingesta total de licopeno de los norteamericanos.

La sandía roja es otra excelente fuente de licopeno. Esta es una fuente concentrada y biodisponible del nutriente y, onza a onza, la sandía es más rica en licopeno incluso que los tomates. Comer sandía definitivamente hace que el nivel de licopeno en la sangre aumente tanto como al consumir tomates.

La toronja rosada no se ha estudiado tanto como los tomates y la sandía, pero se sabe que contiene una gran cantidad de licopeno. Cuando uno come sandía y toronja rosada, la absorción eficiente de licopeno depende de que haya presencia de un poco de grasa dietaria. Los tomates usualmente se sirven con aceite de oliva o queso, mientras la toronja rosada y la sandía por lo general se sirven solas. Asegúrese de comerlas junto con alguna grasa; incluso puede ser un par de nueces o comerse la toronja con una tostada con un poco de queso o con palta (aguacate). Una ensalada de cuadritos de sandía y un poco de queso feta cumple su cometido y es muy refrescante.

La sandía, las fresas guayaba, la toronja rosada, la papaya de carne roja y el placaminero (caqui) son otras fuentes de licopeno dietario. Todas son excelentes adiciones a la dieta.

A pesar de que el licopeno ha recibido tanta atención recientemente, los tomates son ricos en otra variedad de nutrientes, y al parecer trabajan sinérgicamente para promover la salud y la vitalidad. Bajos en calorías y ricos en fibra, potasio, betacaroteno, alfacaroteno, luteína/zeaxantina, fitoeno/fitoflueno y varios polifenoles. Contienen una pequeña cantidad de vitaminas B (tiamina, ácido pantoténico, vitamina B_6 y niacina), folato, vitamina E., magnesio, manganeso y zinc.

Es la sinergia de esta multitud de nutrientes, lo mismo que el poder especial del licopeno, lo que hace que los tomates sean un superalimento cinco estrellas.

LOS TOMATES Y EL CÁNCER

Algunos de los estudios más emocionantes sobre los tomates se han concentrado en su habilidad de proteger contra el cáncer, especialmente el cáncer de próstata.

El doctor Edward Giovanucci, del Harvard Medical School, ha publicado dos estudios muy interesantes que investigan los efectos de alimentos, particularmente los tomates, sobre el riesgo de padecer cáncer. En un estudio de 1995, el doctor Giovanucci encontró que de los 48.000 hombres que participaron en el estudio, aquellos que comían 10 o más porciones de tomate a la semana redujeron el riesgo de sufrir cáncer de próstata en un 35% y el riesgo de padecer un tumor agresivo en la próstata en casi un 50%. De hecho, parecía que cuanto mayor fuera la ingesta tomate, menor era el riesgo de cáncer. Lo más interesante es que el licopeno es el carotenoide que se encuentra en mayor cantidad en la glándula de la próstata.

El siguiente estudio, en 1999, mostró que de todos los productos de tomate, el consumo de salsa de tomate, dos porciones a la semana, de lejos era el indicador más confiable de un riesgo menor de sufrir cáncer de próstata.

Dos puntos importantes surgieron de estos estudios: el primero, que ya mencioné anteriormente, es que los tomates procesados, ya sea salsa o pasta, son más eficientes que los tomates crudos en reducir el riesgo de cáncer. En los tomates crudos, el licopeno está amarrado a las paredes de la célula y a la fibra; el procesamiento rompe las paredes de la célula y libera el licopeno para que el cuerpo lo absorba. Los productos con tomates procesados contienen entre dos y ocho veces más disponibilidad de licopeno que los tomates crudos. Aunque el procesamiento disminuye los niveles de vitaminas en los tomates, eleva la actividad total antioxidante, lo que a su vez brinda un beneficio aún mayor.

La pasta de tomate es un superingrediente para usar al cocinar. Tiene el poder del tomate fresco, pero es más concentrado. Comer pasta de tomate incrementará el factor de protección solar de su piel y lo protegerá de los rayos ultravioleta. En un estudio, ingerir 40 gramos al día (menos de un cuarto de una lata pequeña) de pasta de tomate, que provee cerca de 16 miligramos de licopeno, dio como resultado un aumento del 40% en la cantidad de exposición al sol que se necesita para hacer que la piel se ponga roja. Pequeñas cantidades de pasta tomate pueden enriquecer sopas y guisos; es posible conseguirla enlatada o en tubos y sin sal adicional. En casa, con frecuencia doblamos la cantidad de pasta de tomate en las recetas que preparamos.

El segundo punto sobresaliente, que el doctor Giovanucci menciona en su artículo, arroja luz sobre la importancia de los alimentos enteros e integrales; a la vez que nota la relación que existe entre el consumo de tomate y el riesgo reducido de padecer cáncer, particularmente de pulmones, estómago y próstata, aclara que "un beneficio directo del licopeno no se ha comprobado y otros compuestos de los tomates por sí solos o en interacción con el licopeno también pueden ser importantes." Debido a la cantidad de nutrientes que tienen los tomates, no sería una sorpresa si, una vez más, la sinergia de esos nutrientes fuera la razón por la cual los tomates tienen efectos tan positivos.

Al parecer, el cáncer de próstata no es el único tipo de cáncer que los tomates ayudan a contrarrestar. Existe un cuerpo creciente de evidencia que sugiere que el licopeno aporta algún tipo de protección contra cánceres de seno, tracto digestivo, útero, vejiga y pulmones.

Alerta del Consumidor en Acción

Necesitamos que se consiga masa para *pizza* integral precocida en los supermercados y en las pizzerías (Trader Joe's tiene masa de este tipo).

Al parecer, el licopeno reduce de varias maneras el riesgo de padecer cáncer. Es un antioxidante particularmente poderoso que ayuda a bloquear los efectos dañinos de los radicales libres en el cuerpo. Es muy eficaz en tal misión, cuando el cuerpo cuenta con suficiente vitamina E. Parece ser que el licopeno también interfiere con los factores de crecimiento que estimulan la proliferación de las células cancerígenas. Y, finalmente, es probable que estimule el cuerpo para que desarrolle un sistema de defensa inmunológica contra el cáncer.

Alerta del Consumidor en Acción

Pídales a los productores de tomates en lata que ofrezcan más variedades con menos sodio.

Como se ha mencionado anteriormente, el licopeno, que es una grasa soluble, necesita un poco de grasa dietaria para que lo transporte al flujo sanguíneo. El tomate entero y fresco no es una buena fuente de este nutriente. Los alimentos a base de tomate más populares, que al parecer son los que protegen más contra el cáncer, están preparados con algo de aceite. Una ensalada de tomate con un poco de aceite de oliva extravirgen es una opción muy benéfica para la salud. El color verde del aceite de oliva indica la presencia de polifenoles; combinados con los poderosos nutrientes del tomate son muy saludables en las salsas de tomate, para pizza o en las sopas a base de tomate.

Tomates Todo el Tiempo

Comparado con otros carotenoides que el cuerpo guarda eficientemente, el nivel de licopeno en la sangre cae bastante rápidamente si no se ingieren alimentos ricos en este nutriente con frecuencia. Por tal razón, parece prudente comer todos los días alimentos a base de tomate, si es posible. Por fortuna, esto no es difícil: la mayoría de nosotros tiene la oportunidad de comer estos alimentos con bastante frecuencia. Piense en la salsa para tacos, la salsa roja marinada, la salsa *barbeque*, la pizza e, incluso, la *ketchup*.

LOS TOMATES Y SU CORAZÓN

Además de proteger contra el cáncer, existe una amplia evidencia de que los tomates también desempeñan un papel en la reducción del riesgo de sufrir enfermedades cardiovasculares. La función antioxidante del licopeno, combinada con otros antioxidantes poderosos del tomate, como la vitamina C y el betacaroteno, funciona en el cuerpo para neutralizar los radicales libres, que de otra manera podrían dañar las células y las membranas celulares. Esta protección a las células y a sus membranas reduce la posibilidad de sufrir inflamación y, por tanto, que la aterosclerosis progrese y se agrave. En un estudio, científicos alemanes compararon los niveles de licopeno en los tejidos de hombres que habían sufrido un ataque cardíaco con aquellos de hombres que no lo habían padecido. Los que habían sufrido un ataque tenían un nivel más bajo y, los que no, uno más alto. Lo más interesante es que los hombres con un nivel bajo de licopeno tenían dos veces más probabilidades de sufrir un ataque cardíaco que los hombres que tenían un nivel alto.

En otro estudio europeo con una muestra grande que comparó los niveles de carotenoides entre pacientes de diez países diferentes, se encontró que el licopeno era el que más protegía contra la posibilidad de sufrir un ataque cardíaco.

Los tomates también son una fuente rica en potasio, niacina, vitamina B_6 y folato, una combinación de nutrientes excelente para la salud del corazón. Los alimentos ricos en potasio desempeñan un papel positivo en la salud cardiovascular y son especialmente eficaces en ayudar a alcanzar una presión sanguínea óptima. La niacina se usa comúnmente para bajar el nivel de colesterol en la sangre. La combinación de vitamina B_6 y folato reduce el nivel de homocisteína en la sangre; como ya se mencionó, recuerde que si se tiene este último nivel alto, hay mayores riesgos de sufrir una enfermedad cardiovascular.

EL PODER DE LA PIEL

Crecer a la intemperie, incluso si es en su jardín, hace que las plantas se tengan que proteger a sí mismas de ataques externos. Constantemente están recibiendo el asalto de los rayos ultravioleta, la contaminación y los depredadores. Por tal motivo, es importante, en principio, tener una línea de defensa poderosa: la piel es esa defensa. Ya sea la piel de una manzana, de una uva o de una naranja, esta parte de la fruta tiene una increíble capacidad antioxidante, que permite que pueda resistir el asalto de la naturaleza. Las hojas externas de la espinaca y el repollo, por ejemplo, contienen la mayor cantidad de vitamina C y los cogollos de brócoli contienen más que los tallos. Cien gramos de manzana fresca con la piel contienen cerca de 142 miligramos de flavonoides, pero la misma cantidad de manzana sin la piel contiene solamente 97 miligramos de los mismos flavonoides. La quercetina, un flavonoide común que tiene propiedades antiinflamatorias, se encuentra solamente en la piel de las manzanas, no en la carne de la fruta. La actividad antioxidante de 100 gramos de manzana sin la piel es el 55% de la actividad de los mismos 100 gramos de la fruta con la piel. Las manzanas sin piel son la mitad de poderosas. La cáscara café de las almendras y el maní está llena de varios polifenoles bioactivos.

Como regla general, cuanto mayor sea la proporción de piel en relación con el interior de la fruta, mayor es la propiedad antioxidante. Por ejemplo, los arándanos y la frambuesa son extraordinariamente ricos en antioxidantes. La regla también se aplica a los tomates: cuanto más pequeño sea el tomate, por ejemplo el *cherry*, mayor es su habilidad antioxidante. Usted puede usar el poder antioxidante de estas frutas tan sólo con comer la piel. Trate de comer las frutas y las verduras apropiadas con todo y la piel, claro está que es esta la que recibe los pesticidas y en donde residen todas las bacterias potencialmente dañinas, así que es muy importante lavarlas muy bien. No se olvide de que los jugos con sedimento en el fondo son los mejores y los que debe escoger. Dicho sedimento contiene pedazos de piel y pulpa y es una gran fuente de antioxidantes. Fíjese en que muchos jugos orgánicos, al igual que aquéllos que son 100% naturales, lo contienen.

Evite cocinar los tomates en un recipiente de aluminio; la acidez de los tomates puede interactuar con el metal y causar que se adhiera a su comida, lo que puede afectar el sabor y tener efectos negativos sobre la salud.

LOS TOMATES EN LA COCINA

Comprar tomates que tendrán los efectos más poderosos y confiables sobre su salud: es sorprendentemente fácil. Como ya lo he mencionado, los tomates procesados aportan más beneficios que los tomates frescos. Con seguridad usted ya tiene en su alacena la mayoría de las preparaciones con tomate que le ayudarán a aumentar su ingesta de este alimento maravilloso. ¡Ahora lo único que tiene que hacer es acordarse de usar tales preparaciones regularmente!

A los pacientes les encanta cuando les digo que la pizza puede ser un "alimento saludable." Siempre pido mi pizza con doble adición de salsa para aumentar mi ingesta de licopeno; además sabe delicioso. Si la como en casa, le paso por encima una servilleta de papel para absorber un poco de la grasa.

A continuación le enumeró algunas ideas rápidas para introducir el tomate en su vida diaria:v

- Saltee tomates *cherry* en un poco de aceite de oliva y algunas hierbas aromáticas. Luego espárzalos sobre pasta o sírvalos como acompañante.

- Use tomates secos (sin sal adicionada) en sus sándwiches.

- Póngale a sus sopas y estofados una lata de tomates cortados en cubos.

- Prepare pizza en casa y póngale doble porción de salsa y sus verduras favoritas. Muchos supermercados venden la masa de la pizza preparada, sólo tiene que darle la forma, ponerle los ingredientes que prefiera y hornearla.

- Una comida deliciosa y rápida: saltee un poco de pavo o pollo cortado en rebanadas delgadas hasta que esté dorado, póngale encima su salsa favorita y métalo al hormo hasta que esté totalmente cocido. Poco antes de que esté listo, póngale algo de queso por encima y, justo antes de servir, cilantro o perejil picado.

- Me encantan los sándwiches preparados con una tajada de pan de trigo integral tostado con tajadas de palta (aguacate) y alguna salsa.

TOMATES *CHERRY* ASADOS

Tomates *cherry*
Aceite de oliva extravirgen
Sal y pimienta

Meta los tomates al horno a una temperatura de 450°F durante 20 minutos. Si desea, puede ponerle encima albahaca picada justo antes de servir.

Los tomates amarillos o anaranjados no contienen licopeno. (Recuerde que este es un pigmento rojo.) A pesar de que este tipo de tomates tienen otros nutrientes, como la vitamina C, no son buena fuente de licopeno.

Vea la lista de compras *Superalimentos Rx* en las páginas *309-310*, para encontrar algunos productos con tomates recomendados.

Yogur

SOCIOS: kéfir

TRATE DE COMER: dos tazas al día

El yogur contiene:

- Cultivos activos vivos
- Proteína completa
- Calcio
- Riboflavina (vitamina B2)

- Vitamina B_{12}
- Potasio
- Magnesio
- Zinc

¿Recuerda la propaganda que muestra a unas personas mayores de la región montañosa del Cáucaso en la Unión Soviética que le atribuyen al yogur su longevidad? Algunas personas han mentido sobre su edad para evitar que los enrolen en el ejército soviético. Muchos otros simplemente se dieron cuenta de que cuanto más viejos dijeran ser, más emocionados se pondrían los visitantes. Antes de darse cuenta, todo el mundo del vecindario tenía cerca de 120 años, gracias al yogur.

Estas propagandas se crearon en un tiempo en el que había que vender yogur. Se suponía que nadie comía nada que no prometiera algún efecto maravilloso, pero los tiempos han cambiado. Hoy, tomamos yogur simplemente porque nos gusta. Muchos de nosotros hemos olvidado los beneficios que le aporta el yogur a la salud; dichos beneficios no se conocían todavía en esa época de las propagandas, o no se habían comprobado. Y puesto que ahora el yogur viene en tantas variedades y tipos, desde postre helado hasta tubos de yogur saborizado, existen algunos hechos que debemos conocer para aprovechar los beneficios de este extraordinario superalimento.

LA SINERGIA DE LOS PREBIÓTICOS Y LOS PROBIÓTICOS

Uno de los aspectos más importantes del yogur como fuente de beneficios para la salud es la sinergia de las dos sustancias promotoras de la salud que contiene: los prebióticos y los probióticos.

Los probióticos son ingredientes no digeribles de la comida que afectan benéficamente las entrañas, al estimular selectivamente el crecimiento y/o la actividad de una o más bacterias benéficas del colon, lo que mejora la salud. Los fructooligosacáridos (FOS) son unas de las muchas clases de prebióticos y se encuentran en las legumbres, las verduras y los cereales, así como en el yogur. Estas fibras que no se absorben inhiben los organismos potencialmente patógenos e incrementan la absorción de minerales como el calcio, el magnesio, el hierro y el zinc.

Los probióticos se definen como microorganismos vivos que, cuando se toman en cantidades adecuadas, pueden ser beneficiosos para la salud: la evidencia del papel que desempeñan los probióticos y los prebióticos en mejorarla y combatir la enfermedad está creciendo mes a mes y actualmente está sustentada por varios estudios "doble-ciego", con placebo controlado en humanos. Lo que antes era una suposición hoy se ha convertido en un hecho científico. La cantidad de noticias recientes al respecto sencillamente confirma la sabiduría antigua. En el año 76 a.C., el historiador romano Plinio recomendaba los productos de leche fermentada (yogur) para el tratamiento de la gastroenteritis. Y en una versión persa de El Antiguo Testamento (Génesis 18:8) dice: "Abraham le atribuía su longevidad al consumo de leche agria."

Ahora, adelántese a la época en la que Louis Pasteur desarrolló una teoría de la enfermedad basándose en gérmenes. Fue uno de los primeros en decir que nuestra salud está interrelacionada con microorganismos vivos benéficos que habitan en nuestra piel y en nuestro cuerpo. El yogur es el alimento probiótico que se consume con mayor frecuencia y que contribuye al equilibrio entre los microorganismos que viven en nuestro sistema. Gracias a investigaciones de punta recientes, la sabiduría popular se ha vuelto un hecho científico: el yogur es un superalimento.

Como todos los superalimentos, el yogur trabaja sinérgicamente para promover la salud y combatir la enfermedad: aporta una amplia gama de beneficios para la salud, que incluyen cultivos activos vivos, proteína, calcio y vitaminas B y que trabajan conjuntamente, de tal manera que la suma es mayor que cada parte. El principal beneficio del yogur, como probiótico, a primera vista pareciera que está en contravía con la tendencia de la medicina moderna. Poco después de la Segunda Guerra Mundial, los antibióticos empezaron a tener éxito, ya que los médicos y el público en general empezaron a ver a los microorganismos como malvados promotores de enfermedades y, por tanto, debían ser erradicados del todo. Sin embargo, la clave de la buena salud es el *equilibrio*: la meta no es erradicar todos los microorganismos, sino promover la salud de los que son benéficos. El yogur desempeña un papel primordial en esta labor al incentivar el crecimiento de la bacteria "buena" y limitar la proliferación de la "mala."

El yogur cuenta con varias actividades que estimulan la inmunidad dentro y fuera del tracto gastrointestinal. Un estudio muy interesante ha demostrado que si usted toma yogur con cultivos activos vivos, se le disminuye la cantidad de la bacteria patógena *Staphylococcus aurens* en las vías nasales. Este es un síntoma claro de que el yogur estimula el sistema inmunológico y, por tanto, existe una comunicación positiva entre el recubrimiento del sistema inmunológico y el tracto gastrointestinal y el recubrimiento del sistema inmunológico y las vías respiratorias superiores.

Nuestro tracto gastrointestinal es el hogar de más de 500 especies de bacteria, algunas útiles y algunas dañinas para nuestra salud. Confiamos en estos "socios" microbianos benéficos para una cantidad de funciones importantes, incluyendo el metabolismo de los carbohidratos, la síntesis de los aminoácidos, la síntesis de la vitamina K y el procesamiento de varios nutrientes. El yogur es una fuente de bacteria benéfica y los resultados positivos que se le atribuyen por introducir esta bacteria en nuestro sistema no sólo se limitan al tracto digestivo. Además de la gran cantidad de efectos positivos para la salud que lo caracterizan, las propiedades que más han llamado la atención son las anticancerígenas, su habilidad para bajar el colesterol y su capacidad de inhibir la bacteria mala.

Uno de los mayores beneficios de los probióticos en el yogur es su eficiencia para fortalecer el sistema inmunológico y, por tanto, ayudarle al cuerpo a prevenir infecciones. En una época en la que existen patógenos que son resistentes a los antibióticos y en la que han aparecido nuevas infecciones, como el SARS y el virus del Nilo occidental, es de vital importancia fortalecer nuestro sistema inmunológico.

La inulina, una fibra dietaria, es un aditivo que usa el Stonyfield Farm Yogurt. Se ha demostrado que incrementa la absorción de calcio. Por ejemplo, una ingesta de 8 gramos de inulina al día incrementa la absorción del calcio en las niñas adolescentes en un promedio del 20%.

CULTIVOS ACTIVOS VIVOS

Antes de explorar las extraordinarias capacidades del yogur, es importante entender que para que sea benéfico para la salud, el que usted compra *debe contener cultivos activos vivos.* El yogur es sencillamente leche coagulada. Para hacerlo, se inocula la leche pasteurizada y homogenizada con cultivos de bacteria y se mantiene tibia en una incubadora donde la lactosa o el azúcar de la leche se convierte en ácido láctico. Esto lo vuelve espeso y le da su sabor característico acre y penetrante. El proceso es bastante similar al que se usa cuando se produce cerveza, vino o queso, en que los organismos benéficos fermentan y transforman el alimento base.

Este es el proceso básico para producir yogur, pero existen una gran cantidad de técnicas que adoptan los productores según la marca. Por ejemplo, algunos pasteurizan el yogur después de inocularlo; en este caso, la etiqueta debe decir: "tratado con calor después de cultivado." Este pro-

ceso mata toda la bacteria buena y aunque puede saber delicioso, los beneficios para la salud no son los mismos que los del yogur con cultivos activos
vivos. Usted se sorprendería si supiera que algunos yogures helados tienen
cultivos activos vivos. Lea la etiqueta; el yogur helado con cultivos activos
vivos es una opción baja en grasa mucho mejor que el helado.

Cuando compre yogur, busque:

- Que sea bajo en grasa o descremado.
- Que no tenga colores artificiales.
- Que esté fresco (verifique la fecha de vencimiento).
- Que en la etiqueta diga que contiene proteína de suero (incrementa la viabilidad de la bacteria probiótica, como hace la inulina en el yogur de Stonyfield Farm).
- Que sea rico en cultivos activos vivos (verifique en la etiqueta los cultivos específicos; cuantos más haya, mejor).

La National Yogurt Association ha creado un sello de "cultivos activos
vivos" (LAC) que garantiza que el yogur que ha sido etiquetado de esa
manera contiene por lo menos 100 millones de organismos por gramo en
el momento de la producción. El yogur "LAC" debe permanecer refrigerado y necesita tener fecha de vencimiento para indicar que tiene una vida
útil corta. Después de la fecha de vencimiento, el número de bacteria disminuye. Dado que el programa del sello es voluntario, algunos productos
de yogur pueden tener cultivos vivos pero no estar marcados como tal.

Existen tres tipos básicos de yogur, dependiendo de la leche que se haya
usado para prepararlo: yogur normal, yogur bajo en grasa y yogur descremado. El yogur preparado con leche entera tiene por lo menos 3,25% de
grasa de leche. El yogur bajo en grasa está hecho con leche baja en grasa
y tiene entre 0,5% y 2% de grasa de leche. El yogur descremado está hecho
con leche descremada y contiene menos de 0,5% de grasa de leche. Este
último es el que prefiero.

Uno de los yogures más comunes es el FOB o "fruit on the bottom" [fruta en el fondo]. Algunos yogures FOB contienen cultivos activos, pero también mucha azúcar. Algunos con sabor a fruta tienen hasta siete cucharaditas de azúcar por taza. No me gusta el sabor del yogur natural, así que usualmente compro el yogur FOB pero dejo la fruta del fondo; de todas maneras el yogur conserva un poco el sabor de la fruta que contiene. Idealmente, el mejor es el natural descremado o bajo en grasa que diga explícitamente en la etiqueta que contiene cultivos activos vivos, esta también debe especificar qué tipo de cultivos contiene. Los yogures más populares solamente usan dos cultivos vivos: *L. acidophilus y S. thermophilus*. El natural también incluye otras bacterias benéficas, tales como la *L. bulgaricus, B. bifidus, L. casei y L. reuteri*. Verifique la etiqueta del yogur con cuidado; en general, cuantos más cultivos benéficos aparezcan en la lista, mejor. Si a usted le gusta la fruta en su yogur (¿y a quién no?), póngale fruta fresca o deshidratada para darle sabor. Casi siempre le agrego a mi yogur germen de trigo, semillas de linaza molidas y bayas, para que tenga buen sabor y sea nutritivo.

LOS BENEFICIOS DE LOS PROBIÓTICOS

Últimamente, es la actividad del yogur en el tracto gastrointestinal la que le ha valido para ser considerado un superalimento. La conclusión es que un sistema digestivo sano es muy importante para tener una buena salud general. Nuestra capacidad de absorber los nutrientes de los alimentos depende de la salud del tracto gastrointestinal; si comemos los alimentos con mayor valor nutritivo, y nuestra capacidad digestiva no es buena, el cuerpo no podrá beneficiarse de esos alimentos. A medida que envejecemos, esa capacidad se deteriora. Esta es una razón más para confiar en el yogur como un alimento que nos ayudará a preservar nuestra salud intestinal.

La lista de las capacidades promotoras de la salud de los probióticos es bastante larga. Se han comprobado totalmente algunos beneficios, mientras otros requieren de aún más estudio. A continuación le presento un resumen de las enfermedades que se ha comprobado que el yogur puede combatir:

Cáncer: Los probióticos absorben los genes mutantes que causan el cáncer, particularmente el cáncer de colon, aunque no existe evidencia de que sean eficaces en combatir el cáncer de seno. Estimulan el sistema inmunológico, en parte al incentivar la producción de inmunoglobulina, y ayudan a disminuir el riesgo de sufrir cáncer al minimizar la inflamación e inhibir el crecimiento de la microflora intestinal que lo causa.

Alergias: Los probióticos son útiles en aliviar el eccema atópico y la alergia a la leche. En relación con el eccema, es importante recordar que los probióticos trabajan en promover la salud de la piel al igual que la salud del sistema digestivo. De hecho, los probióticos afectan todas las superficies del cuerpo que tienen interacción con el mundo externo, incluyendo la piel, las vías nasales, el tracto gastrointestinal, etc. Existe alguna evidencia de que los bebés a los que se ha expuesto a los probióticos después de los tres meses de edad, tendrán menos posibilidades de sufrir algunas alergias más tarde en su vida.

Intolerancia a la Lactosa: Algunas personas no pueden tomar leche porque carecen de la enzima que rompe el azúcar en la leche (la lactosa). De hecho, sólo un cuarto de los adultos del mundo puede digerir la leche. Esta situación elimina una fuente importante de calcio altamente biodisponible de la dieta. Los probióticos del yogur digieren la lactosa por usted y así, le ayudan a aliviar la intolerancia. El yogur también es rico en calcio y en varias vitaminas, y no les presenta problemas de digestión a las personas que sufren tal intolerancia y, por tanto, es una excelente adición para cualquier dieta.

Enfermedad inflamatoria intestinal: Los probióticos ayudan a regular la respuesta antiinflamatoria del cuerpo, lo cual ayuda a aliviar los síntomas de esta enfermedad. Los probióticos del yogur han sido aceptados como una forma de terapia que puede ayudar a mantener en remisión a las personas que sufren de dicha enfermedad. Una revisión de estudios humanos y probióticos efectuados en el año 2003, por ejemplo, concluyó que "el uso de probióticos en esta enfermedad claramente no es una panacea, pero sí es una esperanza como terapia coadyuvante, específicamente para mantener un estado de remisión."

Las personas mayores, particularmente, pueden beneficiarse del yogur. Una investigación le hizo seguimiento a una población de 162 personas muy mayores durante cinco años. Las que tomaban yogur y leche más de tres veces a la semana tenían 38% menos posibilidades de morir, en comparación con quienes tomaban leche y yogur menos de una vez a la semana. El yogur les ayuda a las personas a absorber los nutrientes, combatir la infección y la inflamación y a obtener suficiente proteína: los mayores retos cuando envejecemos.

Síndrome del Colón Irritable: Los probióticos posiblemente alivian los síntomas de esta enfermedad al alterar tanto la población como la actividad de la microflora en nuestro sistema gastrointestinal. Sin embargo, se ha comprobado que los probióticos son más eficaces en prevenir que en curar.

Hipertensión: Los probióticos estimulan la producción de sustancias parecidas a los medicamentos que actúan en el cuerpo disminuyendo la presión de la sangre.

Reducción del Colesterol: Hace casi treinta años, los científicos se sorprendieron cuando descubrieron que los hombres de la tribu africana Masai tenían bajos niveles de colesterol en la sangre y una baja incidencia de enfermedad del corazón, a pesar de tener una dieta extremadamente rica en carne. La característica distintiva de su dieta, aparte del

onsumo de carne, era una altísima ingesta de leche fermentada (o
casi cinco litros al día. Los investigadores ahora han confirmado
yogur es benéfico para quienes tratan de reducir su nivel de colesterol en la sangre. Los probióticos en el yogur reducen los ácidos de la
bilis, lo que, a su vez, disminuye la absorción del colesterol desde el tracto
gastrointestinal. Este efecto al parecer es más eficaz en las personas que
ya tienen un nivel de colesterol alto.

Úlceras: Los probióticos ayudan a eliminar el patógeno *Helicobacter pylori*,
una bacteria que es una de las principales causas de úlceras y la que también puede ser causante del cáncer gástrico.

Diarrea: El yogur al parecer tiene un efecto benéfico en aliviar esta dolen-
cia, que en muchos países del mundo es una amenaza seria a la salud de
millones de personas. La combate al estimular el sistema inmunológico,
eliminando la microflora negativa de los intestinos y ayudando al crecimiento de bacteria benéfica. Los probióticos en el yogur también son eficaces en el tratamiento de la diarrea asociada con el uso de antibióticos.
Algunos médicos aún se sorprenden de que el yogur no se recomiende
rutinariamente a todos los pacientes que estén siguiendo un tratamiento
con dichos medicamentos.

Alerta del Consumidor en Acción: ¡Todos Necesitamos Más Cultivos!

Muchos yogures muestran en sus etiquetas que son ricos en cultivos activos vivos. Los comerciales deben contener *L. acidophilus y S. thermophilus*
para ser etiquetados como tales. Algunos contienen más, incluyendo *L.
bulgaricus, B. bifidus, L. casei y L. reuteri*. Busque yogures que contengan
la mayor variedad de cultivos activos vivos. Puesto que algunas especies
de cultivos de probióticos tienen tantos beneficios saludables, pidámosles
a los productores de yogur que los pongan más en aquellos que se consiguen más fácilmente en el mercado.

Infecciones Vaginales y del Tracto Urinario: Una vez más, los probióticos en el yogur combaten los patógenos, a la vez que supримen la microflora mala y estimulan el crecimiento de bacteria benéfica. Un estudio concluyó que tomar 8 onzas de yogur que contenga *L. acidophilus* todos los días disminuye las colonias del levadura Cándida y las infecciones tres veces en comparación con los grupos de control.

YOGUR: EL MEJOR DE LOS LÁCTEOS

La mayoría de las personas se sorprende al saber que en los Estados Unidos *nueve de diez mujeres y siete de diez hombres no ingieren su requerimiento diario de calcio*. Incluso, es peor noticia saber que casi el 90% de las niñas adolescentes y el 70% de los niños adolescentes tampoco ingieren su requerimiento diario de calcio. Muchas personas han reemplazado la leche por bebidas gaseosas, lo que augura unas desastrosas consecuencias futuras para su salud. Una taza de yogur natural descremado aporta 414 miligramos de calcio, un sorprendente 40% de nuestra necesidad diaria de calcio y a un costo tan sólo de 100 calorías. Esto se compara favorablemente con la leche descremada, que contiene tan sólo 300 miligramos de calcio. La gran cantidad de potasio que tiene el yogur combinado con el calcio, al parecer, también desempeña un papel importante en normalizar la presión sanguínea.

Además el yogur es una mejor fuente de vitaminas B (incluyendo folato), fósforo y potasio que la leche. Por supuesto, el calcio del yogur es un gran beneficio para las mujeres antes y después de la menopausia y para los hombres en su lucha contra la osteoporosis. Otra característica positiva es que el azúcar láctico del yogur ayuda en la absorción del calcio; es más, los productos lácteos son una fuente de de IGF-1, un factor de crecimiento que promueve la formación de los huesos; esto último beneficia a las mujeres mucho más allá que la simple contribución del calcio a la preservación de los huesos.

El Mejor Desayuno Rápido Cinco Estrellas de *Superalimentos RX*

Este es uno de mis desayunos favoritos y no podría ser más fácil de hacer. Tomo un tazón de yogur descremado y le pongo un puñado de arándanos (y/o arándanos agrios, cerezas o cualquier fruta que esté en temporada) y unas rodajas de banana. Les añado un puñado pequeño de nueces del nogal picadas y un poco menos de una cucharada de germen de trigo o semillas de linaza molidas. Es delicioso y nutritivo.

YOGUR: MAGNÍFICA FUENTE DE PROTEÍNA DIGERIBLE

El yogur es una maravillosa fuente de proteína digerible. De hecho, el yogur aporta el doble de proteína que la leche, porque usualmente se fortifica con sólidos de leche descremada, lo que incrementa su contenido proteínico. Algunas personas, particularmente las mayores, no consumen la suficiente proteína o calcio. Varios estudios han demostrado que existe una relación positiva entre la ingesta de proteína y la densidad mineral de los huesos de las mujeres y hombres mayores cuando toman calcio. La lección es, entonces, que la salud óptima de los huesos y la prevención de la osteoporosis depende no solamente del suplemento de calcio, sino también de la ingesta suficiente de proteína. El yogur es la solución, puesto que contiene proteína digerible y calcio.

Haga Queso de Yogur

Forre un tamiz con un filtro para el café y deje escurrir el yogur por algunas horas en el refrigerador; cuanto más tiempo drene, más espeso se volverá. Use el líquido o suero resultante en *pancakes* o *muffins* como sustituto de la leche. Mezcle mitad de cantidad de queso de yogur con mitad de cantidad de mayonesa en sándwiches de atún o en ensaladas para reducir la grasa y aumentar la cantidad de proteína. Utilice el queso de yogur en dips, con chili o sobre las frutas.

MALTEADA DE YOGUR DE ARÁNDANO

2
PORCIONES

1 taza de yogur natural descremado
¼ de taza de jugo de naranja recién exprimido
½ taza de arándanos frescos o congelados
½ banana madura

Procese todos los ingredientes en una licuadora a velocidad media hasta que la mezcla esté suave y espumosa. Póngala en vasos y sirva.

Vea la lista de compras *Superalimentos Rx* en la página 329, para encontrar algunos productos con yogur recomendados.

PARTE III

Menús con los Superalimentos e Información Nutricional

Menús con los Superalimentos

Si usted ha visitado alguna vez el Rancho La Puerta o el Golden Door, sabe que son una experiencia extraordinaria. No es sólo la tranquilidad y la belleza de ambos lugares, sino que uno se siente totalmente renovado por la combinación de la atención al cuerpo con el ejercicio y el tratamiento de *spa*; la atención al espíritu con una atmósfera general de serenidad y las deliciosa y saludable alimentación. Es difícil de imaginarse cómo solamente una semana puede prolongarse por meses y meses, pero así es. Mi última visita al Rancho La Puerta es un recuerdo tan vívido, que puedo cerrar los ojos en el momento más estresante y transportarme a la paz total de esa semana. En verdad deseo que todos los lectores de este libro puedan disfrutar en algún momento de semejante experiencia.

Al principio, cuando la idea de este libro empezaba a tomar forma, me di cuenta de que necesitaría algo más que estadísticas nutricionales para convencer a la gente de adoptar el estilo de vida *Superalimentos Rx*. El doctor Hugh Greenway, mi amigo y colega, me sugirió que el mundialmente famoso chef Michel Stroot, del Golden Door, y sus colegas del Rancho La

Puerta podrían ser los candidatos ideales para crear las recetas para *Super-alimentos Rx*, pues con seguridad serían exquisitas y fáciles de preparar. Ambos *spas* son famosos por ofrecer una alimentación deliciosa y sana. El doctor Greenway ha mantenido una relación larga con ambos *spas*, pues era el médico de Alex Szekely, hijo de sus fundadores, y fue quien lo trató cuando le diagnosticaron cáncer. Tristemente, Alex perdió la batalla contra el melanoma, pero su legado vive en ambos establecimientos. Llevó a otro nivel la visión de sus padres del retiro en un *spa*, al cambiar el énfasis en la pérdida de peso y los mimos generales y ponerlo en retiros enfocados a alcanzar el equilibrio entre la mente, el cuerpo y el espíritu.

El Rancho La Puerta y el Golden Door y sus talentosos chefs, particularmente Michel Stroot, inmediatamente acogieron la teoría de *Super-alimentos Rx*: si usted cambia el énfasis de su dieta hacia alimentos que promueven la salud, se sentirá mejor, evitará muchas causas de enfermedades e incluso, la muerte y, aún más, su apariencia mejorará.

Las recetas que incluimos a continuación son las mejores creaciones y siguen los parámetros del programa de los superalimentos. Me emociona que me hayan ayudado a hacer realidad mi visión y espero que usted y su familia las disfruten.

Para mayor información sobre el Golden Door, puede llamar al teléfono 760 744 5777 o visitar su página web http://www.goldendoor.com. Para mayor información sobre el Rancho La Puerta, puede llamar al teléfono (760) 744-4222 o visitar su página web http://www.rancholapuerta.com.

DÍA 1

MENÚ

Desayuno: avena, fruta, nueces y leche de soya
Pasabocas: 1 taza de trozos de papaya
Almuerzo: butternut squash con quinua, tofu, albaricoques deshidratados y nueces del nogal; ensalada de pepino y tomate

Pasabocas: ½ onza de almendras tostadas o crudas, 8 onzas de coctel de Knudsen's Very Veggie, 1 zanahoria pequeña

Comida: *filet mignon* con hongos cremini sobre verduras verdes, batata gratinada, ensalada *Superalimentos Rx* (pg. 257), sorbete de sandía y banana

■ Desayuno

Cocine ½ taza de avena según las instrucciones del empaque y añádale 1 cucharada de semillas de linaza molidas, 2 cucharadas de pecanas tostadas, un puñado de arándanos y ½ taza de leche de soya.

Beba 1 taza de jugo de uva sin dulce.

■ Almuerzo

BUTTERNUT SQUASH AL HORNO CON QUINUA, TOFU, ALBARICOQUES DESHIDRATADOS Y NUECES DEL NOGAL

4 PORCIONES

Salsa de albaricoque

¼ de taza de albaricoques deshidratados, partidos por la mitad

1 taza de agua

1 cucharada de concentrado congelado de jugo de naranja

Butternut squash al horno

2 *butternut squash* medianos

1 cucharadita de cebolla en polvo

2 tazas más 2 cucharadas de caldo de verduras o agua

1 cucharadita de sal marina

1 taza de quinua, lavada y secada

½ taza de perejil liso picado

½ taza de nueces del nogal picadas

½ libra de tofu firme

1 cucharadita de salsa de soya baja en sodio

½ cucharadita de orégano deshidratado

1 cucharadita de aceite de oliva

½ taza de albaricoques deshidratados partidos en cuartos

1. Para hacer la salsa, hierva los albaricoques y el agua a fuego medio durante 10 ó 12 minutos o hasta que el líquido se reduzca a la mitad. Deje enfriar.

2. Pase la mezcla fría a la licuadora, añada el jugo de naranja y licúe hasta que esté suave.

3. Reserve. Si es necesario, luego puede recalentarla ligeramente.

4. Precaliente el horno a 375°F. Para preparar los *butternut squash*, córtelos por la mitad horizontalmente y sáqueles las semillas. Recórteles el fondo en mitades, para que se sostengan. Póngalos en una lata de hornear y espolvoréelos con cebolla en polvo. Llene la lata con agua hasta ½ pulgada de profundidad. Cubra con papel de aluminio y hornee durante 50 minutos o hasta que estén tiernos. Puede ponerles más agua, si es necesario, durante la horneada. Retire la lata del horno.

5. Mientras tanto, en una cacerola ponga las 2 tazas de caldo de verduras con la sal y hierva a fuego medio—alto. Adicione la quinua, cubra y deje cocer por 20 minutos. Quite la cacerola del fuego y déjela reposar tapada durante diez minutos. Espárzale el perejil por encima y revuelva con un tenedor. Vuelva a tapar y deje reposar.

6. Corte el tofu en cubos de ½ pulgada, póngalos en un tazón y écheles la salsa de soya y el orégano. Revuelva ligeramente.

7. Caliente el aceite de oliva en una sartén de teflón a fuego medio—alto. Saltee el tofu con el líquido que haya quedado en el tazón por 4 minutos. Añada los albaricoques deshidratados y las 2 cucharadas restantes del caldo de verduras. Revuelva para despegar cualquier residuo del fondo de la sartén.

8. Revuelva el tofu y los albaricoques con la quinua. Ponga esta mezcla sobre los *butternut squash* y cubra con la salsa de albaricoques.

ENSALADA DE PEPINO Y TOMATE

Vinagreta balsámica

2 cucharadas de vinagre balsámico

1 cucharada de aceite de oliva

1 ½ cucharadas de mostaza Dijon

1 ½ cucharadas de agua

½ cucharadita de albahaca deshidratada

¼ cucharadita de pimienta negra recién molida

Ensalada

4 tomates medianos maduros

3 pepinos medianos

1. En un tazón pequeño, mezcle el vinagre y el aceite. Añada la mostaza y el agua y revuelva hasta que se incorpore totalmente. Agregue la albahaca y la pimienta. Revuelva nuevamente antes de servir.

2. Quíteles las semillas a los tomates y córtelos en gajos; parta cada gajo por la mitad. Pele los pepinos y corte en rodajas de ½ pulgada; corte las rodajas en cuartos.

3. Ponga los tomates y los pepinos en un tazón grande. Añádales la vinagreta encima y revuelva con cuidado. Deje reposar a temperatura ambiente entre 10 minutos y 1 hora antes de servir.

■ *Comida*

FILET MIGNON CON HONGOS CREMINI SOBRE HOJAS VERDES

4 PORCIONES

1 taza de hongos cremini sin tallo y partidos en cuatro

2 cucharadas de chalotes picados

½ taza de vino tinto, tipo Merlot

½ taza de salsa de res café (p. 237), o salsa de res enlatada baja en sodio

2 cucharadas de aceite de oliva

½ taza de cebolla amarilla finamente picada

2 cucharaditas de ajo picado

4 tazas de hojas de nabo

1 libra del lomo de res o filete, tajado en piezas de 4 onzas cada una de 1 pulgada o filetes de bisonte

2 cucharadas de perejil liso picado

1. En un sartén rocíe aceite de canola, ponga a fuego medio y saltee los hongos y los chalotes por 5 minutos o hasta que estén ligeramente dorados. Añada el vino y cocine durante 10 minutos o hasta que se reduzca el líquido a la mitad. Agregue la salsa café y deje hervir; cocine entre 2 y 3 minutos o hasta que los sabores se mezclen.

2. En otra sartén grande, caliente el aceite a temperatura media—alta y cocine la cebolla y el ajo revolviendo durante 2 ó 3 minutos o hasta que la cebolla esté traslúcida. Añada las hojas de nabo y cocine revolviendo por unos pocos minutos hasta que las hojas estén blanditas. Retire del fuego y mantenga tibio.

3. Prepare una parrilla con carbón o gas. Debe estar entre fuego medio y alto. Rocíe la rejilla con un poco de aceite vegetal.

4. Ase los filetes durante 5 minutos de cada lado hasta alcanzar el grado de cocción deseado. Inserte un termómetro en un filete. Después de 5 minutos, la temperatura será de 145°F, para el término medio, después de 6 ó 7 minutos, la temperatura será de 160°F, para término tres cuartos; retire la carne de la parrilla.

5. Para servir, ponga las hojas en un plato y encima, el filete. Vierta la salsa con los hongos sobre la carne. Decore con el perejil.

SALSA DE RES CAFÉ

2½ libras de carne de res o bisonte, cortada en piezas de 1 pulgada
1 cebolla pequeña picada
1 zanahoria mediana picada
1 tallo de apio partido en trozos medianos
1 cucharada de pasta de tomate
2 cucharaditas de granos de pimienta negra molidos
2 cucharaditas de estragón deshidratados
2 ramas de tomillo o 1 cucharadita de tomillo deshidratado
2 hojas del laurel
2 cucharadas de harina sin blanquear
2 cuartos de caldo de verduras o agua
1 cucharada de arrurruz o maicena disuelta en 2 cucharadas de agua

1. En una sartén ponga aceite de canola a fuego medio—alto; saltee los bordes de la carne entre 10 y 15 minutos o hasta que esté dorada por todos los lados. Añada la cebolla, la zanahoria y el apio y saltee entre 5 y 10 minutos o hasta que estén dorados.

2. Revuelva la pasta de tomate, la pimienta, el estragón, el tomillo y el laurel con la harina. Pase la mezcla a un recipiente grande.

3. Ponga dos tazas del caldo de verduras en la sartén y raspe del fondo cualquier parte caramelizada de carne o verduras; mezcle en el recipiente con las verduras. Añada el caldo de verduras restante y deje hervir durante 2 horas, quitando la espuma que se haga encima. Revuelva hasta que se reduzca a dos tercios. Cuele en un tamiz fino.

4. Vuelva a cocinar hasta que hierva y continúe la cocción durante 30 ó 40 minutos o hasta que se reduzca a una taza y media. Revuelva con el arrurruz o la maicena y deje hervir 1 ó 2 minutos más hasta que espese.

BATATA GRATINADA

2 batatas medianas (casi una libra)
¼ de taza de jugo de naranja natural
¼ de taza de caldo de verduras o agua
1 cucharadita de pimienta de Jamaica molida

1. En una sartén mediana, mezcle las batatas sin pelar y suficiente agua fría que las cubra y deje hervir a fuego alto. Baje el fuego y deje hervir entre 15 y 20 minutos, o hasta que las batatas se empiecen a ablandar pero sigan relativamente firmes. Cuele y deje enfriar.

2. Pele las batatas y córtelas en rodajas de ½ pulgada. Deben quedar alrededor de 16 rodajas. Ponga cuatro en una cazuela formando un círculo y que se pisen ligeramente los bordes. Repita con las rodajas restantes. Vierta el jugo y el caldo sobre las batatas y añada la pimienta de Jamaica. Cubra y reserve hasta que esté listo para servir. Recaliente si es necesario.

SORBETE DE SANDÍA Y BANANA

4 PORCIONES

2 bananas grandes maduras, peladas y cortadas en rodajas delgadas
¾ de taza de cubos de sandía
½ taza de jugo de naranja natural
⅓ de taza de jugo de limón

1. Esparza las rodajas de banana y los cubos de sandía en una lata de poco fondo y cúbralas con el jugo de naranja y de limón y póngalas en el congelador al menos por 4 cuatro horas o hasta que esté totalmente congelado.

2. Deje descongelar la fruta durante 10 minutos. Parta en pedazos pequeños y llévela a un procesador de alimentos que tenga cuchilla metálica y procese hasta que la mezcla esté suave y cremosa.

3. Sirva en tazas pequeñas de inmediato o devuelva al congelador por no más de 1 obra. Si usted congela el sorbete más tiempo, procéselo nuevamente antes del servir.

MENÚ

Desayuno: cereal fortificado con leche de soya, 8 onzas de jugo de toronja rosada

Pasabocas: una taza de trozos de papaya

Almuerzo: pasta de espinaca superalimentos con pavo y salsa de tomate, ensalada *Superalimentos Rx* (pg. 257) con vinagreta de frambuesa

Pasabocas: medio pimiento amarillo cortado en tiras

Cena: salmón silvestre al estilo asiático sobre espinaca con ajonjolí, mijo y puntas de espárragos hervidas; tostada con bayas, nueces y avena

■ *Desayuno*

Mezcle ¼ de taza de cereal Kashi Good Friends, 1 cucharada de germen de trigo tostado, 2 cucharadas de almendras tostadas tajadas, 2 cucharadas de salvado de trigo y ½ cucharada de semillas de linaza molidas. Vierta 8 onzas de leche de soya sobre el cereal. Beba 4 onzas de jugo de toronja rosada sin dulce mientras prepara su delicioso desayuno.

■ *Almuerzo*

PASTA DE ESPINACA CON SALSA DE PAVO Y TOMATE

6 PORCIONES

9 tomates medianos maduros (aprox. 3 libras), partidos por la mitad o en cuartos, o dos latas de 16 onzas de tomates enteros en su jugo, más una lata de salsa de tomate de 8 onzas

½ taza de agua

1 lata de pasta de tomate de 8 onzas

2 cucharadas de aceite de oliva

1 taza de cebolla picada

2 ó 3 dientes de ajo picados

1 libra de pavo magro molido

1 bulbo pequeño de hinojo picado (aprox. 1 taza) o 1 taza de apio
   picado más ½ cucharadita de semillas de hinojo molidas

2 cucharadas de perejil liso picado finamente o 2 cucharaditas de de
   perejil deshidratado

2 cucharadas de albahaca fresca picada o 2 cucharaditas de albahaca
   deshidratada

1 cucharada de orégano fresco picado o 1 cucharadita de orégano
   deshidratado

¼ de cucharadita de pimienta negra molida

¼ - ½ cucharadita de sal marina

1 pizca de pimienta de Cayena

1 libra de pasta de espinaca recién cocida

1. En una cazuela antiadherente grande, cocine los tomates y el agua a fuego bajo durante 30 ó 40 minutos o hasta que estén tiernos. Luego, páselos a la licuadora o a un procesador de alimentos con cuchilla metálica, agregue la pasta de tomate y licúe hasta que quede una pasta suave. (Si está usando tomates enlatados, viértalos junto con la salsa y la pasta de tomate directamente en la licuadora o procesador de alimentos.) Si es necesario, puede trabajar por tandas.

2. En una sartén grande, caliente el aceite de oliva a fuego medio-alto. Añada la cebolla y el ajo y cocine revolviendo durante 5 minutos o hasta que estén blandas pero no doradas. Agregue el pavo y cocine durante 10 minutos, separándolos en partes pequeñas. Luego, añada el hinojo y cocine entre 1 ó 2 minutos más, hasta que se ablande. Vierta la mezcla en un tamiz para que la grasa escurra.

3. Vuelva a poner el pavo en la sartén, añada el puré de tomate, el perejil, la albahaca, el orégano, las pimientas y la sal. Tape y cocine durante 45 minutos o hasta que los sabores se mezclen bien.

4. Sirva sobre la pasta de espinaca.

VINAGRETA DE FRAMBUESA

½ taza de frambuesas

3 cucharadas de vinagre balsámico

1 cucharada de jugo de manzana sin azúcar

1 cucharadita de aceite de canola

1 cucharadita de miel

Mezcle los ingredientes en un tazón pequeño. Vierta la vinagreta sobre la ensalada y revuelva.

■ *Cena*

SALMÓN SILVESTRE AL ESTILO ASIÁTICO SOBRE ESPINACAS CON AJONJOLÍ

6 PORCIONES

Marinada

½ taza de vinagre de vino de arroz

½ taza de agua

6 cucharadas de salsa de soya baja en sodio

2 cucharaditas de aceite de ajonjolí tostado

El jugo de 2 limones pequeños

1 raíz de jengibre fresco, entre 1½ y 2 pulgadas de largo, pelada y tajada

6 filetes de salmón silvestre de 4 onzas cada uno

Salsa

1 cucharada de chalotes picados

1 cucharadita de ajo picado

1 cucharadita de jengibre picado

¼ de taza de cilantro fresco picado

Nidos

½ cucharadita de aceite de girasol o de alazor

1 cucharada de chalotes picados

1 diente de ajo picado

2 manojos de espinacas (cada uno de 10 a 12 onzas) lavadas, sin tallos y picadas

1 cucharada de semillas de ajonjolí

Guarnición

¼ de taza de cebolleta finamente picada

¼ de taza de pimiento rojo finamente picado

Puntas de espárragos hervidos y mijo (p. 243))

1. Para preparar la marinada, mezcle el vinagre, el agua, la salsa de soya, el aceite y el jugo de limón en una licuadora. Añada el jengibre y licúe a velocidad alta durante 2 minutos o hasta que la mezcla esté suave.

2. Ponga el salmón en una refractaria de vidrio o cerámica y viértale encima la mitad de la marinada. Tape y ponga en el refrigerador durante 30 minutos. Reserve la marinada restante.

3. Precaliente el horno a 350°F.

4. Saque el salmón de la marinada y bótela. Ponga el salmón en una refractaria y hornee entre 15 y veinte 20 minutos o hasta que el salmón se empiece a descamar cuando se pinche con un tenedor o que el termómetro marque 140°F.

5. Mientras tanto, ponga la marinada restante en una sartén, agregue el ajo, los chalotes y el jengibre y deje hervir a fuego medio. Cocine durante 5 minutos o hasta que el ajo y los chalotes estén tiernos. Agregue el cilantro revolviendo y deje cocinar por un par de minutos más, luego retire del fuego.

6. Para preparar los nidos, en una sartén grande caliente el aceite a fuego medio y cocine los chalotes y el ajo hasta que se ablanden. Añada la espinaca y cocine hasta que se marchite. Añada las semillas de ajonjolí.

7. Divida la espinaca en seis platos y ponga en cada uno un filete de salmón. Vierta encima la salsa y aderece con la cebolleta y el pimiento picado. Sirva con el mijo y las puntas de espárragos.

MIJO Y PUNTAS DE ESPÁRRAGOS HERVIDAS

6 PORCIONES

1 taza de mijo
2 tazas de caldo de verduras o agua
1 cucharadita de sal kosher
18 puntas de espárragos de 2 pulgadas de largo

1. Lave el mijo en un tamiz bajo el chorro de agua. Deje escurrir.
2. En una sartén, ponga a hervir el caldo y la sal a fuego medio—alto. Agregue el mijo, revuelva, tape, baje el fuego al mínimo y deje hervir durante 20 minutos o hasta que el mijo esté tierno. Retire del fuego y revuelva con un tenedor.
3. Mientras tanto, cocine las puntas de espárragos al baño de María, sobre agua hirviendo. Durante 2 ó 3 minutos o hasta que estén crujientes pero tiernas.
4. Sirva el mijo y las puntas de espárragos a un lado del alimento principal o sobre este.

TOSTADA DE BAYAS CON NUECES Y AVENA

8 PORCIONES

Tostada

⅓ de taza de almendras picadas
⅓ de taza de pecanas picadas
⅓ de nueces del nogal picadas
1 taza de avena de cocción rápida u hojuelas de avena
3 ó 4 cucharadas de sirope de arce puro
2 cucharadas de germen de trigo
2 cucharadas de harina de trigo integral o harina sin blanquear
1 cucharadita de canela
½ cucharadita de nuez moscada
½ cucharadita de extracto de vainilla puro

Relleno

- 4 tazas de arándanos, zarzamoras, frutillas, frambuesas o una mezcla de estas bayas
- 2 cucharadas de sirope de arce puro
- 1 cucharadita de canela en polvo
- 1 cucharadita de ralladura de cáscara de limón
- 16 onzas de yogur helado (o líquido) de vainilla descremado

1. Precaliente el horno a 325°F.

2. Para preparar las tostadas, esparza las nueces en una lata para hornear y tuéstelas entre 5 y 8 minutos o hasta que estén doradas. Revuelva un par de veces durante la horneada. Pase las nueces a un tazón.

3. Agregue la avena, el sirope, el germen de trigo, la harina, la canela, la nuez moscada y la vainilla. Mezcle bien.

4. Para el relleno, taje las bayas si es necesario. Revuelva con el sirope, la canela y la ralladura de limón. Esparza la fruta en una refractaria cuadrada de 8 a 9 pulgadas o en un molde para hacer *pie*. Ponga encima la mezcla de nueces y hornee entre 15 y 20 minutos o hasta que la fruta esté tierna y burbujee en los bordes y la cubierta esté dorada. Sirva con el yogur encima.

DÍA 3

MENÚ

Desayuno: *parfait* de yogur de frutas tropicales, 4 onzas de jugo de naranja, tostada de granos integrales con mantequilla de almendras

Almuerzo: ensalada de salmón silvestre escalfado con salsa de pepino y eneldo, batatas horneadas

Pasabocas: ½ pimiento naranja cortado en tiras, ½ onza de nueces de soya tostadas sin sal, 1 zanahoria pequeña

Cena: tofu salteado con tallarines de soba, ensalada *Superalimentos Rx* (pg. 257), pan de arándanos del Golden Door

PARFAIT DE YOGUR DE FRUTAS TROPICALES

4 PORCIONES

½ papaya mediana sin semillas, partida en cubos de ½ pulgada (aprox.
1 taza)

3 tazas de yogur de vainilla descremado (o yogur descremado natural
mezclado con 2 cucharadas de sirope de arce)

4 cucharadas de semillas de linaza molidas

½ taza de almendras tajadas

1 taza de arándanos

1 mango cortado en cubos de ½ pulgada (aprox. 1 taza)

1. En cuatro copas de boca angosta, o especiales para servir *parfait*, sirva 2 cucharadas de papaya; encima, agregue 2 cucharadas de yogur, 1 cucharadita de las semillas de linaza molidas y 1 cucharadita de almendras.

2. Luego ponga 2 cucharadas de arándanos; encima, agregue 2 cucharadas de yogur, 1 cucharadita de las semillas de linaza molidas y 1 cucharadita de almendras. Luego, ponga 2 cucharadas de mango y termine con 2 cucharadas de yogur, 1 cucharadita de las semillas de linaza molidas y 1 cucharadita de almendras. Repita con los ingredientes restantes hasta que complete tres capas más de fruta y yogur.

3. Refrigere o sirva de inmediato con una tostada de granos integrales con mantequilla de almendras (ver a continuación) y media taza de jugo de naranja natural con la pulpa.

TOSTADA DE GRANOS INTEGRALES CON MANTEQUILLA DE ALMENDRAS

4 TAJADAS

4 tajadas de pan de granos integrales

1 cucharada de mantequilla de almendra o de marañón

Tueste las tajadas de pan. Unte cada una con la mantequilla y córtelas en triángulos. Sirva.

NOTA: La mantequilla puede reemplazarse por cualquier otra de nueces de árbol.

■ *Almuerzo*

ENSALADA DE SALMÓN SILVESTRE ESCALFADO CON SALSA DE PEPINO Y ENELDO

6 PORCIONES

Salsa

1 taza de yogur descremado

½ taza de queso *cottage*, *ricotta* o de yogur descremado (ver p. *226*)

¼ de taza de perejil liso picado

2 cucharadas de eneldo picado o 1 cucharada de eneldo deshidratado

2 pepinos medianos pelados, sin semillas y cortados en julianas

¼ de taza de chalotes o cebolla picada

1 pizca de cayena

¼ de cucharadita de sal marina

¼ de cucharadita de pimienta negra molida

Salmón

1 taza de vino blanco

½ taza de caldo de verduras o agua

Jugo de 1 limón

1 chalote o cebolla pequeña picada

1½ cucharadita de tomillo deshidratado

¼ de cucharadita de pimienta negra molida

6 filetes de salmón silvestre de 4 onzas cada uno

Montaje

6 tazas de hojas de espinaca lavadas y escurridas

2 cucharaditas de aceite de oliva

2 cucharaditas de vinagre balsámico o jugo de limón fresco

1 pepino pequeño sin pelar cortado en rodajas delgadas

6 tomates *cherry* grandes para decorar

1. Para preparar la salsa, mezcle el yogur y el queso cottage en la licuadora o en un procesador de alimentos que tenga cuchilla metálica y procese hasta que la mezcla esté suave. Pase a un tazón y revuelva con el perejil, el eneldo, el pepino, los chalotes, la cayena, la sal y la pimienta. Pruebe y ajuste la sazón. Tape y lleve al refrigerador al menos por 2 horas.

2. Para preparar el salmón, mezcle el vino, el caldo, el jugo de limón, los chalotes, el tomillo y la pimienta en una olla y deje hervir a fuego medio—alto. Baje el fuego y deje hervir entre 2 y 3 minutos. Sumerja el salmón en este líquido y cocine entre 13 y 15 minutos o hasta que el salmón se descame cuando se pinche con un tenedor y el termómetro marque 140°F. Ayudándose con una espátula, pase el salmón a una fuente y refrigere entre una y dos horas.

3. Para servir, mezcle la espinaca con el aceite y el vinagre. Arregle la espinaca en cada uno de los seis platos y ponga en cada uno un filete de salmón, vierta encima la salsa de pepino y eneldo. Decore con algunas rodajas del pepino y los tomates cherry. Sirva con pan de granos integrales o galletas de soda, si desea.

BATATAS HORNEADAS

4 PORCIONES

Suficientes ramas de romero para cubrir una lata para hornear

1 cucharadita de chili en polvo

1 cucharadita de comino molido

1 cucharadita de paprika

1 cucharadita de sal kosher

1 cucharadita de pimienta negra molida

2 batatas medianas (aprox. 1 libra) limpias y secas

1. Precaliente el horno a 400°F. Unte la bandeja para hornear con un poco de aceite de oliva o fórrela con papel mantequilla o use una lata antiadherente.

2. Esparza el romero en la lata en una sola capa, asegurándose de que todo el fondo quede cubierto.

3. En un tazón pequeño, mezcle el chili en polvo, el comino, la paprika, la sal y la pimienta.

4. Déle forma cuadrada a las batatas cortando a lo largo aproximadamente ½ pulgada desde los bordes. Después, corte rectángulos al través de ½ pulgada y del tamaño de las papas fritas. Deje la cáscara. Taje los rectángulos resultantes en julianas para que le queden como papas fritas.

5. Ponga las batatas cortadas sobre el romero en la lata para hornear y encima espolvoréele la mezcla de especias. Para terminar, rocíe las batatas con aceite de oliva en *spray*.

6. Hornee durante 20 minutos. Saque del horno y rocíe de nuevo con aceite de oliva en *spray*.

7. Vuelva a llevar al horno por otros 25 minutos o hasta que las batatas estén doradas. Deseche el romero y sirva tibio.

■ *Cena*

TOFU SALTEADO CON TALLARINES DE SOBA

6 PORCIONES

Tofu

- 2 cucharaditas de aceite de oliva extravirgen
- 1 ó 3 dientes de ajo picados
- 1 cucharada de jengibre fresco picado o rallado
- 2 pimientos grandes cortados en tiras de 2 pulgadas de largo y ¼ de pulgada de ancho (aprox. 1 taza)
- ¼ de cucharadita de pimienta negra molida
- 1 pizca de hojuelas de pimienta roja

1 cucharada de albahaca picada finamente o 1 cucharadita de albahaca deshidratada

2 cucharadas de salsa de soya baja en sodio

1 libra de tofu duro cortado en cubos de ½ pulgada

Tallarines

6 onzas de tallarines de soba

1 cucharada de aceite de oliva

2 ó 3 dientes de ajo picados

3 cucharadas de semillas de ajonjolí

1 ó 2 cucharadas de cilantro fresco picado

¼ de cucharadita de pimienta negra molida

1. Para preparar el tofu, en una sartén antiadherente caliente el aceite de oliva a fuego medio—alto y sofría el ajo, el jengibre y los pimientos revolviendo durante 5 minutos o hasta que los pimientos empiecen a ablandarse. Agregue la pimienta negra, las hojuelas de pimienta roja, la albahaca, la salsa de soya y el tofu y revuelva hasta cubrirlo. Cocine entre 10 y 12 minutos o hasta que los ingredientes estén bien cocidos.

2. Para preparar los tallarines, cocínelos en agua hirviendo entre 5 y 7 minutos o hasta que estén suaves. Cuele y lave bajo el chorro de agua y reserve.

3. En una sartén grande antiadherente, caliente el aceite a fuego medio—alto. Agregue el ajo y cocine revolviendo durante 30 segundos o hasta que esté suave. Añada el ajonjolí y cocine otros 30 segundos o hasta que empiece a oler. Revuelva constantemente para evitar que se queme. Agregue el cilantro y la pimienta.

4. Luego, agregue los tallarines y revuelva bien. Sirva en los platos poniendo encima la mezcla de tofu.

PAN DE ARÁNDANOS DEL GOLDEN DOOR

1 MOLDE

1 taza de harina sin blanquear

1 cucharadita de polvo de hornear

½ cucharadita de bicarbonato de soda

2 cucharaditas de canela en polvo

½ cucharadita de pimienta de Jamaica

1 ¼ tazas de harina de trigo integral

¼ de taza de harina de maíz (molida no muy fina)

½ cucharadita de sal kosher

2 bananas medianos maduros hechos puré (aprox. 1 taza)

½ taza de azúcar morena

1 huevo grande omega 3

1 clara de huevo grande omega 3

2 cucharadas de aceite de canola

1½ tazas de suero de leche descremada

2 cucharadas de ralladura de cáscara de naranja

1 taza de nueces del nogal molidas

1 taza de arándanos (hay que sumergirlos en agua tibia durante 15 minutos y luego secarlos)

Opcional: yogur helado de vainilla

1. Precaliente el horno a 350°F. Engrase un molde para pan de 9x5 pulgadas con aceite vegetal en *spray*.

2. En un recipiente grande, mezcle la harina, el polvo de hornear, el bicarbonato de soda, la canela y la pimienta de Jamaica. Revuelva y agregue la harina de trigo integral, la harina de maíz y la sal.

3. En una licuadora o procesador de alimentos con cuchilla metálica, combine la banana, el azúcar, los huevos, el aceite de canola y el suero de leche y licúe hasta que la mezcla esté suave. Agregue la ralladura de naranja y vuelva a licuar hasta que esté todo bien revuelto.

4. Haga un hueco en la masa de la harina y ponga allí la mezcla la banana; revuelva hasta que esté bien incorporado. Agregue las nueces y los arándanos secos y mezcle con suavidad. No sobremezcle.

5. Vierta la masa en el molde y hornee durante 55 minutos o hasta que al insertar un palillo, este salga limpio, la masa empiece a verse dorada y a salirse de los bordes del molde. Saque del horno, ponga el molde volteado sobre una rejilla y deje enfriar antes de cortar.

6. Corte en tajadas de ½ ó ¼ de pulgada y sirva cada una con media taza de yogur helado de vainilla descremado, si lo desea.

DÍA 4

MENÚ

Desayuno: pie de batata

Pasabocas: 8 onzas de jugo de granada natural 100% (lo puede mezclar con agua con gas, si quiere)

Almuerzo: ensalada de atún con lechuga mesclun, albahaca y brotes de alfalfa

Pasabocas: 1 taza de trozos de papaya, 8 onzas de coctel Knudsen Very Veggie, 1 onza de almendras crudas o tostadas sin sal

Cena: chuletas de pavo con verduras salteadas al estilo asiático, arroz basmati, hojas de verduras verdes con salsa de maní y jengibre; ensalada *Superalimentos Rx* (p. *257*); *pie* sin hornear de calabaza y queso de yogur

■ *Desayuno*

PIE DE BATATA

8 PORCIONES

¿Pie al desayuno? ¡Por supuesto! Prepárelo la noche anterior. Guárdelo en la nevera una vez se haya enfriado.

Corteza

   1 ½ tazas de galletas de trigo integral con jengibre sin grasa molidas (ver las notas al final de la receta)

   3 cucharadas de semillas de linaza molidas o germen de trigo

1 cucharada de azúcar morena oscura

1 huevo grande

Relleno

2 ñames garnet (ver las notas al final de la receta)

1 naranja ombligona

1 banana madura

½ taza de queso *ricotta* descremado o tofu de seda

2 huevos grandes omega 3

2 cucharaditas de extracto de vainilla puro

1 cucharadita de canela en polvo

¼ de cucharadita de nuez moscada o especiería molida

¼ de cucharadita de clavos molidos

⅓ – ½ taza de sirope de arce puro

Para decorar

Opcional, queso de yogur de vainilla (p. *226*)

8 frambuesas o frutillas

Hojas de menta

1. Precaliente el horno a 350°F.

2. Para preparar la corteza, ponga las migas de galleta, las semillas de linaza y el azúcar en un procesador de alimentos que tenga cuchilla metálica o en una licuadora y procese hasta que los ingredientes queden hechos polvo. Agregue el huevo y mezcle hasta que la masa quede bien incorporada.

3. Esparza la masa sobre una refractaria de 9 pulgadas ligeramente engrasada y presione hacia el fondo y los lados. Hornee durante 20 minutos o hasta que la masa esté dorada. Desmolde y deje enfriar en una rejilla. No apague el horno.

4. Mientras tanto, pinche los ñames en varios sitios con un tenedor o un cuchillo afilado. Hornee durante 1 hora y 15 minutos o hasta que estén tiernos cuando introduzca un cuchillo. Saque y deje enfriar. No apague el horno.

5. Cuando estén suficientemente fríos para poderlos coger con la mano, pélelos y haga un puré. Mida 2 tazas de este puré.

6. Taje la naranja por la parte superior y la inferior pero no la pele. Pártala en cuatro y métala en un procesador de alimentos que tenga cuchilla metálica. Agregue el puré de ñame, la banana, el queso ricotta, los huevos, la vainilla, la canela, la nuez moscada y los clavos. Procese hasta que esté suave. Añada el sirope, vuelva a mezclar y pruebe. Agregue más sirope si es necesario.

7. Vierta la mezcla sobre la masa de galletas ya fría y hornee en la rejilla del centro del horno entre 40 y 50 minutos. Si los bordes de la masa se oscurecen durante la horneada, cúbralos con papel de aluminio.

8. Deje enfriar en una rejilla. Taje y sirva cada porción con un poco de queso de yogur, algunas bayas y las hojas de menta.

NOTA: Recomendamos ñame rojo o garnet, pues es más dulce y más cremoso que los demás. Todos los tubérculos etiquetados como "ñame" en nuestro mercado norteamericano son en realidad batatas.

Para la masa, puede sustituir las galletas de jengibre por galletas graham mezcladas con 1 cucharadita de jengibre en polvo. Ocho cuadros de galletas graham hacen 1 taza de migas.

■ *Almuerzo*

ENSALADA DE ATÚN CON LECHUGA MESCLUN, ALBAHACA Y BROTES DE ALFALFA

4 PORCIONES

2 latas de 13 onzas de atún albacora en agua, escurrido

2 tallos de apio cortados en dados de ¼ de pulgada

½ taza de cebolla roja cortada en dados

¾ de taza de yogur natural descremado

2 cucharadas de mostaza de Dijon

2 cucharaditas de vinagre de arroz

2 cucharaditas de eneldo deshidratado

8 tazas de mezcla de lechugas mesclun y romana con espinaca,

lavadas y partidas en pedazos pequeños

½ taza de hojas de albahaca fresca picada en trozos medianos

¼ de taza de brotes de alfalfa

¼ de taza de brotes de rábano

¼ de taza de vinagreta de frambuesa (p. *241*)

⅛ de palta (aguacate) tajada

1 huevo duro grande omega 3 tajado

½ pimiento amarillo tajado

4 tomates medianos maduros cortados en gajos

Pimienta negra molida

¼ de taza de flores comestibles, como nastuerzos, geranios o petunias (opcional)

1. Desmenuce el atún en un tazón pequeño y agregue el apio, la cebolla, el yogur, la mostaza, el vinagre y el eneldo y mezcle bien.

2. En un tazón grande, mezcle las lechugas, la albahaca y los brotes con la vinagreta.

3. Para preparar la ensalada, arregle en cada plato las lechugas. Agregue la palta, el huevo, el pimiento y los tomates en partes iguales en cada uno. Sirva el atún con una cuchara para servir helado en medio de las verduras. Condimente con la pimienta y decore con las flores, si lo desea.

■ *Cena*

CHULETAS DE PAVO CON VERDURAS SALTEADAS AL ESTILO ASIÁTICO, ARROZ BASMATI, HOJAS DE VERDURAS VERDES CON SALSA DE MANÍ Y JENGIBRE

4 PORCIONES

Pavo y marinada

1 cucharadita de jengibre picado

½ cucharadita de aceite de ajonjolí tostado

2 cucharaditas de salsa de soya baja en sodio o tamari

1 cucharada de jugo de limón

1 cucharadita de granos de pimienta de Sechuán molidos gruesos o
   pasta de chile

1 libra de chuletas o pechugas de pavo sin piel y sin hueso

Arroz basmati

¾ de taza de arroz basmati integral

1¾ de taza de caldo de verduras o agua

Salsa de maní y jengibre

2 cucharadas de jengibre fresco picado finamente

2 ó 3 cucharadas de tamari bajo en sodio

2 cucharadas de vinagre de arroz

1 cucharada de vinagre de vino tinto

2 cucharadas de miel

1½ cucharadita de albahaca deshidratada

2 cucharadas de mantequilla de maní crujiente

2 cucharadas de agua

Verduras salteadas

¼ de cucharadita de aceite de canola

1 zanahoria mediana, en tajadas delgadas cortadas en diagonal

1 tallo de apio, en tajadas delgadas cortadas en diagonal

8 hongos shiitake, en tajadas delgadas

¼ de taza de caldo de verduras o agua

Hojas de verduras verdes

¼ de cucharadita de aceite de canola

1 cucharadita de ajo picado

1 cucharadita de jengibre picado

¼ de cucharadita de semillas de hinojo molidas

1½ bulbos de hinojo pequeños, en tajadas delgadas (aprox. 1½ tazas)

2 ó 3 cucharadas de caldo de verduras o de pollo, o agua

1 taza de acelga cortada en pedazos medianos

1 taza de hojas de espinaca

2 tazas de bok choy cortado en pedazos medianos

2 cucharaditas de salsa de soya baja en sodio

½ cucharadita de aceite de ajonjolí tostado

1. Para marinar el pavo, en un plato de cerámica o de vidrio, mezcle el jengibre, el aceite de ajonjolí, el tamari, el jugo de limón y la pimienta. Unte el pavo con esta mezcla, tape y refrigere entre 1 y 8 horas.

2. Para preparar el arroz basmati, mezcle el arroz y el caldo en una olla mediana. Deje hervir a fuego alto. Baje el fuego, tape y deje hervir a fuego lento durante 30 minutos o hasta que el líquido se haya absorbido. Retire del fuego y deje reposar 5 minutos. Destape y revuelva con un tenedor. Vuelva a tapar y reserve.

3. Para preparar la salsa, ponga el jengibre, el tamari, el vinagre de arroz y de vino tinto, la miel, la albahaca, la mantequilla de maní y el agua en la licuadora y licúe hasta que esté suave. Reserve.

4. Precaliente el horno a 350°F. Rocíe una refractaria antiadherente con un poco de aceite vegetal en *spray*.

5. Saque el pavo de la marinada y deséchela. Caliente la refractaria engrasada a fuego medio—alto, ponga en ella el pavo y séllelo por todos los lados durante 1 minuto o hasta que esté dorado. Puede voltearlo ayudándose de una espátula. Tape parcialmente la refractaria y hornee entre 10 y 15 minutos o hasta que el pavo no se vea rosado en el centro, pero que siga jugoso. Al insertar el termómetro en la parte más gruesa del pavo, este debe marcar 170°F. Pase el pavo a una fuente precalentada.

6. Para saltear las verduras, caliente el aceite en un wok o en una sartén antiadherente grande a fuego alto. Ponga la zanahoria y el apio y saltee de 2 a 3 minutos o hasta que empiecen a ablandarse. Agregue los hongos y cocine 1 minuto más. Luego, agregue el caldo o el agua y con una cuchara de madera despegue del fondo cualquier parte quemada que haya. Pase a un tazón y mantenga tibio.

7. Para saltear las hojas de verduras, en el mismo wok o sartén caliente el aceite a fuego alto. Agregue el ajo, las semillas de hinojo y el hinojo y saltee durante 1 minuto. Si las verduras se empiezan a pegar, agregue un poco de caldo de verduras o de pollo. Añada luego la acelga, la espinaca y el bok choy y continúe cocinando hasta que las hojas se vean marchitas. Saque del fuego y póngale la salsa de soya y el aceite de ajonjolí.

8. Sirva en cada plato una capa de arroz, encima, otra con las hojas y las verduras y, para finalizar, sobre esta cama ponga el pavo con un poco de la salsa de maní.

ENSALADA *SUPERALIMENTOS RX*

1 PORCIÓN

Como esta ensalada casi todos los días, a veces hasta dos veces al día. Siéntase libre de variar cualquier ingrediente usando los socios de los superalimentos. Agregue un puñado de sus hierbas aromáticas frescas favoritas, 1 cucharada de queso parmesano rallado o 2 cucharadas de nueces o semillas tostadas. La receta que encontrará a continuación es para una persona, pero usted puede multiplicar fácilmente los ingredientes para servirles a más personas.

1 taza de espinaca partida en pedazos pequeños
1 taza de lechuga romana partida en pedazos pequeños
¼ de taza de repollo morado cortado en tiras
½ taza de pimiento rojo cortado en tiras
½ tomate picado
¼ de taza de garbanzos (si son enlatados, lávelos bien)
½ taza de zanahoria rallada
¼ de palta partida en cubos
2 cucharadas de aceite de oliva extravirgen
1 cucharadita de vinagre balsámico

Mezcle la espinaca, la lechuga romana, el repollo, el pimiento, el tomate, los garbanzos, la zanahoria y la palta en un tazón. En otro recipiente, mezcle el aceite de oliva y el vinagre. Revuelva la ensalada con la vinagreta justo antes de servir.

PIE SIN HORNEAR DE CALABAZA Y QUESO DE YOGUR

8 PORCIONES

Corteza de migas

1 taza de migas de galletas graham de trigo integral (con 8 cuadros de galleta)

½ taza de harina de trigo integral

2 cucharadas de aceite de canola o girasol

2 cucharadas de azúcar morena oscura

2 cucharadas de semillas de linaza molidas

2 cucharadas de germen de trigo o semillas de calabaza molidas

2 cucharaditas de ralladura de cáscara de naranja fina

½ cucharadita de jengibre en polvo

1 huevo grande omega 3 ligeramente batido

Relleno

24 onzas de puré de calabaza enlatada o 2 2/3 de taza de calabaza dulce cocida o de *butternut squash* amarillo (alrededor de 4 libras de *butternut squash* amarillo crudo)

1 taza de queso de yogur natural descremado o 1 taza de queso *ricotta* descremado (ver la nota al final de la receta)

¾—1 taza de sirope de arce puro

2 paquetes de ¼ de onza de gelatina

1 cucharadita de canela en polvo

¼ de cucharadita de jengibre en polvo

¼ de cucharadita de clavos en polvo

¼ de de cucharadita de pimienta de Jamaica en polvo

Hojas de menta para decorar

Bayas frescas para decorar (opcional)

1. Precaliente el horno a 350°F.

2. Para preparar la corteza, mezcle las galletas, la harina, el aceite el azúcar, las semillas de linaza, el germen de trigo, la ralladura de naranja y el jengibre. Revuelva bien. Agregue el huevo y revuelva hasta que la masa esté húmeda.

3. Engrase una refractaria de 9 pulgadas y presione la masa contra el fondo y los lados. Hornee durante 20 minutos o hasta que se vea dorada. Deje enfriar en una rejilla.

4. Para preparar el relleno, ponga el puré de calabaza y el queso de yogur en un procesador de alimentos que tenga cuchilla metálica o en una licuadora y mezcle hasta que esté suave.

5. En una sartén pequeña, caliente el sirope a fuego medio hasta que hierva. Retire del fuego, agregue la gelatina, la canela, el jengibre, los clavos y la pimienta de Jamaica y revuelva hasta que se disuelva todo. Vierta la mayor parte del sirope en la mezcla de calabaza y revuelva hasta que esté bien incorporado. Pruebe y añada el resto del sirope si es necesario.

6. Con cuidado vierta la masa en la corteza. Cubra con plástico y refrigere al menos durante 2 horas o hasta que esté listo.

7. Para servir, corte 8 tajadas. Decore cada una con las hojas de menta y una o dos bayas, si lo desea.

NOTA: Para hacer el queso de yogur, vea la página 203.

DÍA 5
MENÚ

Desayuno: frittata de brócoli, 4 onzas de jugo de toronja rosada
Pasabocas: ¼ de taza de calabaza en lata mezclada con ½ taza de salsa de manzana sin azúcar
Almuerzo: Hamburguesa de pavo, verduras salteadas, 8 onzas de jugo de tomate bajo en sodio
Pasabocas: ¼ de melón *cantaloupe* cortado en cubos y mezclado con 1 taza de yogur descremado, 1 cucharada de semillas de linaza y 2 cucharadas de germen de trigo
Cena: Sopa de fríjoles blancos con verduras y romero, mero estofado con tomate y vino blanco, compota de albaricoques deshidratados y arándanos agrios con manzana

FRITTATA DE BRÓCOLI

4 PORCIONES

2 papas medianas tajadas en rodajas de ⅛ de pulgada

1½ tazas de cogollos de brócoli

½ cebolla mediana cortada en dados

½ pimiento rojo sin pepas picado

½ pimiento amarillo sin pepas picado

4 huevos grandes omega 3

1 taza de queso *cottage* o *ricotta* descremado

½ cucharada de eneldo fresco o ¾ de cucharadita de eneldo deshidratado

3 cucharadas de queso parmesano o asiago

4 tajadas de pan de granos integrales (opcional)

Rodajas de tomate para decorar (opcional)

Rodajas de melón para decorar (opcional)

1. Precaliente el horno a 350°F. Engrase un molde para *pie* con aceite de oliva en *spray*.

2. Ponga las rodajas de papa en una sola capa en el fondo del molde. Corte las rodajas restantes y arréglelas en los extremos. Hornee entre 12 y 15 minutos o hasta que estén ligeramente doradas.

3. En una sartén grande, engrasada con el aceite en *spray*, saltee el brócoli, la cebolla, el pimiento, entre 3 y 4 minutos o hasta que estén tiernos. Agregue una cucharada de agua o caldo de verduras si es necesario para evitar que se pegue.

4. En un recipiente, bata los huevos y el queso cottage. Revuelva con las verduras salteadas, el eneldo y la mitad del queso rallado. Vierta la mezcla en el molde sobre las papas y hornee entre 20 y 25 minutos o hasta que el huevo esté cocido. Póngale el queso rallado restante encima y ponga en el horno nuevamente durante un par de minutos para dejar que el queso se derrita. Corte en tajadas y sirva con una rebanada de pan, tomate o melón, si lo desea.

HAMBURGUESA DE PAVO

4 PORCIONES

Hamburguesa

¾ de libra de carne molida de pechuga o muslo de pavo magra, sin
   piel (ver la nota al final de la receta)

1 ½ cucharadita de aceite de canola o de alazor

1 ½ cucharada de chalotes picados

1 cucharada de semillas de linaza molidas

1 cucharada de harina de trigo integral

1 cucharada de perejil liso picado

2 claras de huevo

Pimienta negra molida

Acompañamiento

4 panecillos de granos integrales

Mostaza Dijon

8 hojas de lechuga romana o morada

2 tomates maduros cortados en rodajas de ¼ de pulgada

½ cebolla roja mediana cortada en rodajas de ⅛ de pulgada

½ palta mediana tajada en gajos

Ketchup o salsa de tomate crujiente

1. Para preparar las hamburguesas, en un recipiente mezcle el pavo, el aceite, los chalotes, las semillas de linaza, la harina, el perejil, las claras de huevo y la pimienta. Use las manos o un cucharón. Separe una parte y forme las hamburguesas. No apriete mucho la carne. Pase las hamburguesas a una bandeja, cúbralas y métalas en el refrigerador hasta que las vaya a asar.

2. Prepare la parrilla con carbón o gas para que la temperatura vaya de media a alta. Rocíe la rejilla de la parrilla con aceite vegetal en *spray* y vuelva a poner la rejilla en su lugar.

3. Ase las hamburguesas durante 5 minutos por un lado y entre 8 y 10 por el otro o hasta que la carne esté totalmente cocida y que al insertar el termómetro en la parte más gruesa de la carne, este marque 170°F.

4. Mientras tanto, tueste los panecillos partidos por la mitad y el interior mirando hacia abajo en el borde de la parrilla hasta que se pongan ligeramente dorados. Únteles a las partes inferiores de los panecillos mostaza.

5. Ponga en cada panecillo unas hojas de lechuga, rodajas de tomate y cebolla y la palta. Encima de las verduras ponga cada hamburguesa; póngale *ketchup* o salsa de tomate y sirva.

NOTA: La mejor manera para asegurarse de que la carne molida de pavo es de buena calidad es moliéndola uno mismo. O pídale a su carnicero que le muela la carne blanca y la oscura del pavo. Si compra la carne en el supermercado, escoja la pechuga, porque así sabe exactamente de dónde salió la carne que se va a comer. El pavo es más magro que la res, así que necesita del huevo y el aceite para humedecerlo y de la harina para que se compacte.

VERDURAS SALTEADAS

4 PORCIONES

1 cucharadita de aceite de canola

2 cucharaditas de ajo picado

½ cucharadita de jengibre picado

12 tallos de espárragos sin las puntas y tajados en diagonal en trozos de 2 pulgadas

1 zanahoria mediana tajada en diagonal en trozos de ⅛ de pulgada

1 lata de 5 onzas de castañas de agua, escurridas y tajadas en rodajas de ⅛ de pulgada

6 chalotes incluyendo las puntas tajadas en diagonal en trozos de ½ pulgada

4 cucharaditas de tamari bajo en sodio

4 cucharadas de caldo de verduras o agua

2 cucharaditas de maicena (o arrurruz) disuelta en 2 cucharadas de agua

2 cucharaditas de semillas de ajonjolí

1. En una sartén antiadherente o un wok, caliente el aceite a fuego medio—alto. Agregue el ajo y el jengibre y cocine durante 1 minuto revolviendo o hasta que se hayan ablandado.

2. En una sucesión rápida, agregue los espárragos, la zanahoria, las castañas y sofría durante 2 ó 3 minutos o hasta que las verduras empiecen a ablandarse. Agregue los chalotes y cocine 1 minuto más.

3. Añada el tamari y revuelva suavemente con una cuchara de madera para distribuir el líquido entre las verduras. Vierta el caldo de verduras y siga revolviendo. Agregue la maicena y revuelva una vez más. Cocine entre 2 y 3 minutos o hasta que el líquido hierva y empiece a espesarse. Agregue las semillas de ajonjolí y sirva.

■ *Cena*

SOPA DE FRÍJOLES BLANCOS CON VERDURAS Y ROMERO

6 PORCIONES

1 taza de fríjoles blancos deshidratados

4 tazas de caldo de verduras o agua

1 hoja de laurel

1 cucharada de aceite de oliva

2 zanahorias medianas partidas en cubos

1 cebolla mediana partida en cubos

2 dientes de ajo picados

½ cucharada de salsa de soya baja en sodio

1 cucharada de hojas de romero fresco picadas

1 cucharadita de tomillo fresco picado

¼ de cucharadita de pimienta negra molida

1 pizca de pimienta de Cayena

1 atado de espinaca, col o acelga (entre 10 y 12 onzas) lavado y sin tallos

3 cucharadas de queso parmesano rallado (opcional)

1. Para preparar los fríjoles, póngalos en un recipiente grande y cúbralos con agua fría. Déjelos remojar al menos 6 horas o hasta 12 horas. Cámbieles al agua dos o tres veces durante el remojo. Escúrralos.

2. En una cazuela, mezcle los fríjoles con el caldo y la hoja de laurel y ponga a hervir a fuego alto. Reduzca el fuego, tape y deje hervir a fuego lento durante 1½ hora o hasta que los fríjoles estén tiernos. No los deje recocinar.

3. Mientras tanto, en una sartén grande, caliente el aceite a fuego medio—alto y saltee las zanahorias y la cebolla durante un minuto. Agregue el ajo y cocine durante cinco minutos o hasta que esté suave. Vierta esta mezcla en la cazuela de los fríjoles.

4. Cocine la sopa durante quince minutos a temperatura media baja. Agregue la salsa de soya, el romero, el tomillo, las pimientas y la cayena y cocine durante 15 minutos más o hasta que los sabores se mezclen bien. Añada la espinaca y cocine 5 minutos (si está usando col, debe cocinar 10 minutos).

5. Sirva la sopa y rocíele queso parmesano por encima, si desea, justo antes de servir.

MERO ESTOFADO CON TOMATE Y VINO BLANCO

4 PORCIONES

2 cucharadas de aceite de oliva

½ cebolla mediana picada finamente

¾ de taza de apio finamente picado

¾ de taza de zanahoria finamente picada

2 dientes de ajo picados

1 taza de vino blanco

1 cucharada de pasta de tomate

4 tazas de caldo de pollo o de verduras

1 taza de puré de tomate

¼ de taza de perejil liso picado

2 cucharadas de tomillo finamente picado

1 cucharadita de ralladura de cáscara de limón

1 cucharadita de ralladura de cáscara de naranja

4 filetes de mero, róbalo o mahi mahi de 4 ó 5 onzas cada uno

½ cucharadita de sal kosher

1 cucharadita de pimienta negra molida

1. Precaliente el horno a 375°F.

2. En una sartén grande, caliente el aceite de oliva a fuego medio—alto y cocine la cebolla, el apio, la zanahoria y el ajo durante 3 ó 4 minutos o hasta que empiecen a dorarse. Revuelva con la pasta de tomate y el vino y deje hervir. Cocine durante 10 ó 12 minutos o hasta que la salsa se reduzca a la mitad.

3. Agregue el caldo y el puré de tomate y deje hervir a fuego lento entre ½ hora y 35 minutos o hasta que se reduzca a tres o cuatro tazas. Pase la salsa a una refractaria de vidrio o de cerámica y reserve tapada, para que se mantenga tibia.

4. En un tazón pequeño, mezcle el perejil, el tomillo, las ralladuras y refrigere hasta que lo vaya a usar.

5. Sazone el pescado con sal y pimienta y póngalo sobre la salsa de tomate en la refractaria. Tape y hornee entre 20 y 25 minutos o hasta que el centro del pescado se vea blanco pero no transparente. Sirva el pescado con un poco de salsa y espolvoréele encima las especias.

COMPOTA DE ALBARICOQUES DESHIDRATADOS Y ARÁNDANOS AGRIOS CON MANZANA

8 PORCIONES

1 ½ tazas de albaricoques deshidratados

¾ de taza de arándanos agrios, cerezas o grosellas deshidratadas o uvas pasas

2 manzanas medianas peladas, sin pepas y cortadas en pedazos grandes

¼ de taza de jugo de manzana sin dulce

¾ de taza de azúcar morena

½ rama de canela

2 cucharadas de cáscara de naranja o limón cortada en julianas

Yogur natural o de vainilla descremado o yogur helado de vainilla
descremado (opcional)

1. En un tazón pequeño, mezcle los albaricoques con los arándanos agrios y cúbralos con agua tibia. Deje en remojo durante media hora. Escurra y bote el agua.

2. Pase los albaricoques y los arándanos agrios a una sartén mediana. Agregue las manzanas, el jugo de manzana, el azúcar y la canela y cocine hasta que hierva a fuego medio. Tape y deje hervir a fuego lento entre 10 y 15 minutos o hasta que la fruta empiece a romperse. Destape y deje hervir unos minutos más, revolviendo y rompiendo la fruta con una cuchara de palo hasta que espese y quede con grumos. Saque la rama de canela y deje la fruta aparte para que se enfríe.

3. Mientras tanto, en una sartén pequeña, ponga a hervir 1 ó 2 pulgadas de agua a fuego medio—alto. Agregue las cáscaras de naranja y limón y blanquee durante 45 segundos. Escurra y deje enfriar.

4. Sirva la fruta fría en tazones pequeños. Decore con las cáscaras frías. Sirva con un poco de yogur, si desea.

DÍA 6

MENÚ

Desayuno: tostada de desayuno Rancho La Puerta, 1 taza de trozos de papaya, 8 onzas de leche de soya

Pasabocas: 2 tazas de dados de sandía

Almuerzo: sándwich de tofu estofado en pan pita integral, sopa de calabaza

Pasabocas: ½ pimiento anaranjado cortado en julianas, 8 onzas de jugo de tomate bajo en sodio

Cena: pavo al horno con salsa de grosellas y curry y espinacas, tarta de *ricotta* con arándanos

TOSTADA DE DESAYUNO RANCHO LA PUERTA

8 PORCIONES

Beba un vaso de 4 onzas de jugo de uva sin dulce con esta tostada.

Tostada

⅓ de taza de almendras picadas

⅓ de taza de pacanas picadas

⅓ de taza de nueces del nogal picadas

1 taza de avena instantánea u hojuelas de avena

3 ó 4 cucharadas de sirope de arce puro

2 cucharadas de germen de trigo

2 cucharadas de harina de trigo integral o harina sin blanquear

½ cucharadita de extracto de vainilla

½ cucharadita de canela en polvo

¼ de cucharadita de nuez moscada o especiería molida

Relleno

3 ó 4 peras, manzanas, duraznos o nectarinas peladas, sin pepas y tajadas

½ taza de bayas deshidratadas (grosellas, cerezas o uvas pasas)

½ cucharadita de canela en polvo

¼ de cucharadita de nuez moscada o especiería molida

2 cucharaditas de sirope de arce puro

Cobertura

16 onzas de yogur de vainilla

1. Para preparar la tostada, precaliente el horno a 325°F.

2. Esparza las almendras, las pacanas y las nueces del nogal sobre una lata para hornear y póngalas al horno entre 5 y 7 minutos o hasta que estén doradas y huelan. Sáquelas del horno y páselas a un plato para detener la cocción.

3. En un recipiente mezcle las nueces, la avena, el sirope, el germen de trigo, la harina, la vainilla, la canela y la especiería y revuelva bien hasta que quede bien incorporado.

4. Para el relleno, corte las tajadas de fruta en pedazos pequeños. Páselas a un tazón y mezcle con las bayas, la canela y la especiería. Añada el sirope y revuelva bien. Esparza la mezcla en una refractaria de 8 pulgadas o en un molde para *pie*. Encima, ponga la masa de las nueces.

5. Hornee entre 15 y 20 minutos o hasta que la fruta esté tierna y la corteza ligeramente café. Sirva tibio, con yogur.

■ *Almuerzo*

SÁNDWICH DE TOFU ESTOFADO EN PAN PITA INTEGRAL

4 PORCIONES

Hummus de pimiento rojo asado (p. *269*)
2 tomates medianos en rodajas
Tofu estofado (p. *270*)
½ taza de brotes de fríjol
½ taza de ensalada de verduras mixtas
½ taza de zanahoria cortada en julianas
½ palta cortada en gajos
4 panes pita de 8 pulgadas partidos por la mitad

Esparza 1½ cucharadas de hummus en media pita. Luego, póngale rodajas de tomate, dos tajadas de tofu, los brotes, las verduras, la zanahoria y la palta. Cierre con la otra mitad de la pita y sirva. Repita para hacer tres sándwiches más.

HUMMUS DE PIMIENTO ROJO ASADO

**8 PORCIONES
(APROX. 5 TAZAS)**

1 taza de garbanzos deshidratados

6 tazas de caldo de verduras o agua

2 hojas de laurel

1 cucharadita de semillas de comino o ½ cucharadita de comino en polvo

1 pimiento rojo mediano

½ taza de yogur natural descremado o ¼ de taza de tofu de seda

¼ de taza de jugo de limón

¼ de taza de jugo de naranja

2 cucharadas de tahini

1 cucharada de aceite de oliva

3 ó 5 dientes de ajo picados

½ cucharadita de sal marina

Decoración

2 ó 3 chalotes, la parte verde y la blanca, finamente tajada

¼ de taza de perejil liso picado

1 cucharada de cáscara de naranja picada (opcional)

Julianas de pimiento rojo o amarillo, zanahoria, *butternut squash* o brócoli, para untar con el *hummus*

Pan pita integral partido en triángulos

1. Para preparar los garbanzos, póngalos en un tazón grande y cúbralos con agua fría 1 ó 2 pulgadas por encima. Deje remojar por lo menos 6 horas o hasta 12 horas. Cambie el agua dos o tres veces durante el remojo. Escurra los garbanzos y bote el agua.

2. En una cazuela, mezcle los garbanzos, el caldo, las hojas de laurel y el comino y cocine hasta hervir a fuego alto. Baje el fuego, tape y deje cocinar a fuego lento durante una 1½ ó 2 horas o hasta que los garbanzos estén blanditos, pero no recocidos. Escurra.

3. Precaliente el horno a 350°F.

4. Corte el pimiento por la mitad, quítele las pepas y las venas blancas y póngalo boca abajo sobre una lata para hornear y hornee hasta que el pimiento esté suave y la cáscara se empiece a arrugar y a poner oscura. Pele la cáscara con la parte roma del cuchillo. Corte el pimiento en cuadros.

5. Ponga los garbanzos, el pimiento, el yogur, el jugo de naranja y de limón, el tahini, el aceite y el ajo en un procesador de alimentos que tenga cuchilla metálica. Procese hasta que esté suave. Agregue la sal y revuelva nuevamente. Ajuste la sazón, si es necesario.

6. Sirva en un tazón y decore con los chalotes, el perejil y la ralladura de naranja. Sirva también con los triángulos del pan pita y las julianas de verduras.

TOFU ESTOFADO

1 LIBRA
(APROX. 2 TAZAS)

- 1 libra de tofu duro fresco, congelado y luego descongelado (ver la nota al final de la receta)
- 1 cucharadita de aceite de oliva extravirgen (ver nota al final de la receta)
- 8 dientes de ajo picados
- 1 cucharada de salsa de soya baja en sodio
- 1 cucharada de jugo de limón, vinagre balsámico o salsa de Worcestershire

1. Corte el tofu descongelado en cubos de ½ pulgada.

2. En una sartén, caliente el aceite de oliva a fuego medio y cocine el ajo durante un minuto. Agregue la salsa de soya, el jugo de limón y el tofu. Reduzca la temperatura a fuego lento y cocine el tofu volteándolo ocasionalmente entre 20 y 30 minutos o hasta que se torne café.

NOTA: Al congelar el tofu le cambia la textura y le da un sabor a carne. Escurra el tofu duro fresco y córtelo en ocho tajadas. Envuelva las tajadas en plástico y congele al menos por 8 horas o hasta varias semanas. Descongele lentamente el tofu en el refrigerador. O para aligerar el proceso, sumerja el tofu empacado en el plástico en un recipiente con agua hirviendo. Saque el recipiente del fuego y deje que el tofu en el agua caliente entre 10 y 15 minutos. Sáquelo del agua, desempáquelo y prepárelo como indica la receta.

Para darle al tofu un sabor asiático, sustituya el aceite de oliva por aceite de ajonjolí y agregue 2 cucharadas de jengibre fresco rallado con el ajo.

SOPA DE CALABAZA

8 PORCIONES

- 2 cucharaditas de aceite de oliva
- 2 tazas de puerro, sólo la parte blanca, bien lavado y cortado en tajadas de 1 pulgada
- ½ cebolla amarilla picada
- 2 zanahorias medianas cortadas en rodajas de 1 pulgada
- 1 manzana mediana verde pelada, sin pepas y cortada en cubos de 1 pulgada
- 2 latas de 16 onzas de puré de calabaza sin condimentar
- 1 rama de tomillo fresco o ½ cucharadita de tomillo deshidratado
- 1 hoja de laurel
- 2 cucharaditas de sal
- 1 cucharadita de pimienta negra molida
- 1 cucharadita de pimienta de Jamaica molida
- 1 cucharadita de canela en polvo
- 7 tazas de caldo de verduras o agua
- ¼ de taza de concentrado congelado de jugo de naranja descongelado
- 3 cucharadas de yogur descremado para decorar
- 1 manzana verde pelada, sin pepas y en tajadas delgadas para decorar

1. En una olla sopera grande, caliente el aceite a fuego medio. Agregue el puerro, la cebolla, la zanahoria, la manzana, la calabaza, el tomillo, las hojas de laurel, la sal, la pimienta, la pimienta de Jamaica y la canela. Tape y cocine durante 10 minutos, revolviendo de vez en cuando y ajustando el fuego, si es necesario, hasta que las verduras empiecen a ablandarse.

2. Vierta en la olla el caldo y deje hervir, reduzca el fuego y deje hervir a fuego lento sin tapa durante 45 minutos o hasta que las verduras estén tiernas. Deje enfriar durante 15 minutos. Deseche la rama de tomillo y las hojas de laurel.

3. Por tandas, pase la mezcla a un procesador de alimentos con cuchilla metálica y procese hasta que esté suave.

4. Vuelva a poner la sopa en la olla y cocine a fuego medio hasta que esté caliente y se mezclen los sabores. Condimente con sal y pimienta, si es necesario, y vierta el jugo de naranja. Agregue más caldo si es necesario para obtener la consistencia deseada.

5. Sirva en tazones de sopa y decore con yogur y manzana.

■ *Cena*

PAVO AL HORNO CON SALSA DE GROSELLAS Y CURRY Y ESPINACAS

4 PORCIONES

Pavo y salsa

3 libras de pechuga de pavo sin piel ni huesos

1 libra de zanahorias

1 cebolla blanca cortada en dos

2 ramas de tomillo fresco

1 hoja de laurel

2 cucharaditas de pimienta negra molida

1 taza de caldo de verduras o agua (o más si es necesario)

1 cucharadita de maicena

1 cucharada de curry en polvo

¾ de taza de grosellas remojadas en agua tibia y escurridas

Espinacas

1 cucharadita de aceite de canola

2 cucharaditas de ajo picado

4 tazas de hojas de espinaca fresca

Perejil liso picado para decorar

⅔ de taza de arroz integral de grano largo cocido

2 cucharadas de semillas de linaza

1. Para preparar el pavo, precaliente el horno a 350°F.

2. Ponga el pavo en una refractaria grande que pueda contener todos los ingredientes. Esparza la zanahoria, la cebolla, el tomillo y el laurel alrededor del pavo. Condimente con pimienta. Cubra bien con papel de aluminio. Hornee durante 1 hora y 45 minutos hasta que esté jugoso y al insertar el termómetro en la parte más gruesa marque 170°F.

3. Saque del horno y déjelo reposar por 15 minutos. Saque el pavo de la refractaria y tájelo en lonjas delgadas. Reserve las verduras de la refractaria.

4. Saque las hojas de laurel y la rama de tomillo. Licúe la zanahoria y la cebolla.

5. Quítele la mayor cantidad que pueda de grasa al líquido de la refractaria, ya sea con una cuchara o con servilletas de papel. Vierta el líquido en una taza medidora y complete dos tazas con caldo de verduras, ponga este líquido en la licuadora. Agregue la maicena y el curry en polvo y licúe a velocidad alta hasta que la mezcla esté suave.

6. Pase a una sartén, agregue las grosellas y cocine a fuego lento hasta que esté bien caliente y las grosellas empiecen a saltar. Condimente con pimienta negra al gusto. Mantenga tibio hasta que vaya a servir.

7. Para preparar las espinacas, en una sartén grande caliente el aceite a temperatura media—alta y cocine el ajo, revolviendo, durante 1 minuto o hasta que se ablande pero no se dore. Agregue las espinacas y continúe cocinando hasta que las hojas se marchiten. Retire del fuego y mantenga caliente.

8. Revuelva el arroz integral con las semillas de linaza y sírvalo en los cuatro platos. Añada una cucharada de espinacas y varias lonjas de pavo. Luego, bañe el pavo con tres cucharadas de salsa tibia. Decore con perejil y sirva.

TARTA DE *RICOTTA* CON ARÁNDANOS

Corteza

3 cucharadas de semillas de linaza

3 cucharadas de almendras tostadas

2 galletas graham integrales grandes

2 cucharadas de azúcar morena

¼ de cucharadita de extracto de almendra

Relleno

4 huevos omega 3 grandes

1 libra de queso *ricotta* descremado (aprox. 2 tazas)

3 cucharadas de harina integral o harina sin blanquear

⅓ de taza azúcar granulada

1 cucharadita de extracto de vainilla puro

1 cucharada de ralladura fina de cáscara de limón

3 tazas de arándanos frescos o congelados (si son congelados, úselos descongelados para esta receta)

Azúcar pulverizada

1. Precaliente el horno a 325°F. Engrase con mantequilla o aceite un molde de un cuarto de galón.

2. En un procesador de alimentos que tenga cuchilla metálica procese las semillas de linaza y las almendras hasta que queden hechas polvo. Agregue las galletas graham, el azúcar morena y el extracto de almendra y procese hasta que todo quede bien mezclado. Presione la masa contra el fondo y los lados del molde.

3. Limpie el procesador y agregue los huevos, la *ricotta*, la harina, el azúcar granulada y la vainilla y procese hasta que la mezcla esté suave. O mezcle con la mano en un tazón mediano. Agregue la ralladura de limón y vierta con cuidado la mezcla en el molde.

4. Hornee durante 50 minutos o hasta que al insertar un palillo en el centro, este salga limpio. Deje enfriar en una rejilla 20 minutos.

5. Para servir, pase un cuchillo por los bordes del molde. Corte en tajadas y sirva con los arándanos. Decore con el azúcar pulverizada.

MENÚ

Desayuno: bollos de batata, refresco de uva
Pasabocas: 1 onza de nueces del nogal, 8 onzas de coctel Knudsen Very Veggie
Almuerzo: papaya con cangrejo; ensalada de espinaca, champiñones y huevo picado
Pasabocas: 1 zanahoria mediana, 1 onza de nueces de soya sin sal
Cena: pollo con naranja y jengibre y cuscús con albaricoques y almendras; col estofada con ajonjolí; ½ taza de yogur helado de vainilla

■ *Desayuno*

BOLLOS DE BATATA

18 BOLLOS

1 taza más 2 cucharadas de harina de trigo
¼ de taza de salvado de avena o de trigo
2 cucharadas de semillas de linaza molidas
2 cucharadas de germen de trigo
2 cucharaditas de polvo para hornear
½ cucharadita de bicarbonato de soda
¼ de cucharadita de canela en polvo
⅛ de cucharadita de nuez moscada o especiería en polvo
2 cucharadas de azúcar morena oscura
⅓ de taza de arándanos o grosellas deshidratadas o uvas
   pasas picadas
1 taza de batatas cortadas en tiras o *butternut squash* de invierno
⅓ de taza de yogur descremado o suero de leche
1 huevo omega 3 grande
1½ cucharadas de aceite de canola o alazor
2 cucharaditas de ralladura fina de cáscara de naranja

Mantequilla de nuez para servir (opcional)
Jalea o mermelada para servir (opcional)

1. Precaliente el horno a 425°F. Engrase una lata para hornear.

2. En un tazón grande, mezcle la harina, el salvado, el polvo para hornear, el bicarbonato de soda, la canela, la especiería, el azúcar morena, la fruta deshidratada y las batatas. Agregue el yogur, el huevo, el aceite y la ralladura de naranja y mezcle bien hasta que se incorpore la masa.

3. Póngase un poco de harina en las manos y amase durante algunos minutos. Cuando esté suave, saque la masa del tazón y póngala en una superficie limpia, lisa y un poco enharinada. Amase hasta que la masa quede de ¼ de pulgada de espesor. Con un molde de galletas o un vaso boca hacia abajo corte círculos de 2 ½ pulgadas. Recoja las sobras y haga una bola con ellas, aplánela y corte más círculos.

4. Ponga los círculos de masa en la lata para hornear engrasada a una distancia de 1 pulgada entre uno y otro. Hornee entre 8 y 10 minutos o hasta que doren. Sirva tibios con mantequilla de nuez y mermelada, si lo desea.

Tome refresco de uva con estos bollos de batata. Mezcle en partes iguales jugo sin dulce de uva concord y club soda y agréguele un chorrito de jugo de limón.

■ *Almuerzo*

PAPAYA CON CANGREJO

4 PORCIONES

Cuscús

½ taza de cuscús de trigo integral
½ cucharadita de aceite de canola o alazor
⅛ de taza de perejil liso picado
1 cucharadita de jugo de limón

Papayas

¾ de apio cortado en cubos

12 guisantes

2 papayas medianas (aprox. de ½ libra cada una), partidas por la mitad
   a lo largo y sin pepas

12 onzas de carne de cangrejo cocida

2 cucharaditas de jugo de limón

2 cucharaditas de curry en polvo

2 cucharadas de cebolleta finamente picada

2 cucharadas de semillas de girasol tostadas (ver la nota al final de
   la receta)

Sal y pimienta negra molida

Decoración

8 hojas grandes de lechuga morada

4 gajos de naranja

1. Para preparar el cuscús, póngalo en un tazón mediano y viértale encima ½ taza de agua hirviendo. Tape y deje reposar durante cinco minutos o hasta que ablande. Remueva con un tenedor. Agregue el aceite, el perejil y el jugo de limón y revuelva con cuidado. Reserve.

2. Blanquear las verduras para rellenar las papayas: en una olla mediana ponga a hervir 3 ó 4 tazas de agua. Ponga el apio en un colador a prueba de calor y de agua y sumérjalo en el agua hirviendo durante 1 minuto. Saque y deje enfriar bajo el chorro de agua fría por 30 segundos. Escurra bien y pase el apio a un recipiente pequeño y reserve. Ponga los guisantes en el colador y repita.

3. Para la ensalada, haga bolitas de papaya con una cucharita especial; para tal fin tenga cuidado de dejar suficiente carne en la cáscara para que mantenga la forma. Reserve las cáscaras y ponga las bolitas de papaya en un tazón mediano. Agregue la carne de cangrejo, el apio, el jugo de limón, el curry en polvo, la cebolleta, las semillas de girasol, sal y pimienta y revuelva bien. Añada el cuscús y mezcle con cuidado. Ponga igual cantidad de la mezcla en cada una de las cuatro cáscaras de la papaya.

4. Ponga dos hojas de lechuga y media papaya rellena en cada plato. Decore con tres guisantes y un gajo de naranja y sirva.

NOTA: Para tostar las semillas de girasol, espárzalas en una sartén pequeña y póngalas a cocinar a temperatura media—alta entre 30 y 45 segundos, moviendo la sartén hasta que las semillas huelan y estén un poco doradas. Inmediatamente después páselas a un plato para detener la cocción.

ENSALADA DE ESPINACA, CHAMPIÑONES Y HUEVO PICADO

3 huevos omega 3 duros y fríos
2 tazas de hojas de espinaca *baby* picadas
¾ de taza de champiñones blancos partidos en cuatro
Vinagreta de frambuesa (p. *241*)

1. Para preparar la ensalada, parta los huevos y sáqueles las yemas; guarde dos para otra ocasión. Pique la yema y las tres claras y revuelva.

2. En un tazón de vidrio grande mezcle la espinaca baby, los champiñones y el huevo picado. Revuelva con ⅓ de taza de vinagreta y sirva.

■ *Cena*

POLLO CON NARANJA Y JENGIBRE Y CUSCÚS CON ALBARICOQUES Y ALMENDRAS

4 PORCIONES

¾ de taza de jugo de naranja
3 cucharadas de salsa de soya baja en sodio
3 cucharaditas de jengibre fresco picado
4 pechugas de pollo sin piel y sin huesos (4-5 onzas cada una)
2 cucharadas de aceite de oliva
20 judías verdes
8 zanahorias *baby*
1 pimiento rojo mediano cortado en julianas

Cuscús con albaricoques y almendras
4 ramas de perejil liso

1. En un tazón de vidrio o cerámica, mezcle el jugo de naranja, la salsa de soya y el jengibre. Vierta la mitad de la marinada en un recipiente con tapa y refrigere hasta que lo vaya a usar. Deje suficiente marinada en el tazón para cubrir el pollo. Ponga entonces en ella el pollo y voltéelo varias veces para que se impregne bien. Tape y refrigere al menos 1 hora o hasta 6 horas dándole la vuelta varias veces.

2. En una sartén antiadherente, caliente el aceite de oliva a fuego medio. Saque el pollo de la marinada y bótela. Ponga el pollo a sofreír entre 2 y 3 minutos de cada lado o hasta que dore. Vierta la marinada que tenía guardada y sin usar sobre las pechugas. Tape y deje hervir a fuego lento entre 5 y 8 minutos o hasta que la carne no sangre cuando se la pinche con un tenedor.

3. Mientras tanto, cocine al baño de María las zanahorias, las judías y el pimiento durante 3 ó 4 minutos o hasta que las verduras estén tiernas.

4. Sirva el cuscús en los cuatro platos y sobre él, cada pechuga. Cubra las pechugas con los jugos de la sartén y sirva las judías, las zanahorias y el pimiento al lado. Decore con el perejil.

CUSCÚS CON ALBARICOQUES Y ALMENDRAS

2 TAZAS

½ taza de albaricoques deshidratados cortados en dados

¼ de taza de jugo de naranja

1 ¼ tazas de caldo de verduras o agua

1 taza de cuscús de trigo integral

1 pizca de cayena

⅓ de taza de almendras tostadas tajadas

1 cucharada de ralladura de cáscara de naranja

1. En un tazón pequeño, mezcle los albaricoques y el jugo de naranja y deje reposar durante 15 minutos para darles tiempo a los albaricoques de que se hidraten.

2. En una olla poner a hervir el caldo a fuego alto.

3. En un tazón refractario mezclar el cuscús con la cayena. Verter el caldo hirviendo sobre el cuscús y dejarlo reposar 5 minutos. Remover con un tenedor. Revolver con los albaricoques y lo que quede del jugo de naranja, las almendras y la ralladura de naranja. Servir.

Disfrute de su cuscús con ½ taza de yogur helado descremado como postre.

COL ESTOFADA CON AJONJOLÍ

8 PORCIONES

- 1 cucharadita de aceite de ajonjolí
- 4 dientes de ajo picados
- 1 cucharada de jengibre fresco picado
- 2 ó 3 cucharadas de caldo de verduras o agua
- 2 atados de col (aprox. 1 libra) sin el tallo y picada
- 1 cucharadita de salsa de soya baja en sodio
- 1 cucharada de semillas de ajonjolí

1. En una sartén antiadherente grande, caliente el aceite a fuego medio—alto. Agregue el ajo y el jengibre y cocine revolviendo con frecuencia durante un minuto o hasta que ablanden.

2. Agregue el caldo y la col. Baje el fuego, tape y cocine entre 2 y 3 minutos o hasta que la col esté tierna. Escurra el exceso de líquido si es necesario. Agregue la salsa de soya y revuelva. Tape y deje reposar al menos durante 20 minutos o hasta una hora para dejar que los sabores se fundan.

3. Para servir, pase la col a una fuente y póngale el ajonjolí por encima. Revuelva y sirva.

Análisis de los Nutrientes

Todos los planes diarios de *Superalimentos Rx* han sido analizados por un nutricionista registrado y han sido medidos usando un *software* nutricional y una base de datos de los nutrientes para garantizar que se alcancen o se sobrepasen diariamente las metas en lo que se refiere a la ingesta de nutrientes. Medimos todos los menús diarios para verificar que haya un equilibrio entre la ingesta completa de vitaminas, minerales, proteínas, grasa y calorías, poniendo especial énfasis en el consumo de los 14 superalimentos, que son la base del programa que presenta este libro.

El plan alimenticio de siete días de *Superalimentos Rx* aporta los "supercatorce" junto con los nutrientes que compendia el Dietary Reference Intakes (DRIs), publicado por la Food and Nutrition Board del Institute of Medicine. Un nutriente que constantemente está por debajo de la DRI es la vitamina D. Son necesarios los suplementos y tomar el sol para alcanzar la dosis diaria recomendada de esta vitamina.

Otros nutrientes que con frecuencia están por debajo de la DRI son el calcio, el molibdeno, la biotina y el zinc. Este hecho refuerza la recomendación de tomar diariamente un multivitamínico basándose en la pirámide del estilo de vida *Superalimentos Rx*.

No es necesario ser un esclavo de los nutrientes que se necesitan diariamente, especialmente en lo que se refiere a los carotenoides. Para estos, es suficiente esforzarse por alcanzar la meta al calcular el promedio de la ingesta en una semana de esta importante clase de fitonutrientes (por ejemplo, la ingesta diaria puede ser más alta o más baja que la cantidad mencionada, pero en una semana, el promedio de la ingesta diaria estará cerca de la meta recomendada díariamente).

Por favor tenga presente que "supercatorce" están en letra negrita. Para obtener mayor información acerca de ellos, vea la página *295*.

DÍA 1

	Unidades	Valor	Meta	% Meta
Calorías		2448		
Proteína	g	92		
Carbohidratos	g	332		
Grasa (total)	g	91		
Colesterol	mg	88		
Saturada	g	20		
Monoinsaturada	g	38		
Poliinsaturada	g	21		
Linoleico (LA)	**g**	**13,6**	*****	*****
Linolénico (ALA)	**g**	**13,7**	**ver omega 3 (p. 300)**	**superado**
EPA	**g**	**0,0**	**1 g EPA/DHA**	**considere suplemento**
DHA	**g**	**0,0**		**considere suplemento**
Omega 6 y 3	**g**	**3,6:1**	**4:1 o menos**	**superado**
Sodio	mg	2315		
Potasio	mg	7318		
Vitaminas				
Vitamina A	RE	7084		
Vitamina A	IU	70789		
Vitamina C	**mg**	**580**	**350**	**166%**
Vitamina D	IU	1,4		
Vitamina E	**mg**	**21,5**	**16**	**134%**
Tiamina	mg	2,0		
Riboflavina	mg	2,0		
Niacina	mg	19,7		
Piridoxina (B$_6$)	mg	3,2		
Folato	**mcg**	**849**	**400**	**212%**

	Unidades	Valor	Meta	% Meta
Vitamina B$_{12}$	mcg	3,1		
Biotina	mcg	24,9		
Ácido pantoténico	mg	5,3		
Vitamina K	mcg	342		
Minerales				
Calcio	mg	1145		
Hierro	mg	27,3		
Fósforo	mg	1492		
Magnesio	mg	687		
Zinc	mg	14,1		
Cobre	mg	3,1		
Manganeso	mg	6		
Selenio	**mcg**	**41**	**70**	**59%**
Cromo	mcg	75		
Molibdeno	mcg	20		
Fibra	**g**	**53**	**ver Fibra, (p. 299-300)**	**superado**
Carotenoides				
Licopeno	**mg**	**28,9**	**22**	**131%**
Luteína/Zeaxantina	**mg**	**12,5**	**12**	**104%**
Alfacaroteno	**mg**	**3,0**	**2,4**	**125%**
Betacaroteno	**mg**	**24**	**6**	**400%**
Betacriptoxantina	**mg**	**1,5**	**1**	**151%**
Glutatión		**presente**	**ND**	**ND**
Resveratrol		**presente**	**ND**	**ND**
Polifenoles		**presente**	**ND**	**ND**

■ *Porcentaje de calorías*

Proteína: 15%
Carbohidratos: 53%
Grasa: 32%

*La cantidad depende de la ingesta de omega 3 al día.
**Se puede alcanzar con 4 onzas de jugo de uvas moradas o vino tinto.

DÍA 2

	Unidades	Valor	Meta	% Meta
Calorías	g	2186		
Proteína	g	99		
Carbohidratos	g	293		

	Unidades	Valor	Meta	% Meta
Grasa (total)	g	80		
Colesterol	mg	191		
Saturada	g	13		
Monoinsaturada	g	37		
Poliinsaturada	g	22		
Linoleico (LA)	**g**	**13,8**	**	**
Linolénico (ALA)	**g**	**2,8**	**ver omega 3 (p. 300)**	**superado**
EPA	**g**	**0,4**	**ver omega 3 (p. 300)**	**superado**
DHA	**g**	**1,3**	**ver omega 3 (p. 300)**	**superado**
Omega 6 y 3	**g**	**3,1:1**	**4:1 o menos**	**superado**
Sodio	mg	1916		
Potasio	mg	7259		
Vitaminas				
Vitamina A	RE	3607		
Vitamina C	**mg**	**620**	**350**	**177%**
Vitamina D	IU	103		
Vitamina E	**mg**	**18,2**	**16**	**114%**
Tiamina	mg	2,5		
Riboflavina	mg	2,9		
Niacina	mg	34,3		
Piridoxina (B$_6$)	mg	3,4		
Folato	**mcg**	**684**	**400**	**171%**
Vitamina B$_{12}$	mcg	4,3		
Biotina	mcg	25,7		
Ácido pantoténico	mg	7		
Vitamina K	mcg	652		
Minerales				
Calcio	mg	957		
Hierro	mg	27,3		
Fósforo	mg	1694		
Magnesio	mg	642		
Zinc	mg	11,6		
Cobre	mg	2,4		
Manganeso	mg	9		
Selenio	**mcg**	**83**	**70–100**	**superado**
Cromo	mcg	98		
Molibdeno	mcg	13,5		
Fibra	**g**	**63**	**ver Fibra, (p. 299-300)***	**superado**

	Unidades	Valor	Meta	% Meta
Carotenoides				
Licopeno	**mg**	**19,3**	**22**	**88%**
Luteína/Zeaxantina	**mg**	**25,7**	**12**	**214%**
Alfacaroteno	**mg**	**2,14**	**2,4**	**89%**
Betacaroteno	**mg**	**12,85**	**6**	**107%**
Betacriptoxantina	**mg**	**1,47**	**1**	**147%**
Glutatión	**presente**	**ND**	**ND**	
Resveratrol	**ausente****	**ND**	**ND**	
Polifenoles	**presente**	**ND**	**ND**	

■ *Porcentaje de calorías*

Proteína   17%
Carbohidratos   51%
Grasa   31%

*La cantidad depende de la ingesta de omega 3 al día.
**Se puede alcanzar con 4 onzas de jugo de uvas moradas o vino tinto.

DÍA 3

	Unidades	Valor	Meta	% Meta
Calorías	g	2040		
Proteína	g	93		
Carbohidratos	g	265		
Grasa (total)	g	74		
Colesterol	mg	96		
Saturada	g	11		
Monoinsaturada	g	35		
Poliinsaturada	g	18		
Linoleico (LA)	**g**	**11,3**	*	*
Linolénico (ALA)	**g**	**3,7**	**ver omega 3 (p. 300)**	**superado**
EPA	**g**	**0,4**	**ver omega 3 (p. 300)**	**superado**
DHA	**g**	**1,3**	**ver omega 3 (p. 300)**	**superado**
Omega 6 y 3	**g**	**2:1**	**4:1 o menos**	**superado**
Sodio	mg	2192		
Potasio	mg	5131		

	Unidades	Valor	Meta	% Meta
Vitaminas				
Vitamina A	RE	4985		
Vitamina C	**mg**	**624**	**350**	**178%**
Vitamina D	IU	3,5		
Vitamina E	**mg**	**23,4**	**16**	**146%**
Tiamina	mg	1,7		
Riboflavina	mg	1,9		
Niacina	mg	23,2		
Piridoxina (B$_6$)	mg	3,6		
Folato	**mcg**	**570**	**400**	**143%**
Vitamina B$_{12}$	mcg	4,4		
Biotina	mcg	20,4		
Ácido pantoténico	mg	5,7		
Vitamina K	mcg	348		
Minerales				
Calcio	mg	1276		
Hierro	mg	19.2		
Fósforo	mg	1241		
Magnesio	mg	551		
Zinc	mg	9,8		
Cobre	mg	2,5		
Manganeso	mg	5,4		
Selenio	**mcg**	**63**	**70–100**	**90%**
Cromo	mcg	47		
Molibdeno	mcg	23		
Fibra	**g**	**42**	**ver Fibra, (p. 299-300)***	**superado**
Carotenoides				
Licopeno	**mg**	**23,9**	**22**	**109%**
Luteína/Zeaxantina	**mg**	**12,1**	**12**	**101%**
Alfacaroteno	**mg**	**5,3**	**2.4**	**219%**
Betacaroteno	**mg**	**25,7**	**6**	**430%**
Betacriptoxantina	**mg**	**0,87**	**1**	**87%**
Glutatión	**presente**	**ND**	**ND**	
Resveratrol	**ausente ****	**ND**	**ND**	
Polifenoles	**presente**	**ND**	**ND**	

■ *Porcentaje de calorías*

Proteína   18%
Carbohidratos   51%
Grasa   31%

*La cantidad depende de la ingesta de omega 3 al día.
**Se puede alcanzar con 4 onzas de jugo de uvas moradas o vino tinto.

DÍA 4

	Unidades	Valor	Meta	% Meta
Calorías	g	2260		
Proteína	g	128		
Carbohidratos	g	304		
Grasa (total)	g	64		
Colesterol	mg	474		
Saturada	g	12		
Monoinsaturada	g	30		
Poliinsaturada	g	13		
Linoleico (LA)	**g**	**7,2**	*	*
Linolénico (ALA)	**g**	**1,2**	ver omega 3 (p. 300)	hombres: bajo; muj: sup.
EPA	**g**	**0,4**	ver omega 3 (p. 300)	superado
DHA	**g**	**1.2**	ver omega 3 (p. 300)	superado
Omega 6 y 3	**g**	**2,6:1**	4:1 o menos	superado
Sodio	g	3407		
Potasio	g	6173		
Vitaminas				
Vitamina A	RE	8673		
Vitamina C	**mg**	**590**	350	169%
Vitamina D	IU	40		
Vitamina E	**mg**	**16,4**	16	102%
Tiamina	mg	1,2		
Riboflavina	mg	2,2		
Niacina	mg	30		
Piridoxina (B_6)	mg	3		
Folato	**mcg**	**502**	400	126%
Vitamina B_{12}	mcg	4,2		
Biotina	mcg	33		
Ácido pantoténico	mg	7,4		

	Unidades	Valor	Meta	% Meta
Vitamina K	mcg	552		
Minerales				
Calcio	mg	941		
Hierro	mg	24,5		
Fósforo	mg	1508		
Magnesio	mg	445		
Zinc	mg	10,6		
Cobre	mg	1,7		
Manganeso	mg	5,6		
Selenio	**mcg**	**202**	**70–100**	**superado**
Cromo	mcg	57		
Molibdeno	mcg	38		
Fibra	**g**	**38**	**ver Fibra, (p. 299-300)***	**superado**
Carotenoides				
Licopeno	**mg**	**23,8**	**22**	**108%**
Luteína/Zeaxantina	**mg**	**13,6**	**12**	**113%**
Alfacaroteno	**mg**	**8,8**	**2,4**	**366%**
Betacaroteno	**mg**	**22,7**	**6**	**378%**
Betacriptoxantina	**mg**	**1,5**	**1**	**150%**
Glutatión	**presente**	**ND**	**ND**	
Resveratrol	**presente****	**ND**	**ND**	
Polifenoles	**presente**	**ND**	**ND**	

■ *Porcentaje de calorías*

Proteína   22%
Carbohidratos   53%
Grasa   25%

*La cantidad depende de la ingesta de omega 3 al día.
**Se puede alcanzar con 4 onzas de jugo de uvas moradas o vino tinto.

DÍA 5

	Unidades	Valor	Meta	% Meta
Calorías	g	1820		
Proteína	g	127		
Carbohidratos	g	245		
Grasa (total)	g	41		

	Unidades	Valor	Meta	% Meta
Colesterol	mg	340		
Saturada	g	7,8		
Monoinsaturada	g	17,5		
Poliinsaturada	g	8,8		
Linoleico (LA)	**g**	**4,4**	*	*
Linolénico (ALA)	**g**	**2,8**	**ver omega 3 (p. 300)**	**superado**
EPA	**g**	**0,1**	**ver omega 3 (p. 300)**	**considere suplemento**
DHA	**g**	**0,5**	**ver omega 3 (p. 300)**	**considere suplemento**
Omega 6 y 3	**g**	**1,3:1**	**4:1 o menos**	**superado**
Sodio	mg	3094		
Potasio	mg	6184		
Vitaminas				
Vitamina A	RE	4937		
Vitamina C	**mg**	**419**	**350**	**120%**
Vitamina D	IU	880		
Vitamina E	**mg**	**16**	**16**	**100%**
Tiamina	mg	1,8		
Riboflavina	mg	2		
Niacina	mg	30,3		
Piridoxina (B_6)	mg	3,8		
Folato	**mcg**	**694**	**400**	**173%**
Vitamina B_{12}	mcg	4,2		
Biotina	mcg	26,8		
Ácido pantoténico	mg	7		
Vitamina K	mcg	603		
Minerales				
Calcio	mg	1118		
Hierro	mg	27,2		
Fósforo	mg	1747		
Magnesio	mg	644		
Zinc	mg	13,9		
Cobre	mg	2,2		
Manganeso	mg	4,6		
Selenio	**mcg**	**138**	**70**	**superado**
Cromo	mcg	62		
Molibdeno	mcg	38,8		
Fibra	**g**	**48**	**ver Fibra, (p. 299-300)**	**superado**
Carotenoides				
Licopeno	**mg**	**26,6**	**22**	**121%**
Luteína/Zeaxantina	**mg**	**20,8**	**12**	**173%**

	Unidades	Valor	Meta	% Meta
Alfacaroteno	mg	4,1	2,4	171%
Betacaroteno	mg	14	6	233%
Betacriptoxantina	mg	1,2	1	120%
Glutatión		presente	ND	ND
Resveratrol		presente **	ND	ND
Polifenoles		presente	ND	ND

■ Porcentaje de calorías

Proteína   27%
Carbohidratos   53%
Grasa   20%

*La cantidad depende de la ingesta de omega 3 al día.
**Se puede alcanzar con 4 onzas de jugo de uvas moradas o vino tinto.

	Unidades	Valor	Meta	% Meta
Calorías	g	1997		
Proteína	g	103		
Carbohidratos	g	288		
Grasa (total)	g	57		
Colesterol	mg	221		
Saturada	g	9,6		
Monoinsaturada	g	20		
Poliinsaturada	g	21,8		
Linoleico (LA)	g	12,7	*	*
Linolénico (ALA)	g	6,2	ver omega 3 (p. 300)	superado
EPA	g	rastros	ver omega 3 (p. 300)	considere suplemento
DHA	g	rastros	ver omega 3 (p. 300)	considere suplemento
Omega 6 y 3	g	2,1:1	4:1 o menos	superado
Sodio	mg	1803		
Potasio	mg	4635		
Vitaminas				
Vitamina A	RE	7393		
Vitamina C	mg	355	350	101%

	Unidades	Valor	Meta	% Meta
Vitamina D	IU	114		
Vitamina E	**mg**	**15,8**	**16**	**98%**
Tiamina	mg	1,9		
Riboflavina	mg	2		
Niacina	mg	23,4		
Piridoxina (B$_6$)	mg	3,3		
Folato	**mcg**	**587**	**400**	**147%**
Vitamina B$_{12}$	mcg	1,2		
Biotina	mcg	31,8		
Ácido pantoténico	mg	6,5		
Minerales				
Calcio	mg	1205		
Hierro	mg	21,9		
Fósforo	mg	1828		
Magnesio	mg	630		
Zinc	mg	12,6		
Cobre	mg	2,6		
Manganeso	mg	8,7		
Selenio	**mcg**	**110**	**70–100**	**superado**
Cromo	mcg	38		
Molibdeno	mcg	31,5		
Fibra	**g**	**48**	**ver Fibra, (p. 299-300)**	**superado**
Carotenoides				
Licopeno	**mg**	**35,9**	**22**	**163%**
Luteína/Zeaxantina	**mg**	**11,8**	**12**	**98%**
Alfacaroteno	**mg**	**9,4**	**2,4**	**392%**
Betacaroteno	**mg**	**19,8**	**6**	**333%**
Betacriptoxantina	**mg**	**1,6**	**1**	**160%**
Glutatión	**presente**	**ND**	**ND**	
Resveratrol	**presente ****	**ND**	**ND**	
Polifenoles	**presente**	**ND**	**ND**	

■ *Porcentaje de calorías*

Proteína   20%
Carbohidratos   55%
Grasa   25%

*La cantidad depende de la ingesta de omega 3 al día.
**Se puede alcanzar con 4 onzas de jugo de uvas moradas o vino tinto.

	Unidades	Valor	Meta	% Meta
Calorías	g	1909		
Proteína	g	110		
Carbohidratos	g	254		
Grasa (total)	g	59		
Colesterol	mg	226		
Saturada	g	7,9		
Monoinsaturada	g	17,9		
Poliinsaturada	g	21,6		
Linoleico (LA)	**g**	**16,3**	*	*
Linolénico (ALA)	**g**	**3,9**	**ver omega 3 (p. 300)**	**superado**
EPA	**g**	**rastros**	**ver omega 3 (p. 300)**	**considere suplemento**
DHA	**g**	**rastros**	**ver omega 3 (p. 300)**	**considere suplemento**
Omega 6 y 3	**g**	**4,1:1**	**4:1 o menos**	**superado**
Sodio	mg	2047		
Potasio	mg	4123		
Vitaminas				
Vitamina A	RE	3752		
Vitamina C	**mg**	**352**	**350**	**100%**
Vitamina D	IU	22		
Vitamina E	**mg**	**14,8**	**16**	**87%**
Tiamina	mg	0,9		
Riboflavina	mg	1,3		
Niacina	mg	26		
Piridoxina (B$_6$)	mg	1,9		
Folato	**mcg**	**384**	**400**	**96%**
Vitamina B$_{12}$	mcg	1,0		
Biotina	mcg	22,2		
Ácido pantoténico	mg	5,2		
Vitamina K	mcg	614		
Minerales				
Calcio	mg	856		
Hierro	mg	13,8		
Fósforo	mg	1027		
Magnesio	mg	334		
Zinc	mg	6,5		
Cobre	mg	1,8		
Manganeso	mg	5,3		
Selenio	**mcg**	**1490**	**70–100**	**superado**

	Unidades	Valor	Meta	% Meta
Cromo	mcg	44		
Molibdeno	mcg	0,9		
Fibra	**g**	**36**	**ver Fibra,**	**superado**
			(p. 299-300)	
Carotenoides				
Licopeno	**mg**	**22**	**22**	**100%**
Luteína/Zeaxantina	**mg**	**30,3**	**12**	**253%**
Alfacaroteno	**mg**	**3,6**	**2,4**	**150%**
Betacaroteno	**mg**	**16,4**	**6**	**273%**
Betacriptoxantina	**mg**	**0,25**	**1**	**25%**
Glutatión	**presente**	**ND**	**ND**	
Resveratrol	**presente****	**ND**	**ND**	
Polifenoles	**presente**	**ND**	**ND**	

■ *Porcentaje de calorías*

Proteína   22%
Carbohidratos   51%
Grasa   27%

*La cantidad depende de la ingesta de omega 3 al día.
**Se puede alcanzar con 4 onzas de jugo de uvas moradas o vino tinto.

Los Catorce
Supernutrientes

Si usted analiza las dietas del mundo que son más saludables, que más previenen enfermedades, que más detienen el envejecimiento y que son menores factores de riesgo, siempre aparecen catorce nutrientes en todas ellas. Se los ha vinculado con una reducción de gran cantidad de dolencias crónicas. Innumerables estudios han demostrado que entre más alto sea el nivel de estos nutrientes en su cuerpo, envejecerá más lentamente y sufrirá de menor cantidad de dolencias. A continuación encontrará una lista de los catorce nutrientes estrella junto con los alimentos que constituyen la fuente más rica en ellos.

Si usted tiene un problema de coagulación de la sangre, o está tomando anticoagulantes, consulte con su médico antes de adoptar cualquier recomendación de este apéndice.

Uno: Vitamina C
Procure obtener por lo menos 350 miligramos al día de la combinación de los siguientes alimentos:

    1 pimiento amarillo grande = 341 mg

    1 pimiento rojo grande = 312 mg

1 guayaba común = 165 mg

1 pimiento verde grande = 132 mg

1 taza de jugo de naranja natural = 124 mg (97 mg de concentrado congelado)

1 taza de frutillas frescas tajadas = 97 mg

1 taza de brócoli fresco (picado) = 79 mg

Dos: Ácido fólico

Procure obtener 400 microgramos al día de la combinación de los siguientes alimentos:

1 taza de espinaca cocida = 263 mcg (en los alimentos el ácido fólico es llamado folato)

1 taza de fríjoles comunes hervidos = 230 mcg

1 taza de brotes de soya verdes hervidos = 200 mcg

½ taza de nueces de soya = 177 mcg

1 taza de jugo de naranja de concentrado congelado = 110 mcg

4 espárragos cocidos con ½ pulgada de la base = 89 mcg

1 taza de brócoli cocido picado = 103 mcg

Tres: Selenio

Procure obtener entre 70 y 100 microgramos al día de la combinación de los siguientes alimentos:

3 onzas de ostras del Pacífico = 131 mcg

1 taza de harina de trigo integral = 85 mcg

1 nuez del Brasil = entre 68 y 91 mcg

½ lata de sardinas del Pacífico = 75 mcg

3 onzas de atún blanco en lata = 56 mcg

3 onzas de almejas cocidas = 54 mcg

6 ostras cultivadas = 54 mcg

3 onzas de pechuga de pavo asada sin piel = 27 mcg

Cuatro: Vitamina E

Procure obtener 16 miligramos al día de la combinación de los siguientes alimentos:

2 cucharadas de aceite de germen de trigo = 41 mg (tocoferoles totales)

2 cucharadas de aceite de brotes de soya = 2,6 mg

2 cucharadas de aceite de canola = 13,6 mg

2 cucharadas de aceite de maní = 9,2 mg

2 cucharadas de aceite de linaza = 4,8 mg

2 cucharadas de aceite de oliva = 4 mg

1 onza de almendras crudas (23-24 nueces completas) = 7,7 mg

¼ de taza de semillas de girasol tostadas = 6,8 mg

2 cucharadas de germen de trigo crudo = 5 mg

1 pimiento anaranjado mediano = 4,3 mg

1 onza de avellanas (20-21 nueces) = 4,3 mg

2 cucharadas de mantequilla de maní = 3,2 mg

1 taza de arándanos = 2,8 mg

Cinco: Licopeno

Procure obtener 22 miligramos al día de la combinación de los siguientes alimentos:

1 taza de salsa de tomate en lata = 37 mg

1 taza de coctel vegetal concentrado R.W. Knudsen Very Veggie = 22 mg

1 taza de jugo de tomate = 22 mg

1 tajada de sandía (1/16 de una fruta de 15 pulgadas de largo y 7 ½ de diámetro) = 13 mg

1 taza de tomates estofados en lata = 10,3 mg

1 cucharada de pasta de tomate = 4,6 mg

1 cucharada de *ketchup* = 2,9 mg

½ toronja rosada = 1,8 mg

Recuerde que el licopeno es más biodisponible en los alimentos con tomate cuando este está cocido que cuando está crudo.

El licopeno que se encuentra en la sandía es muy biodisponible. (Hasta hoy, no conocemos ningún estudio que evalúe las características de absorción de otras frutas que son fuente de licopeno, pero se puede suponer que son similares a las de la sandía.)

Seis: Luteína/Zeaxantina

Procure obtener 12 miligramos al día de la combinación de los siguientes alimentos:

1 taza de col cocida (picada) = 23,7 mg

1 taza de espinaca cocida = 20,4 mg

1 taza de hojas de berza cocidas = 14, 6 mg

1 taza de hojas de nabo cocidas = 12,1 mg

1 pimiento dulce grande = 9,2 mg

1 taza de alverjas cocidas = 4,2 mg

1 taza de brócoli cocido = 2,4 mg

Siete: Alfacaroteno

Procure obtener 2,4 miligramos al día de la combinación de los siguientes alimentos:

1 taza de calabaza cocida = 11,7 mg

1 taza de rodajas de zanahoria cocidas = 6,6 mg

10 zanahorias baby crudas medianas = 3,8 mg

1 taza de *butternut squash* cocido (en cubos) = 2,3 mg

1 pimiento dulce anaranjado grande = 0,3 mg

1 taza de hojas de berza (picadas) = 0,2 mg

Ocho: Betacaroteno

Procure obtener 6 miligramos al día de la combinación de los siguientes alimentos:

1 taza de batata cocida = 23 mg

1 taza de calabaza cocida = 17 mg

1 taza de rodajas de zanahoria cocidas = 13 mg

1 taza de espinaca cocida = 11,3 mg

1 taza de col picada = 10,6 mg

1 taza de *butternut squash* cocido (en cubos) = 9,4 mg

1 taza de hojas de berza cocidas (picadas) = 9,2 mg

Nueve: Betacriptoxantina

Procure obtener 1 miligramo al día de la combinación de los siguientes alimentos:

1 taza de *butternut squash* cocido (en cubos) = 6,4 mg

1 taza de julianas de pimientos rojo = 2,8 mg

1 caqui japonés (2½ pulgadas de diámetro) = 2,4 mg

1 taza de puré de papaya = 1,8 mg

1 pimiento rojo grande crudo = 0,8 mg

1 taza de jugo de mandarina natural = 0,5 mg

1 mandarina mediana = 0,3 mg

Diez: Glutatión

Todavía no se conoce la recomendación diaria óptima, pero los alimentos ricos en este nutriente son:

Espárragos

Sandía

Aguacate

Nueces del nogal

Toronja

Mantequilla de maní

Avena

Brócoli

Naranja

Espinaca

Once: Resveratrol

Todavía no se conoce la recomendación diaria óptima. Los estudios sugieren que este fitonutriente desempeña un papel vital en la prevención de la inflamación y del cáncer, y parece tener propiedades protectoras del corazón. Los alimentos ricos en este nutriente son:

Maní

Piel de las uvas moradas

Vino tinto

Jugo de uva morada

Arándano agrio/jugo de arándano agrio

Doce: Fibra

La Food and Nutrition Board del Institute of Medicine publicó hace poco la nueva ingesta de referencia dietaria para la fibra: para las mujeres, entre los 19 y 50 años: 25 gramos, entre 51 y 70: 21 gramos. Para los hombres entre los 19 y los 50 años: 38 gramos; 51 y 70 años: 30 gramos.

Creo que estas referencias deberían ser metas mínimas y si la propia ingesta de fibra supera estas cifras, entonces se comen más alimentos integrales, lo que es aún mejor.

Alimentos integrales:

1 taza de fríjoles negros cocidos = 15 g

¼ de taza de judías pintas deshidratadas = 14 g

1 taza de garbanzos cocidos = 13 g

¼ de taza de lentejas deshidratadas = 9 g

1 taza de frambuesas frescas = 8 g

Trece: Ácidos grasos omega 3

La Food and Nutrition Board del Institute of Medicine estableció hace poco una ingesta adecuada de 1,6 g al día de ácidos grasos omega 3 derivados de las plantas (ácido alfalinolénico, ALA) para los hombres adultos y 1,1 g para las mujeres adultas. También establecieron una meta de ingesta de ácidos grasos omega 3 derivados del mar (EPA/DHA) de 160 mg al día para los hombres adultos y 110 mg para las mujeres adultas.

Estoy de acuerdo con la recomendación de la Food and Nutrition Board para el ALA (son excelentes mínimos, pero si usted los supera al tener una dieta, según la filosofía de *Superalimentos Rx*, no hay problema). Mi recomendación personal para los EPA/DHA es 1 g (1000 mg) para los hombres y 0,7 g (700 mg) para las mujeres.

Procure alcanzar esta meta por medio de la combinación de los siguientes alimentos:

EPA/DHA = básicamente fuentes marinas del omega 3

3 onzas de salmón rey (chinook) = 1,5 g

3 onzas de salmón sockeye = 1 g

3 onzas de trucha arco iris de criadero = 1 g

1 lata de sardinas = 0,9 g

3 onzas de atún blanco en agua = 0,7 g

Considere tomar un suplemento de EPA/DHA los días en los que usted no consuma ninguna fuente marina de ácidos grasos omega 3.

Ácido alfalinolénico = fuentes vegetales del omega 3

Aceites

1 cucharada de aceite de canola = 1,3 g

1 cucharada de aceite de brotes de soya = 0,7 g

1 cucharada de aceite de nueces del nogal = 1,4 g

1 cucharada de aceite de linaza = 7,3 g

1 taza de espinaca cocida = 0,2 g

1 taza de hojas de berza = 0,2 g

Otros alimentos

½ taza de nueces de soya tostadas = 1 g

1 cucharada de semillas de linaza = 2,2 g

½ taza de germen de trigo = 0,5 g

1 onza de nueces del nogal (14 mitades) = 2,6 g

1 huevo "vegetariano" de gallina omega 3 = la cantidad varía;
   verifique el empaque

Catorce: Polifenoles

Todavía no se conoce la recomendación diaria óptima de este fitonutriente, pero los alimentos (y bebidas) ricos en polifenoles son:

Alimentos enteros

Bayas

Dátiles e higos

Ciruelas pasas

Col, espinaca

Perejil, fresco y deshidratado

Manzana con cáscara

Cítricos

Uvas

Jaleas

Las tres jaleas estrella que evaluamos para verificar su contenido total de polifenoles son:

   Trader's Joe Organic Blueberry Fruit Spread

   Knott's Pure Boysenberry Preserves

   Trader's Joe Organic Blackberry Fruit Spread

Bebidas

Té verde, negro y oolong

Leche de soya

Jugos 100% naturales (de bayas, granada, uva concord, cereza, manzana, cítricos, ciruelas)

Los tres jugos estrella que evaluamos para verificar su contenido total de polifenoles son: Odwalla C Monster, Trader's Joe 100% Unfiltered Concord Grape Juice y R.W. Knudsen 100% Pomegranate Juice.

La Lista de Compra de los *Superalimentos Rx*

Todos sabemos que los alimentos que están disponibles en el mercado no necesariamente son buenos para nuestra salud. Muchas comidas rápidas, altamente procesadas, se consiguen empacadas en casi todas partes y son alimentos ricos en grasa, transgrasa, sodio, azúcar y otros ingredientes que son adversos para la salud. Muchas veces puede ser descorazonador ir a hacer mercado, pero le tengo buenas noticias: existen muchos alimentos buenos para la salud en los supermercados, además de deliciosos; en ellos revisé cientos de alimentos y en otras tiendas de cadena populares a lo largo y ancho de Estados Unidos y encontré muchos alimentos que no dan la talla, pero otros muchos que sí. Estos últimos son los que encontrará listados en este capítulo. (Esta lista no pretende ser definitiva; también existen otros alimentos saludables que no están incluidos en ella.) Los alimentos de la lista de compra cumplen con mis criterios según la filosofía de los superalimentos; todos están bastante cerca de ser integrales, lo que significa que son muy poco procesados o procesados "saludablemente", bajos, o relativamente bajos, en sodio y en grasa (sin transgrasa) y ricos en fibra y nutrientes. Son opciones que promueven la salud y que lo harán feliz al tenerlos en su refrigerador o en su alacena.

Unos pocos alimentos se pueden ordenar por correo, mientras otros no se consiguen tan fácilmente. En estos casos, he anotado su dirección de correo postal o electrónico para que pueda contactar al fabricante si así lo desea.

Me ha complacido mucho saber que algunas tiendas de cadena (Whole Foods, Trader's Joe y Costco, por ejemplo) ofrecen algunas opciones excelentes, que por supuesto están incluidas en la lista. Espero que a medida que nosotros los consumidores exijamos más alimentos saludables, los podremos encontrar más fácilmente en todas partes, cada vez más.

Costco Wholesale Corp.
P.O. Box 34535
Seattle, WA 98124-1535
1-800-774-2678

Trader Joe's Markets
www.traderjoes.com
800-746-7857

Whole Foods Market
Austin, TX 78703
www.wholefoods.com

Salsa de Manzana

- Mott's Applesauce Natural Unsweetened
- Trader Joe's Unsweetened Applesauce
- Trader Joe's Chunky Spiced Apples (endulzado naturalmente con concentrado de jugo de manzana)

Jugos de Fruta y de Verdura en Botella

- Ceres 100% fruit juices (varios sabores)
  www.ceresjuices.com
- Evolution Fresh juices (varios sabores)
  www.evolutionfresh.com
- Hain Pure Foods Veggie Juice
- Hain Pure Foods Carrot Juice
- Kedem Concord Grape Juice 100% Pure Juice
- Kirkland Cranberry-Grape 100% Juice Blend (Costco)
- Kirkland Cranberry-Raspberry 100% Juice Blend (Costco)
- Kirkland 100% Juice (varios sabores; sin adición de azúcar ni sabores y colores artificiales; Costco)
- Kirkland 100% Multi-Vitamin Juice Blast (varios sabores; Costco)
- Kirkland 100% Grape Juice, Newman's Own (Costco)
  L & A Black Cherry Juice,

Langer Juice Company, Inc.,
Industry, CA 91745

- Lakewood 100% Fruit Juices,
Apricot
- Lakewood 100% Fruit Juices,
Prune Juice
- Lakewood 100% Fruit Juices,
Peach
- Lakewood 100% Fruit Juices,
Pure Blueberry
- Lakewood 100% Fruit Juices,
Pure Black Cherry
(contiene la pulpa de la fruta;
exprimido fresco)
    Lakewood Products, Miami FL
    33242-0708
- Campbell Low Sodium V8 100%
Vegetable Juice
- Martinelli's Certified Organic
Apple Juice
- Martinelli's Certified Organic
Apple Juice (jugo sin filtrar)
- Minute Maid 100% Pure Apple
Juice
- Minute Maid 100% Pure Grape
Juice
- Minute Maid 100% Pure
Squeezed Orange Juice
- Minute Maid High Pulp
Premium Calcium + D Home
Squeezed Style 100% Pure
Squeezed Orange Juice
- Mountain Sun Pure Cranberry
(sin dulce)
    www.mountainsun.com
    (como todos los jugos de

arándano agrio 100%
naturales son ácidos, mézclelo
con otro que sea más dulce y
100% puro jugo de fruta)

- Naked Juice (varios sabores;
mi favorito es Naked Superfood
Food-Juice Power C)
    www.nakedjuice.com
- 100% Nantucket Nectars
Premium Orange Juice
    www.juiceguys.com
- Ocean Spray Premium 100%
Juice (sin azúcar adicionada;
varios sabores)
- Odwaila Fruit Juice Drink
(varios sabores; mi favoritos son
C Monster y Tangerine 100%
Pure Squeezed Juice)
    www.odwalla.com
- Organic Sir Real State of the Art
Fruit Juices
    www.sirreal.com
- R.W. Knudsen Family Cherry
Cider
- R.W. Knudsen Family Just
Blueberry
- R.W. Knudsen Family Just
Boysenberry
- R.W. Knudsen Family Just
Concord
- R.W. Knudsen Family Organic
Apple
- R.W. Knudsen Family Organic
Cranberry Juice
- R.W. Knudsen Family Organic
Cranberry Nectar

Jugo de Fruta y de Verdura en Botella *(continuación)*

- R.W. Knudsen Family Organic Prune Juice
- R.W. Knudsen Family Organic Tomato Juice
- R.W. Knudsen Family Peach Nectar
- R.W. Knudsen Family Pineapple Nectar
- R.W. Knudsen Family Pomegranate Juice
- R.W. Knudsen Family Very Veggie Vegetable Cocktail (22 mg de licopeno por porción)
- Samantha Body Zoomers (varios sabores; mi favorito es The Strawberry Desperately Seeking C Antioxidant Fruit Drink) www.freshsamantha.com
- Sunsweet not from concentrate Prune Juice with Pulp
- Sunsweet Prune Juice Plus (con luteína)

- Trader Joe's 100% Unfiltered Concord Grape Juice
- Trader Joe's All Natural Unfiltered Concord Grape Juice
- Tropicana 100% Pure Orange Juice
- Tropicana 100% Red Ruby Grapefruit Juice
- Walnut Acres Certified Organic Concord Grape Juice
- Walnut Acres Certified Organic Cherry Juice
- Wainut Acres Certified Organic Wild Cranberry www.walnutacres.com
- Welch's 100% Grape Juice Muchos supermercados tienen su propia marca de jugo. Busque jugos 100% naturales, sin azúcar adicionada, sin preservativos y sin sabores ni colores artificiales.

Pimientos Dulces Embotellados

- Mancini Sweet Roasted Peppers www.mancinifoods.com

Pan

- Arnold's 100% Whole Wheat 9 Grain Bread
- The Baker 9-Grain Whole Wheat
- The Baker Honey Cinnamon Raisin
- The Baker Seeded Whole Wheat

- The Baker Whole Grain Rye
- The Baker 7-Grain Sourdough Whole Wheat www.the-baker.com
- Food for Life Sprouted Hot Dog Buns

- Food for Life Sprouted Wheat Burger Buns
   1-800-797-5090
   www.food4life.com
- Milton's Healthy Multi-Grain Bread
   www.miltonsbaking.com
- Natural Ovens Bakery Breads
   1-800-558-3535
   www.naturalovens.com/ Products/bakery/For the Health Conscious (le enviarán los productos a su casa)
- The Original 100% Flourless Sprouted Grain Bread Ezekiel 4:7 Low Sodium (granos orgánicos)

- The Original Bran for Life Bread (granos orgánicos)
   www.foodforlife.com
- Pepperidge Farms Natural Whole Grain 9 Grain
- Premium Sara Lee 100% Whole Wheat Sliced Bread
- Roman Meal California 100% Whole Wheat Bread
- Rudi's Organic Bakery Honey Sweet Whole Wheat Bread
   www.rudisbakery.com
- Vogel's Soy & Flaxseed Bread
- Vogel's Whole Wheat & Honey Bread (harina orgánica certificada en una tercera parte)
   www.vogelsbread.com

Atún Albacora enlatado

- Bumble Bee Solid White Albacore Tuna in water
- Chicken of the Sea Low Sodium Chunk White Albacore Tuna
- Chicken of the Sea Chunk Light Tuna in canola oil

Las dos marcas anteriores tienen opciones sin sal adicionada

- Kirkland Solid White Albacore Tuna packed in water (Costco)
- Star Kist Solid White Albacore Tuna in water
- Trader Joe's White Solid Albacore Tuna
- Trader Joe's White Solid Albacore Tuna (bajo en sodio)

Cangrejo y almejas en lata

- Sea Watch Chopped Sea Clams
   SWI,
   8978 Glebe Park Drive,

   Easton, MD
   21601-7004
- Trader Joe's Crab Meat
- Trader Joe's Chopped Sea Clams

Salmón enlatado

- Bumble Bee Alaska Pink Salmon
- Bumble Bee Alaska Sockeye Red Salmon

- Chicken of the Sea Pink Salmon (tradicional, incluye la piel y las espinas; esta es la manera

Salmón enlatado *(continuación)*

más saludable de comer salmón, puesto que el contenido de grasa omega 3 y calcio es mayor en este salmón que en los de lata, a los que les han quitado la piel y las espinas)

■ Libby's Red Salmon (empacado de salmón Sockeye de Alaska fresco)

- Trader Joe's Alaska Pink Salmon
- Trader Joe's Red Salmon

Todos estos salmones enlatados provienen de Alaska y son silvestres. Le recomiendo que evite comer salmón del Atlántico, pues es cultivado.

Trucha enlatada

■ Appel Fillets of Smoked Trout
   www.appel-feinkost.de

Leguminosas enlatadas

- Eden Organic Black Beans
- Eden Organic Chili Beans
- Eden Organic Garbanzo Beans
- Eden Organic Kidney Beans
- Eden Organic Lentils
- Henry's Marketplace Cannellini Beans
- Henry's Marketplace Dark Red Kidney Beans
- Henry's Marketplace Garbanzo Beans
- Henry's Marketplace Pinto Beans
- Henry's Marketplace Refried Black Beans

    Henry's Marketplace
    El Cajon, CA 92020
    Esta es una cadena de tiendas de San Diego.

- Trader Joe's Bean Medley
- Trader Joe's Black Beans
- Trader Joe's Cannellini Beans
- Trader Joe's Organic Baked Beans
- Trader Joe's Organic Garbanzo Beans
- Trader Joe's Organic Kidney Beans
- Trader Joe's Organic Pinto Beans
- Trader Joe's Refried Black Beans with Jalapeño Peppers
- Westbrae Garbanzo Beans
- Westbrae Great Northern Beans
- Westbrae Kidney Beans
- Westbrae Natural Vegetarian Organic Black Beans
- Westbrae Organic Lentils

Chili en lata

- Health Valley 99% Fat-Free Vegetarian Chili (fríjoles negros picantes)
- Health Valley Mild Black Bean
- Health Valley Vegetarian Lentil
  1-800-434-4246

Leche evaporada enlatada

- Nestlé Carnation Evaporated Fat Free Milk (con vitaminas A y D)

Fruta enlatada

- Dole Pineapple Chunks (en su propio jugo)
- Trader Joe's All Natural 100% Hawaiian Pineapple Chunks (en jugo de piña sin dulce)

Aceitunas en lata

- Lindsay Large Pitted Olives

Calabaza en lata

- Libby's 100% Pure Pumpkin

Productos de tomate en lata

- Classico Di Napoli Spicy Red Pepper Pasta Sauce
- Classico Di Napoli Tomato & Basil Pasta Sauce
  1-888-337-2420
  www.classico.com
- Colavita Marinara 100% Natural
  www.colavita.com
- Emeril's Roasted Red Pepper Pasta Sauce
  www.bgfoods.com
  www.emerils.com
- Henry's Marketplace Low-Sodium Pasta Sauce
- Hunt's Tomato Sauce (sin sal)
- Hunt's Tomato Paste
- Hunt's Tomato Paste (sin sal)
- Muir Glen Chunky Tomato Sauce
- Muir Glen Crushed Tomato with Basil
- Muir Glen Organic Chunky Tomato and Herb Pasta Sauce
- Muir Glen Organic Ground Peeled Tomatoes
- Muir Glen Organic Whole Peeled Tomatoes
- Muir Glen Tomato Paste
- Muir Glen Tomato Puree
- Muir Glen Whole Peeled Tomatoes

Productos de tomate en lata *(continuación)*

- S & W Petite-Cut Diced Tomatoes in Rich, Thick Juice

Cereal

- Alpen Swiss Style Cereal (Alpen original, cereal estilo suizo naturalmente delicioso y bajo en grasa)
- Alpen Swiss Style Cereal (sin azúcar ni sal, Alpen original, cereal estilo suizo naturalmente delicioso y bajo en grasa)
- Arrowhead Mills Spelt Flakes (orgánico)
- Back to Nature Ultra Flax
- Back to Nature Granola
  www.organicmilling.com
- Barbara's Bakery Grain Shop High Fiber Cereal
- Barbara's Bite Size Shredded Oats Crunch Wholegrain Cereal
  www.barbarasbakery.com
- Bob's Red Mill Natural Raw Wheat Germ
- Bob's Red Mill Whole Ground Flaxseed Meal
- Breadshop's Granola Crunchy Oatbran with Almonds & Raisins
- Breadshop's Granola Cranberry Crunch Muesli
  www.hain-celestial.com/ bread.html
- Chappaqua Crunch Simply Granola with Raspberries
- Walnut Acres Organic Zesty Basil Pasta Sauce
  www.walnutacres.com

(varios sabores)
  1-800-488-4602
- Cheerios
- Familia No Added Sugar Swiss Muesli
- Familia Low Fat Granola
- Familia Original Recipe Muesli
- Health Valley Organic Oat Bran Flakes
- Health Valley Organic Amaranth Flakes
- Health Valley Organic Oat Bran O's
- Health Valley Organic Golden Flax Cereal
- Health Valley Soy Flakes Cereal (original)
- Health Valley Soy Original Cereal O's
- Healthy Fiber Multigrain Flakes
- Oat Bran O's Cereal
- Organic Fiber 7 Multigrain Flakes
- Honey Crunch Organic—The Baker Muesli
- Rich Food Enriched Bran Flakes
  www.supervalue-store brands.com
- Kashi Go Lean Protein/High Fiber Cereal & Snack
- Kashi Go Lean Seven Whole Grains & Sesame

- Kashi Go Lean Good Friends
- Kellogg's Complete Oat Bran Flakes
- Kellogg's Complete Wheat Bran Flakes
- Nature's Path Heritage O's
- Nature's Path Organic Blueberry Almond Muesli
- Nature's Path Organic Flax Plus Multibran Cereal
- Nature's Path Organic Heritage Muesli with Raspberries & Hazelnuts
- Nature's Path Organic Heritage Multigrain Cereal
- Nature's Path Organic Multigrain Oatbran Cereal
- Nature's Path Organic Optimum Power Breakfast Cereal-Flax-Soy-Blueberry
  www.naturespath.com
- Organic Weetabix Whole Grain Wheat Cereal

Cereal Cocido

- Hodgson Mill Oat Bran All Natural Hot Cereal
- John McCann's Steel Cut Irish Oatmeal
- McCann's Imported Quick Cooking Irish Oatmeal
- McCann's Instant Irish Oatmeal (normal)
- Mother's 100% Natural Rolled Oats
- Hot Rolled Wheat Cereal

- Post Grape Nut Flakes
- Post The Original Shredded Wheat 'N Bran
- Post The Original Shredded Wheat
- Post The Original Spoon Size Shredded Wheat
- Stoneburhr Untoasted Wheat Germ
  1-206-938-3487
- Kretschmer Toasted Wheat Germ
- Trader Joe's Organic Golden Flax Cereal
- Ultra Omega Balance
  www.naturalovens.com/ Products/bakery/For the Health Conscious
  Le enviarán los productos a su casa.
- Uncle Sam Cereal (hojuelas de granos de trigo integral tostadas con semillas integrales crujientes de linaza)

- Mother's 100% Natural Wholegrain Barley
- Quick1-Minute Quaker Oats
- Quaker Instant Oatmeal (sabor normal)
- Old Fashioned Quaker Oats 100% Whole Grain
- Quaker Oat Bran Hot Cereal
- The Silver Palate Thick & Rough Oatmeal
- Stone-Buhr Cracked Wheat Cereal

Cereal Cocido *(continuación)*

- Stone-Buhr 4 Grain Cereal Mate
  Stone-Buhr Cereals
    1-206-938-3487

Pasabocas y Hojuelas

- Abuelita Stone Ground White
  Corn Tortilla Chips
    S & K Industries, Inc.,
    Manassas Park, VA 20111
- Certified Organic Chips by Good
  Health (varios sabores)
    www.e-goodhealth.com
- Dirty's All Natural Potato Chips
  (varios sabores; mi favorito es
  miel mostaza)
    www.dirtys.com
- Eat Smart All Natural Snacks:
  Snyder's of Hanover Veggie
  Crisps
    www.snydersofhanover.com
- Garden of Eatin All Natural
  Tortilla Chips/Black Bean-
  Sesame Blues
    1-800-434-4246
- GeniSoy Soy Crisps Apple
  Cinnamon Crunch
- GeniSoy Soy Crisps Roasted
  Garlic and Onion
    www.genisoy.com
- Glennys Low Fat Soy Crisps
  (barbeque, cebolla y ajo;
  ligeramente saladas y con sal
  y pimienta son los sabores
  recomendados)
    www.glennys.com

- Wheatena Toasted Wheat
  Cereal

- Guiltless Gourmet Baked Mucho
  Nacho Tortilla Chips (hechas
  con maíz amarillo orgánico)
- Guiltless Gourmet Baked Spicy
  Black Bean on Blue Corn Tortilla
  Chips (hechas con maíz azul
  orgánico)
    www. guiltlessgourmet.com
- Just Veggies All Natural Snack
  Food
- Just Cherries
- Just Raspberries
- Just Blueberries
- Just Pineapple
- Just Carrots
- Just Corn
    www.justtomatoes.com
    Los alimentos mencionados
    arriba son deshidratados
- Kettle Tortilla Chips Five Grain
  Yellow Corn Certified 100%
  Organic
- Kettle Tortilla Chips Salsa and
  Mesquite Six Grain Yellow Corn
- Kettle Tortilla Chips Sesame,
  Rye and Caraway Certified
  100% Organic
- Natural Lay's Thick Cut
  Country BBQ
- Natural Ruffles Sea Salted
  Reduced Fat Potato Chips

- Natural Tostitos Yellow Corn (hechos con maíz orgánico)
- Organic Just Soy Nuts
  www.justtomatoes.com
- Pennysticks Brand Oat Bran Honey Mustard Pretzel Nuggets with Soy Protein
  www.benzels.com
- Terra-A Delicious Potpourri of Exotic Vegetables —Chips
  www.terrachips.com

- Trader Joe's Roasted & Salted Soy Nuts
- Trader Joe's Dry Roasted Edamame (ligeramente salado)
- Whole Foods Market 365 Organic—Organic Tortilla Chips Blue Corn (ligeramente salado)
  www.wholefoods.com
- Wild Rice Snack Chips
  www.frwr.com

Galletas

- Health Valley Fat Free Apple Spice Cookies
- Health Valley Carob Chip Cookies
- Health Valley Oatmeal Raisin Cookies
- Health Valley Chocolate Raspberry Cookies

  1-800-558-3535
  www.naturalovens.com (Le envían los productos a su casa.)
- Pistachio Almond Thins
  Delices de Bretagne
  258 Boulevard Lebeau, Ville St. Laurent, QC, Canada H4N 1R4

Galletas de Sal

- Ak-mak 100% Whole Wheat Stone Ground Sesame Cracker
  Ak-mak Bakeries,
  89 Academy Ave., Sanger, CA 93657-2104. 1-559-875-5511
- Health Valley Low Fat French Onion Crackers
- Health Valley No Salt Added Bruschetta Vegetable Crackers
- Health Valley Low Fat Garden Herb Crackers
- Health Valley Cracked Pepper Crackers
- Health Valley Sesame Crackers

- Health Valley Stoned Wheat Crackers
- Health Valley Original Oat Bran Graham Crackers
- Health Valley Original Oat Bran Crackers
- Health Valley Original Amaranth Graham Crackers
- Kavli All Natural Five Grain Crispbread (múltiples sabores adicionales)
- Kashi TLC Tasty Little Crackers
- Trader Joe's Rye Mini Toasts
- Wasa Fiber Rye Crispbread
- Wasa Oats Crispbread

Dips

- Athenos Mediterranean Spreads Hummus (pimiento rojo asado)
- Athenos Mediterranean Spreads Hummus (estilo griego)
- Athenos Mediterranean Spreads Hummus (original)
    1-800-343-1976
- Tribe of Two Sheiks Classic Hummus
- Tribe of Two Sheiks Classic Hummus with Forty Spices
- Tribe of Two Sheiks Classic Hummus with Sweet Roasted Red Peppers
- Tribe of Two Sheiks Classic Hummus with Roasted Garlic
    www.twosheiks.com

Fruta Deshidratada

- Elizabeth's Natural Cranberries
    1-631-243-1626
- Hadley Pitted Deglet Noor Dates (cultivados en California)
    Empacados por: Hadley Date Gardens, Thermal, CA 92274
- Maiani Kirkland Pitted Dried Plums (ciruelas pasas dulces sin pepa; Costco)
- Melissa's Organic Produce:
    Dried Mango (sólo mango, de México)
    Dried Thompson Seedless Grapes (sólo uvas pasas, de Estados Unidos)
    Dried Flame Seedless Grapes (sólo uvas pasas, de Estados Unidos)
    Dried Papaya (sólo papaya, de Sri Lanka)
    Dried Bing Cherries (con azúcar de caña orgánica, de Estados Unidos)
    Dried Blueberries (con azúcar de caña orgánica, de Estados Unidos)
    Dried Cranberries (con azúcar de caña orgánica y aceite de canola, de Estados Unidos)
    Dried Persimmons (sólo caqui, de Estados Unidos)
    Dried Tomato (sólo tomate, de Estados Unidos)
    Pine Nuts (sólo piñones)
    Roasted Soy Nuts (sin sal, de Estados Unidos)
    www.melissas.com
- Ocean Spray Craisins Original Sweetened Dried Cranberries
- Pavich Organic Raisins
- Sun-Maid Raisins
- Sunsweet Our Premium Prunes (sin preservativos)
- Sunsweet California Grown Pitted Dates
- Sunview Certified Organically Grown Raisins

- Sunview Green Seedless Raisins
- Sunview Red Seedless Raisins
  www.sunviewmarketing.com
- Trader Joe's Bing Cherries
- Trader Joe's Black Mission Figs
- Trader Joe's Blenheim Variety Unsulfured Apricots
- Trader Joe's California Organic Thompson Seedless Raisins
- Trader Joe's California Thompson Seedless Raisins
- Trader Joe's Dried Berry Medley
- Trader Joe's Dried Blueberries
- Trader Joe's Dried Cranberries
- Trader Joe's Dried Organic Cranberries
- Trader Joe's Dried Wild Blueberries

- Trader Joe's Extra Large High Moisture Prunes
- Trader Joe's French Variety Non Sorbate Pitted Prunes
- Trader Joe's Imported Organic Apricots
- Trader Joe's Marionberries
- Trader Joe's Pitted Prunes
- Trader Joe's Pitted Tart Montgomery Cherries
- Trader Joe's Rainier Cherries (sin sulfuro)
- Trader Joe's ShoEi California Grown Pitted Prunes (sin preservativos)
- Trader Joe's Non-Sorbate Pitted Prunes
- Trader Joe's Organic Imported Apricots

Huevos

- Cage Free Hens Giving Nature Organic Eggs
  www.givingnaturefoods.com
- Deb El Just Whites All Natural 100% Dried Egg Whites
  Distribuido por: Deb-El Foods Corp., 2 Papetti Plaza, Elizabeth, NJ 07206
- Egg Beaters 99% Real Eggs
- Farm Fresh Egg Land's Best Grade A Eggs (grandes y de gallinas alimentadas vegetarianamente)
  www.eggland.com

- Gold Circle Farms All Natural, (de gallinas alimentadas vegetarianamente; huevos muy nutritivos: 2 huevos aportan 300 mg de huevos DHA Omega 3)
  1-888-599-4DHA
  www.goldcirclefarms.com
- Horizon Organic Extra Large Brown Eggs "Cage Free"
- Organic Omega-3 Eggs
  www.ChinoValley Ranchers.com
- Kirkland Egg Starts (Costco)

Salsa para Enchiladas

- Hatch Select Enchilada Sauce
  Hatch Chili Co.,
  P.O. Box 752, Deming, NM
  88031

Barras de Cereal

- The Bagel B. B. Bakery Premium
  Quality Energy Bars
    The Bagel Brothers,
    DBA: B. B. Bakery and
    Distributing, Inc., Costa Mesa,
    CA 92627
- ClifBars (recomiendo las tortas
  de arándano agrio, manzana,
  cereza y manzana)
    www.clifbar.com
- Health Valley Fat Free Blueberry
  Granola Bars
- Health Valley Moist and Chewy
  Granola Bars
- Kashi Go Lean Vanilla Spice
  Cake
- Kashi Go Lean Oatmeal Raisin
  Cookie
- Power Bar (recomiendo las de
  chocolate, vainilla crujiente y
  mantequilla de maní)
    www.powerbar.com

Carne de Res Congelada

- Smart Meat A Whole New Grade of Beef —New York Strip Beef Steak
    —28% menos colesterol que la pechuga de pollo sin piel
    —63% menos grasa total en comparación con la información de
    USDA
    GFI Premium Foods,
    2815 Blaisdell Ave., South Minneapolis, MN 55408

Carne de Búfalo Congelada

- Great Range Brand Ground Buffalo
    Rocky Mountain Natural Meats, Inc.,
    Denver, CO 80229

Hamburguesas Congeladas

Hamburguesas de salmón

- Omega Foods Wild Salmon Burgers
    www.omegafoods.net

Hamburguesas de pavo

- Pilgrims Pride Turkey Burgers (de pura carne blanca)
    www.pilgrimspride.com

Hamburguesas de Carne de Res y Verduras

- Boca Meatless Burgers (original vegetariana)
    www.bocaburger.com
- Lightlife Smart Ground Taco & Burrito (hamburguesa vegetariana)
    1-800-769-3279
    www.lightlife.com
- Veggie Ground Beef
    1-800-667-9837
    www.yvesveggie.com

Hamburguesas de Carne de Pollo y Verduras

- Yves Veggie Cuisine Veggie Chick'n Burger
    1-800-667-9837
    www.yvesveggie.com

Hamburguesas Vegetarianas

- Dr. Praeger's Veggie Royale All Natural California Veggie Burgers
    www.drpraegers.com
- Gardenburger Veggie Medley
    www.gardenburger.com
- Whole Foods Market 365 Meat Free Gourmet Burger
- Vegan Burger
- Meat Free Garlic Burger
    www.wholefoods.com

Postres Congelados

- Certified Organic Natural Choice Organic Sorbet (recomiendo el de arándano y fresa-kiwi)
    Natural Choice Foods, Inc., Oxnard, CA 93030
- Dreyer's Whole Fruit Sorbet (se consigue como Edy's Whole Fruit Sorbet east of the Rockies)
- Häagen-Dazs Fruit Sorbets (varios sabores; mis favoritos son mango y frambuesa)
- Häagen-Dazs Frozen Yogurt (varios sabores)
- Stonyfield Farm Non-Fat Frozen Yogurt (varios sabores)

Pescado Congelado

- Cox's Delux Pink Shrimp
  Cox's Wholesale Seafood,
  Tampa, FL 33684
- High Liner Atlantic Cod Fillets
  www.highlinerfoods.com

- Wild Alaskan Salmon
  www.oceanbeauty.com

Barras de Fruta Congeladas

- Dole Fruit Juice Quiescently
  Frozen Juice Bars
- Dole Fruit & Juice Frozen Bars
  (sabores recomendados: fresa,
  uva, frambuesa)
- Tropicana Premium Frozen
  Juice Bars (preparadas
  con trozos de fruta; sabor
  recomendado: fresa)

- Dreyers Whole Fruit Bars (se
  consigue como Edy's Fruit Bars
  east of the Rockies; sabores
  recomendados: fresa, limonada,
  lima, bayas silvestres)
  www.dreyers.com
- Welch's Concord Grape Juice
  Bars

Frutas y Verduras Congeladas

- Cascadian Farms Organic
  Blackberries
- Cascadian Farms Organic
  Chinese Stir Fry
- Cascadian Farms Organic
  Garden Blend Premium
  Vegetables
- Cascadian Farms Organic
  Harvest Berries
- Cascadian Farms Organic Red
  Raspberries
- Cascadian Farms Organic
  Shelled Edamame
- Cascadian Farms Organic
  Strawberries
- Cascadian Farms Organic
  Sweet Cherries

  1-800-624-4123
  www.cfarm.com
- Flav. R. Pac Triple Berry Blend
  (arándanos/Marionberries/
  frambuesas)
  www.norpac.com
- Nutri Verde No Salt Added
  Vegetables (cogollos de brócoli
  y coliflor con rodajas de
  zanahoria, zucchini y
  butternut squash amarillo)
  1-800-491-2665
  www.nutriverde.com
- Pure Nature Organic Fruits &
  Vegetables (varias opciones)
  www.purenature
  organics.com

- Trader Joe's Frozen Fruit/Frozen Vegetables (varias opciones)
- Triple Berry Blend
  www.norpac.com

- Tiendas como Trader Joe's y Whole Food Marketplace tienen su propia marca de verduras y frutas saludables 100% naturales.

Jugos Congelados
- Cualquier marca que sea 100% jugo concentrado sin azúcar adicional ni colores artificiales.

Tacos Congelados
- Whole Foods Market 365 Chicken Taquitoso
  www.wholefoods.com

Waffles Congelados
- Kashi Go Lean Original 6 All Natural Frozen Waffles
- Lifestream Made with Organic Grains Flax Plus Toaster Waffles

- Lifestream Made with Organic Grains 8 Grain Sesame
  www.naturepath.com
- Van's All Natural Wheat Free Original Gourmet Waffles

Hierbas Aromáticas/Especias/intensificadores del Sabor
- It's Delish Garlic Granulated
- It's Delish Basil
- It's Delish Parsley Flakes

- It's Delish Oregano
  www.itsdelish.com
- McCormick Granulated Onion

Miel
- Gourmet Honey Store Buckwheat Honey
  www.gourmethoneystore.com
- Rita Miller's Select Honey Premium Gourmet Quality (alforfón)
  www.millershoney.com

- Topanga Quality Honey (alforfón)
  Bennet's Honey Farm, Piru, CA 93040, 1-805-521-1375

Mermeladas

- Knott's Berry Farm Pure Boysenberry Preserves
- Knott's Berry Farm Bing Cherry Pure Preserves
- Knott's Berry Farm 100% Fruit (fruta para untar; varios sabores)
- Sorrell Ridge Premium 100% Fruit Wild Blueberry Spreadable Fruit
- Trader Joe's Organic Blueberry Fruit Spread
- Trader Joe's Organic Blackberry Fruit Spread
- Trader Joe's Organic Strawberry Fruit Spread
- Trader Joe's Organic Morello Cherry Fruit Spread
- Trader Joe's Blueberry Preserves made with Fresh Blueberries
- Trader Joe's Boysenberry Preserves made with Fresh Boysenberries
- Trader Joe's Strawberry Preserves made with Fresh Strawberries
- Tiendas como Whole Foods Marketplace tienen su propia marca de mermeladas de fruta.

Ketchup

- Heinz Tomato Ketchup
- Muir Glen Organic Tomato Ketchup
- Trader Joe's Organic Ketchup

Margarina

- Smart Balance No-Trans Fatty Acids Buttery Spread

Nueces y Semillas

- Anne's Unsalted Dry Roasted Peanuts (el único ingrediente es maní blanqueado y tostado)
  Anne's House of Nuts Inc., Jessup, MD 20794
- David Roasted & Salted Sunflower Seeds
  ConAgra Foods, 7700 Frances Ave. South, Suite 200, Edna, MN 56485
- Elizabeth's Natural Filberts
- Elizabeth's Natural Health Mix, Pecans
- Elizabeth's Natural No Salt Roasted in Shell Pumpkin Seeds
- Elizabeth's Natural Pepitas (semillas de calabaza sin cáscara y crudas)
- Elizabeth's Natural Raw Almonds

- Elizabeth's Natural Raw Cashews
- Elizabeth's Natural Raw Hulled Sunflower Seeds
- Elizabeth's Natural Raw Mixed Nuts
- Elizabeth's Natural Super Energy Mix
- Elizabeth's Natural Walnuts
    1-631-243-1626
- Hoody's Classic Roast Peanuts (marca original de la fábrica) Original Nut House Brands, 11B Leigh Fisher, El Paso, TX 79906

    El único ingrediente es maní tostado en la cáscara. Esto significa que contiene la piel café del maní, que es donde se concentran los polifenoles y el resveratrol.
- Kirkland Almonds —U.S. #1 Supreme Whole (Costco)
- Kirkland Pecan Halves (Costco)
- Kirkland Pine Nuts (sólo piñones crudos; Costco)
- Kirkland Walnuts (sin preservativos ni cáscara; Costco)
- Old Tyme Roasted Peanuts (sin sal ni aceite)

    Estos vienen con cáscara, lo que significa que contienen la cáscara café, que es donde se concentran los polifenoles y el resveratrol.

    www.oldetymefoods.com

- Planters Salted Peanuts
- Trader Joe's California Premium Walnut Halves
- Trader Joe's California Walnut Halves & Pieces
- Trader Joe's Dry Roasted & Unsalted Almonds
- Trader Joe's Dry Roasted & Unsalted Pistachio Nutmeats
- Trader Joe's Dry Roasted & Unsalted Pistachios (con cáscara)
- Trader Joe's Fancy Dry Roasted Mixed Nuts
- Trader Joe's Fancy Raw Mixed Nuts
- Trader Joe's Go Raw Trek Mix
- Trader Joe's Old Fashioned Blister Peanuts (sin sal)
- Trader Joe's Organic Fruit & Nut Trail Mix
- Trader Joe's Organic Raw Pumpkin Seeds
- Trader Joe's Organic Whole Filberts
- Trader Joe's Raw Nonpareil Almonds
- Trader Joe's Raw Pecan Pieces
- Trader Joe's Raw Pepitas
- Trader Joe's Raw Pistachio Nutmeats (mitades y trozos)
- Trader Joe's Raw Pistachios (con cáscara)
- Trader Joe's Raw Sunflower Seeds
- Trader Joe's Raw Whole Cashews
- Trader Joe's Roasted & Unsalted Peanuts

Nueces y Semillas *(continuación)*

- Trader Joe's Roasted & Unsalted Sunflower Seeds
- Trader Joe's Roasted & Unsalted Whole Cashews

Bayas Frescas Empacadas

- California Giant Blueberries
- Sandpiper Organic Raspberries
- Sandpiper Organic Strawberries
  www.beachstreet.com
- Townsend Farms Organic Blueberries
- Townsend Farms Blackberries
  www.townsendfarms.com

Verduras y Hojas de Verduras Empacadas

- Cut'n Clean Greens (Country Mix: berza / mostaza / nabo)
  1-888-3GREENS
  www.cutncleangreens.com
- Dole Salad Mix (varias combinaciones)
- Fresh Express-Salads (varias combinaciones)
  1-800-242-5472
  www.freshexpress.com
- Green Giant Fresh
- Grimmway Farms Shredded Carrots
- Grimmway Farms Carrot Chips
  1-800-301-3101
  www.grimmway.com
- Mann's Sunny Shores Broccoli
- Mann's Cole Slaw (brócoli, zanahoria, repollo morado)
- Mann's Broccoli and Cauliflower
- Mann's Broccoli Wokly Broccoli Florettes
- Mann's Vegetable Medley (brócoli, coliflor, zanahoria baby)
- Mann's Cauliettes (cogollos de coliflor)
- Mann's Sugar Snaps
  1-800-285-1002
  www.broccoli.com
- Organic Earthbound Farm Baby Spinach Salad (varias combinaciones)
  www.ebfarm.com
- Packaged Greens Tanimura and Antle, Inc., Salinas,
  CA 93912-4070,
  1-800-772-4542
  www.taproduce.com
- Ready Pac (varias combinaciones)
  1-800-800-7822
  www.readypacproduce.com
- Red Shred (repollo morado)
- Stick Pack (zanahoria, apio)
  Garden Preps por: Pearson Foods Corp., Grand Rapids, MI 49508

Mezcla para *Pancakes* y *Waffles*

- Natural Ovens Pancake & Waffle Mix
  1-800-558-3535
  www.naturalovens.com
  Le enviarán los productos a su casa.

- Arrowhead Mills Buckwheat Pancake and Waffle Mix
- Arrowhead Mills Multigrain Pancakes and Waffle Mix

Pasta

- Al Dente Spinach Fettuccine Noodles
  1-800-536-7278
  www.aldentepasta.com
- American Beauty Healthy Harvest
- American Beauty Whole Wheat Blend Pasta (estilo spaghetti delgado)
- American Beauty Whole Wheat Blend Pasta (estilo spaghetti)
  1-800-730-5957
- Annie's Homegrown Organic Whole Wheat Spaghetti
  www.annies.com
- Bean Cuisine (se cocina en 15 minutos)
- Florentine Beans with Bow Ties (incluye pasta, fríjoles, hierbas aromáticas y especias)
  Reily Foods Co., 640 Magazine St., New Orleans, LA 70130, 1-504-524-6131

- DeBoles Organically Produced Whole Wheat Spaghetti Style Pasta
- Organica Di Sicilia Spaghetti
- Organica Di Sicilia Fettuccine
- Organica Di Sicilia Whole Wheat Fettuccine
- Organica Di Sicilia Whole Wheat Spirali
  1-800-277-4268
- Pasta Del Verde Spaghetti
- 141 Durum Whole Wheat Pasta (producto de macarrones enriquecidos)
  www.delverde.com
- Pasta Zesta (pasta de ajo y perejil)
- Pasta Zesta (pasta de tomate y albahaca)
  P.O. Box 7401-705, Studio City, CA 91604
- Ryvita Flavorful Fiber Whole Grain
- Ryvita Dark Rye
- Trader Joe's Organic Linguine

Mantequilla de Maní

- Arrowhead Mills 100% Valencia Peanut Butter (sin sal, azúcar ni preservativos)
- Arrowhead Mills Crunchy Valencia Peanut Butter
- Arrowhead Mills Sesame Tahini www.arrowheadmills.com
- Maranatha Almond Butter (crujiente, sin sal) www.nspiredfoods.com/maranatha.html

- All Natural Laura Scudder's Old Fashioned Peanut Butter (suave o crujiente, sin sal)
- Trader Joe's y otras compañías prestigiosas tienen varios tipos de mantequilla de maní. Cualquiera que no tenga sal, azúcar ni preservativos es una opción saludable.

Palomitas de Maíz

- Better Than Ever Premium America Popcorn www.gwproducts.com
- Newman's Own Organics (palomitas orgánicas para preparar en el horno microondas)
- Newman's Own Organics (palomitas con sabor natural a mantequilla)

- Newman's Own Organics (con un toque de mantequilla o sabor a mantequilla) www.newmansown organics.com
- Las opciones de palomitas de maíz mencionadas anteriormente no tienen grasa parcialmente hidrogenada ni ácidos transgrasos.

Aderezo para ensalada

- Annie's Naturals Balsamic Vinaigrette www.anniesnaturals.com
- Freshly Made Morgan's Dressing (aderezo francés)
- Freshly Made Morgan's Dressing (vinagreta balsámica) www.dressing.com
- Kirkland Balsamic Vinegar of Modena (Costco)

- La Maison Fresh Garlic Caesar Dressing Seaforth Creamery, Inc., Seaforth, Ontario, Canada, NoK 1Wo
- Oak Hill Farms Vidalia Onion Vinaigrette www.oakhillfarms.com
- Opciones recomendadas por Newman's:

Balsamic Vinaigrette

Oil and Vinegar

Caesar

Ranch

Family Recipe Italian

- Lite Italian Dressing
- Lite Balsamic Vinaigrette
- Parmesano Italiano
- Mi aderezo favorito es el aceite de oliva extravirgen (cualquier marca) con vinagre balsámico.

Salsa Embotellada

- La Victoria Red Taco Sauce
- Santa Barbara Olive Co. (crujiente salsa pesto de oliva)
  1-800-624-4896
  www.sbolive.com

- Tostitos All Natural Restaurant Style Salsa
- Tostitos All Natural Salsa

Salsa fresca, refrigerada

- Santa Barbara Mango Salsa with Peach (medio)
  www.sbsalsa.com

- Trader Joe's Guacamango Salsa

Sardinas

- Beach Cliff Sardines in Soybean Oil
  Stinson Seafood Co., Prospect Harbor, ME 04669
- Bela Olhau Portugal Lightly Smoked Sardines in Olive Oil
  Distribuido por: Blue Galleon Newton, MA 02458
- Crown Prince One Layer Brisling Sardines (en aceite/sin sal, empacadas en aceite de soya; producto de Escocia)
- Crown Prince Skinless & Boneless Sardines in Olive Oil (producto de Marruecos)
  Importado por: Crown Prince, Inc., City of Industry, CA 91748

- King Oscar Extra Small Sardines in Purest Virgin Olive Oil
  www.kingoscar.no
- King Oscar Finest Norwegian Sardines in Olive Oil
- Yankee Clipper Lightly Smoked Sardines in Lemon Sauce
- Yankee Clipper Lightly Smoked Sardines in Soybean Oil
- Yankee Clipper Lightly Smoked Sardines in Tomato Sauce
  Distribuido por: Wessanen, USA, St. Augustine, PL 32085-0410

Sopas

- Health Valley 99% Fat Free Chicken Noodle Soup
- Health Valley Fat Free Corn and Vegetable Soup
- Health Valley Garden Vegetable (sopa baja en grasa)
- Health Valley Low Fat Chicken Broth
- Health Valley No Salt Added Beef Flavored Broth
- Health Valley Organic Soup Tomato (sin sal)
- Health Valley Split Pea Soup (sin sal)
- Health Valley Vegetable Soup 1-800-434-4246
- Imagine Natural Creamy Broccoli Soup
- Imagine Natural Creamy Butternut Squash Soup
- Imagine Natural Creamy Portabello Mushroom Soup
- Imagine Natural Creamy Potato Leek Soup www.imaginefoods.com
- Trader Joe's Low Fat Reduced Sodium Split Pea Soup

Entradas de soya

- Simply Add Veggies, Cacciatore Soy Entree Kit www.simplyaddveggies.com

Leche de soya

- Harmony Farms Light Soy Soymilk (cualquier sabor "light")
  Harmony Farms,
  P.O. Box 410
  St. Augustine,
  PL 32085-0410
- Kirkland by Silk Vanilla Soymilk (Costco)
- Organic Silk Soymilk
- Organic Silk Vanilla Soymilk
- Original Edensoy Extra Organic Soymilk (fortificada con betacaroteno, vitaminas B12, E, D y calcio)
- Original Edensoy Organic Soymilk
- Vanilla Edensoy Extra Organic Soymilk (fortificada con betacaroteno, vitaminas B12, E, D y calcio)
- Pacific Soy Organic Ultra Vanilla Soymilk
- Westsoy Organic Unsweetened Soymilk
- Westsoy Plus Soymilk Vanilla

Batidos de soya

- Hansen's Natural Soy Smoothies (varios sabores)
   www.hansens.com

Tomates secos

- Premium Valley Sun California Sun Dried Tomatoes Julienne
   www.valleysun.com

Té

- Bigelow "Constant Comment" Green Tea (saborizado con naranja y especias)
- Bigelow Green Tea
- Celestial Seasonings Decaffeinated Green Tea
- Celestial Seasonings Wellness Tea
- Celestial Seasonings Sunburst C
- Celestial Seasonings Green Tea (orgánico)
- Golden Green Tea
   www.traditional medicinals.com
- Lipton Green Tea
- Lipton Unsweetened Iced Tea
- Salada 100% Green Tea
- Twinings of London Lady Grey Green Tea
- Twinings of London Earl Grey Tea
- Twinings of London Original Earl Grey Tea
- Twinings of London Jasmine Green Tea

Tortillas

- Ezekiel 4:9 New Mexico Style Sprouted Grain Tortillas (orgánicas certificadas)
   www.foodforlife.com
- Henry's Marketplace 100% Stone Ground Gourmet Corn Tortillas (Ingredientes: 100% maíz molido grueso, agua y limón)

Esta es una tienda en San Diego, pero agregué estas tortillas a la lista porque están preparadas con ingredientes saludables, además de que cada una contiene 1 g de fibra. Si las tortillas que va a comprar no tienen nada de fibra, busque una mejor opción.

Tortillas *(continuación)*

- La Tortilla Factory Whole Wheat Low-Fat, Low-Carb Tortillas
  1-707-586-4000 ó
  1-800-446-1516
  www.latortillafactory.com

- Tumaro's Gourmet Tortillas Honey Wheat (con harina orgánica)
  www.tumaros.com

Perros calientes vegetarianos

- The Good Dog
  1-800-667-9837
  www.yvesveggie.com

- Lightlife Smart Dogs
  1-800-769-3279
  www.lightlife.com

Granola de granos integrales

- Back to Nature Granola
  www.organicmilling.com
- Great Granola
  1-800-558-3535
  www.naturalovens.com
  Le enviarán los productos a su casa.

- Health Valley Low Fat Granola (con frutas tropicales)
- Health Valley Low Fat Granola (con sabor a dátil y almendra)
- Health Valley Low Fat Granola (con uvas pasas y canela)
- Kashi Go Lean Crunch

Granos integrales

- Fantastic Organic Whole Wheat Couscous
  www.fantasticfoods.com
- Lundberg Family Farms Organic Long Grain Brown Rice
- Lundberg Family Farms Organic Short Grain Brown Rice
- Lundberg Family Farms Organic Wild Rice Blend
  www.lundberg.com

- Texmati Long Grain American Basmati Brown Rice
  1-800-232-RICE
  www.riceselect.com
- Trader Joe's California Brown Aromatic Rice
- Trader Joe's Rice Trilogy
- Trader Joe's Basmati Rice Medley
- Trader Joe's Red Rice
- Trader Joe's Brown Rice Medley

Yogur

- Alta Dena Low Fat/Non Fat Yogurt (varios sabores)
  Distribuido por: Alta Dena Certified Dairy Inc., City of Industry, CA 91744
- Cascade Fresh Low Fat/Fat Free Yogurt (varios sabores)
  1-800-511-0057
  www.cascadefresh.com
- Colombo Low Fat/Non Fat Yogurt (varios sabores)
- Continental Yogurt Low Fat/Non Fat (varios sabores)
- Horizon Organic Low Fat/Fat Free Yogurt (varios sabores)
- Kirkland Low Fat Swiss Style Yogurt (varios sabores; Costco)
- Stonyfield Farm Organic Low Fat Yogurt (varios sabores)
- Stonyfield Farm Non Fat Yogurt (varios sabores)
- Trader Joe's French Village Low Fat/Nonfat Yogurt (varios sabores)

Batidos de yogur

Stonyfield Farm Organic Smoothie (varios sabores; mi favorito es el de fresa)

Siempre trate de ingerir la menor cantidad de sodio que pueda en cada comida: es preferible ponerles a los alimentos poca de sal después, que desde el inicio agregar una gran cantidad de ella.

Siempre verifique en la etiqueta de los alimentos que no contengan grasas parcialmente hidrogenadas. Si el alimento las contiene, no lo compre: no existe una cantidad segura de las llamadas transgrasas.

Cuando vaya al mercado, piense como un cazador-recolector: primero deténgase en la sección de frutas y verduras frescas, después diríjase a la de los productos de granos integrales, legumbres, nueces y semillas, productos lácteos semidescremados o descremados, etc.

En algunas etiquetas encontrará que se indican el sodio y el potasio: una proporción de potasio a sodio de 4:1, o más, es la ideal.

Para obtener información sobre productos orgánicos, vea a los California Certified Organic Farmers en www.ccof.org.

Bibliografía

Cómo lo está matando su dieta

Adiercreutz, H. Western diet and Western diseases: some hormonal and biochemical mechanisms and associations. *Scand J Clin Lab Invest* 1990; 201 (suppl.): 3-23.

Albanes. D., et al. Antioxidants and cancer; evidence from human observational studies and intervention trials. En: *Antioxidant Status, Diet, Nutrition and Health.* Papas, A.M., ed. CRC Press; 1999: 497-544.

Albertson, A.M., et al. Consumption of grain and whole-grain foods by an American population during the years of 1990-1992. *J Am Diet Assoc* 1995;95: 703-4.

Ascherio. A., et al. Intake of potassium, magnesium, calcium, and fiber and risk of stroke among US men. *Circulation* 1998; 98 (12): 1198-204.

Bantle, J.P., et al. Effects of dietary fructose on plasma lipids in healthy subjects. *Am J Clin Nutr* 2000:72:1128-34.

Bazzano, L.A., et al. Fruit and vegetable intake and risk of cardiovascular disease in US adults: the first National Health and Nutrition Examination Survey Epidemiologic Follow-up Study. *Am J Clin Nutr* 2002;76(1):93-9.

Brand, J., et al. Food processing and the glycemic index. *Am J Clin Nutr* 1985:42:1192-6.

Centers for Disease Control and Prevention. Chronic diseases and their risk factors: the nation's leading causes of death. Atlanta: Centers for Disease Control and Prevention, 1999.

Coulston. A.M. The role of dietary fats in plant based diets. *Am J Clin Nutr* 1999; 70 (suppl):5128-58.

Davis, C.U. Diet and carcinogenesis. En: *Vegetables. Fruits, and Herbs in Health Promotion.* Watson, R.R., ed. CRC Press; 2001:273-92.

DeBoer, S.W., et al. Dietary intake of fruits, vegetables, and fat in Olmsted County, Minn. *Mayo Clinical Proceedings* 2003:78:161-6.

Dock, W. The reluctance of physicians to admit that chronic disease may be due to faulty diet. Reimpreso de 1953. *Am J Clin Nutr* 2003;77(6):1345-7.

Fontaine, K.R., et al. Years of life lost due to obesity. *JAMA* 2003:289(2): 187-93.

Food and Nutrition Board, Institute of Medicine. Dietary Intake Data from the Third National Health and Nutrition Examination Survey (NHANESIII), 1988-1994. En: *Dietary Reference Intakes, appendix C*. Washington, D.C.: National Academy Press; 2001:594-643.

Fraser, G.E., et al. Effect of risk factor values on lifetime risk of and age at first coronary event. The Adventist Health Study. *Am J Epidemial* 1995:142:746-58.

Fraser, G.E., et al. Risk factors for all-cause and coronary heart disease mortality in the oldest-old. The Adventist Health Study. *Arch Intern Med* 1997:157:2249-58.

Fraser, G.E. Associations between diet and cancer, ischemic heart disease, and all-cause mortality in non-Hispanic white California Seventh-Day Adventists. *Am J Clin Nutr* 1999; 70 (suppl):532S-8S.

Friedenreich, C.M. Physical activity and cancer: lessons learned from nutritional epidemiology. *Nutr Rev* 2001;59(11):349-57.

Fung, T.T., et al. Association between dietary patterns and plasma biomarkers of obesity and cardiovascular disease risk. *Am J Clin Nutr* 2001:73:61-7.

Harnack, L.J., et al. Temporal trends in energy intake in the United States: an ecologic perspective. *Am J Clin Nutr* 2000:71:1478-84.

Kanazawa, M., et al. Effects of a high-sucrose diet on body weight, plasma triglycerides, and stress tolerance. *Nutr Rev* 2003:61(5, Part II):S27-S33.

Kimura, S. Glycemic carbohydrate and health: background and synopsis of the symposium. *Nutr Rev* 2003:61 (5, Part II):S1-S4.

O'Dea, K. Clinical implications of the "thrifty genotype" hypothesis: where do we stand now? *Nutr Metab Cardiovasc Dis* 1997:7:281-4.

Ramakrishnan, U. Prevalence of micronutrient malnutrition worldwide. *Nutr Rev* 2002:60(5, Part II):S46-S52.

Rolls, B.J., et al. Portion size of food affects energy intake in normal-weight and overweight men and women. *Am J Clin Nutr* 2002;76(6):1207-13.

Rutledge, J.C. Links between food and vascular disease. *Am J Clin Nutr* 2002;75(1):4.

Micronutrientes: la clave para tener una supersalud

Cao, G., et al. Antioxidant capacity of tea and common vegetables. *J Agric Food Chem* 1996:4:3426-31.

Hennekens, C.H. Antioxidant vitamins and cardiovascular disease. En: *Antioxidant Status, Diet. Nutrition and Health*. Papas. A.M., ed. CRC Press; 1949:463-78.

Jacob. R.A., et al. Oxidative damage and defense. *Am J Clin Nutr* 1996;63(suppl): 9858-908.

O'Neill, K.L., et al. Fruits and vegetables and the prevention of oxidative DNA damage. En: *Vegetables, Fruits, and Herbs in Health Promotion*. Watson. R.R., ed. CRC Press;2001:135-46.

Phytochemicals—A New Paradigm. Bidlack, W.R., Omaye, S.T., Meskin, M.S., Jahner, D., eds. Lancaster, PA: Technomic Publishing Co. Inc., 1998.

Phytochemicals as Bioactive Agents. Bidlack, W.R., Omaye, S.T., Meskin. M.S., Jahner, D., eds. Boca Raton, FL: CRC Press LLC, 2000.

Rimm, E.B., et al. Vegetable, fruit, and cereal fiber intake and risk of coronary heart disease among men. *JAMA* 1996;275:447-51.

Shahidi, P., et al. *Phenolics in Food and Nutraceuticals*. Boca Raton, FL: CRC Press LLC,2004.

Simopoulos, A.P. The Mediterranean diets: what is so special about the diet of Greece? The scientific evidence. *J Nutr* 2001;131:3065S-73S.

Trichopoulou, A., et al. Mediterranean Diet: are antioxidants central to its benefits? En: *Antioxidant Status, Diet, Nutrition and Health*. Papas, A.M., ed. CRC Press;1999:107-18.

Waladkhani, A.R., et al. Effect of dietary phytochemicals on cancer development. En: *Vegetables, Fruits, and Herbs in Health Promotion*. Watson. R.R., ed. CRC Press;2001:3-18.

Wattenberg, L.W. An overview of chemoprevention: current status and future prospects. *Proc Soc Exp Biol Med* 1997;216:133-41.

Wise, J.A. Health benefits of fruits and vegetables: the protective role of phytonutrients. En: *Vegetables. Fruits, and Herbs in Health Promotion*. Watson, R.R., ed. CRC Press;2001:147-76.

Los cuatro principios de *Superalimentos Rx*

Anatomy of an Illness as Perceived by the Patient—Reflections on Healing and Regeneration. Cousins, N, ed. Nueva York: Norton, 1979.

Anderson, J.W. Diet first, then medication for hypercholesterolemia. *JAMA* 2063; 290(4):531-8.

Appel, L.J. The role of diet in the prevention and treatment of hypertension. *Curr Atheroscler Rep* 2000:2:521-28.

Cao, G., et al. Increases in human plasma antioxidant capacity after consumption of controlled diets high in fruit and vegetables. *Am J Clin Nutr* 1998:68:1081-7.

Carson, R. *Silent Spring*. Boston, MA: Houghton Mifflin, 1994.

Cordian, L. The nutritional characteristics of a contemporary diet based upon Paleolithic food groups. *JANA* 2002;5(3):15-24.

de Lorgeril, M., et al. Mediterranean dietary pattern in a randomized trial. Prolonged survival and possible reduced cancer rate. *Arch Intern Med* 1998; 158:1181-7.

de Lorgeril, M., et al. Modified Cretan Mediterranean diet in the prevention of coronary heart disease and cancer. En: *Mediterranean Diets*. Simopoulos, A.P., Visioli, F., eds. Karger Basel, Suiza 2000:87:1-23.

Eastell, R., et al. Strategies for skeletal health in the elderly. *Proc Nutr Soc* 2002; 61(2):173-80.

Fairfield, K.M., et al. Vitamins for chronic disease prevention in adults: scientific review. *JAMA* 2002;287(23):3116-26.

Fan, W.Y., et al. Reduced oxidative DNA damage by vegetable juice intake: a controlled trial. *J Physiol Anthropol Appl Human Sci* 2000; 19:287-9.

Fleet, J.C. DASH without the dash (of salt) can lower blood pressure. *Nutr Rev* 2001;59(9):291-7.

Gronbaek, M., et al. Type of alcohol consumed and mortality from all causes, coronary heart disease, and cancer. *Ann Intern Med* 2000; 133:411-9.

Gussow, J.D. *This Organic Life: Confessions of a Suburban Homesteader*. White River Junction, VT: Chelsea Green Publishing Company. 2001.

Jenkins, D.J.A., et al. Effects of a dietary portfolio of cholesterol-lowering foods vs lovastatin on serum lipids and c-reactive protein. *JAMA* 2003:290(4):502-10.

Kant, A.K., et al. Dietary diversity and subsequent mortality in the First National Health and Nutrition Survey Epidemiologic Follow-up Study. *Am J Clin Nutr* 1993;57:434-40.

Marlett, J.A., et al. Position of the American Dietetic Association: health implications of dietary fiber. *J Am Diet Assoc* 2002:102(7):993-1000.

Milton, K. Nutritional characteristics of wild primate foods: do the natural diets of our closest living relatives have lessons for us? *Nutr* 1999:15:488-98.

Mozaffarian, D., et al. Cereal, fruit, and vegetable fiber intake and the risk of cardiovascular disease in elderly individuals. *JAMA* 2003; 289(13): 1659-66.

Nick, G.L. Detoxification properties of low-dose phytochemical complexes found within select vegetables. *JANA* 2002;5(4):34-44.

Pool-Zobel, B.L., et al. Consumption of vegetables reduces genetic damage in humans: first results of a human intervention trial with carotenoids-rich foods. *Carcinogenesis* 1997; 18:1847-50.

Pratt, et al. Nutrition and Skin Cancer Risk Prevention. En: *Functional Foods and Neutraceuticals in Cancer Prevention*, Ronald R. Watson, editor, Iowa State Press, 2003:105-20.

Simopoulos, A.P. Essential fatty acids in health and chronic disease. *Am J Clin Nutr* 1999;70(suppl):560S-9S.

Storper, B. Moving toward healthful sustainable diets. *Nutr Today* 2003;38(2):57-9.

Sun, J., et al. Antioxidant and antiproliferative activities of common fruits. *J Agric Food Chem* 2002:50(25): 7449-54.

Suter, P.M. Alcohol and mortality: if you drink, do not forget fruits and vegetables. *Nutr Rev*; 59(9):293-7.

Thompson, H.J., et al. Effect of increased vegetable and fruit consumption on markers of oxidative cellular damage. *Carcinogenesis* 1999:20:2261-6.

USDA Nutrient Database for Standard Reference, http://www.nal.usda.gov/fnic/cgi-bin/nut_search.pl

White, I.R. The level of alcohol consumption at which all-cause mortality is least. *J Clin Epidemiol* 1999:52:967-75.

Willcox, B.J. *The Okinawa Program*, Willcox, B.J., Willcox, D.C., Suzuki. M., eds. Nueva York: Three Rivers Press, 2001.

Willett, W.C., et al. Mediterranean diet pyramid: a cultural model for healthy eating. *Am J Clin Nutr* 1995;61(suppl):1402S-6S.

Willett, W.C., et al. Relation of meat, fat, and fiber intake to the risk of colon cancer in a prospective study among women. *N Engl J Med* 1990:323:1664-72.

Willett, W.C. *Eat, Drink and Be Healthy—The Harvard Medical School Guide to Healthy Eating.* Nueva York: Simon & Schuster Source, 2001.

Willett, W.C. Micronutrients and cancer risk. *Am J Clin Nutr* 1994;59:162S-5S.

Superalimentos Rx en su cocina

American Institute for Cancer Research. As restaurant portions grow, vast majority of Americans still belong to "clean plate club," new survey finds. January 15, 2001. web page of American Institute for Cancer Research: www.aicr.org. Internet: http://www.aicr.org/r011501.htm (visto el 8 de noviembre, 2001).

American Institute for Cancer Research. New survey shows Americans ignore importance of portion size in managing weight. March 24, 2000. web of American Institute for Cancer Research: www.aicr.org. Internet: http://www.aicr.org/r032400.htm (visto el 8 de noviembre, 2001).

Duyff, R.L. *American Dietetic Association Complete Food and Nutrition Guide*, 2nd edition. Hoboken, NJ: John Wiley & Sons, Inc., 2002.

Freedman, D.S., et al. Trends and correlates of class 3 obesity in the United States from 1990 through 2000. *JAMA* 2002;288(14):1758-61.

Hu, F.B., et al. Optimal diets for prevention of coronary heart disease. *JAMA* 2002; 299(20):2569-78.

Kant, A.K., et al. A prospective study of diet quality and mortality in women. *JAMA* 2000:283:2109-15.

Krebs-Smith, S.M., et al. The effects of variety in food choices on dietary quality. *J Am Diet Assoc* 1987;87(7):896-903.

Newby, P.K., et al. Dietary patterns and changes in body mass index and waist circumference in adults. *Am J Clin Nutr* 2003;77(6):1417-25.

Ogden, C.L., et al. Prevalence and trends in overweight among US children and adolescents. 1999-2000. *JAMA* 2002;288(14):1728-32.

Arándanos

Amdkura, Y, et al. Influence of jam processing on the radical scavenging activity and phenolic content in berries. *J Agric Food Chem* 2000:48(12):6292-7.

Bravo, L. Polyphenols: chemistry, dietary sources, metabolism, and nutritional significance. *Nutr Rev* 1998:56(11): 317-33.

Cao, G.. et al. Anthocyanins are detected in human plasma after oral administration of an elderberry extract. *Clin Chem* 1999:45:574-6.

Cao, G., et al. Scrum antioxidant capacity is increased by consumption of strawberries, spinach, red wine or vitamin C in elderly women. *J Nutr* 1998; l28 (12):2383-90.

Commenges, D., et al. Intake of flavonoids and risk of dementia. *Eur J Epidemiol* 2000:16:357-63.

Das, D.K., et al. Cardioprotection of red wine: role of polyphenolic antioxidants. *Drugs Exp Clin Res* 1999:25(2-3): 115-20.

Erlund, I., et al. Consumption of black currants, lingonberries and bilberries increases serum quercetin concentrations. *Eur J Clin Nutr* 2003:57(1):37-42.

Ferrandiz, M.L., et al. Anti-inflammatory activity and inhibition of arachidonic acid metabolism by flavonoids. *Agents Actions* 1991:32:283-8.

Fuhrman, B., et al. Consumption of red wine with meals reduces the susceptibility of human plasma and low-density lipoprotein to lipid peroxidation. *Am J Clin Nutr* 1995;61:549-54.

Gheldof, N., et al. Buckwheat honey increases serum antioxidant capacity in humans. *J Agric Food Chem* 2003:51(5):1 500-5.

Gil, M.I., et al. Antioxidant activity of pomegranate juice and its relationship with phenolic composition and processing. *J Agric Food Chem* 2000;48(10):4581-9.

Girard, B., et al. Functional grape and citrus products. En: *Functional Foods Biochemical & Processing Aspects*. Mazza, G., ed. Lancaster, PA: Technomic Publishing Company, Inc., 1998:139-92.

Hertog, M.G.L., et al. Antioxidant flavonols and coronary heart disease risk. *Lancet* 1997:349:699.

Hertog, M.G.I., et al. Antioxidant flavonols and ischemic heart disease in a Welsh population of men: the Caerphilly study. *Am J Clin Nutr* 1997:65:1489-94.

Hertog, M.G.L., et al. Dietary antioxidant flavonoids and risk of coronary heart disease: the Zutphen elderly study. *Lancet* 1993:342:1007-11.

Hertog, M.G.L., et al. Dietary flavonoids and cancer risk in the Zutphen Elderly Study. *Nutr Cancer* 1994:22:175-84.

Joseph, J.A., et al. Long-term dietary strawberry, spinach, or vitamin E supplementation retards the onset of age-related neuronal signal-transduction and cognitive behavioral deficits. *J Neurosci* 1998:18(19): 804 7-55.

Joseph, J.A., et al. Oxidative stress protection and vulnerability in aging: putative nutritional implications for intervention. *Mech Ageing Dev* 2000:31;116(2-3): 141-53.

Joseph, J.A., et al. Reversals of age-related declines in neuronal signal transduction, cognitive, and motor behavioral deficits with blueberry, spinach, or strawberry dietary supplementation. *J Neurosci* 1999; 19(18):8114-21.

Kay, C.D., et al. The effect of wild blueberry (*Vaccinium angustifolium*) consumption on postprandial serum antioxidant status in human subjects. *Br J Nutr* 2002; 88(4):389-98.

Keevil, J.G., et al. Grape juice, but not orange juice or grapefruit juice, inhibits human platelet aggregation. *J Nutr* 2000;130(1): 53-6.

Knekt, P., et al. Dietary flavonoids and the risk of lung cancer and other malignant neoplasms. *Am J Epidemiol* 1997;146:223-30.

Kopp, P. Resveratrol, a phytoestrogen found in red wine: a possible explanation for the conundrum of the French paradox? *Eur J Endocrinol* 1999;138(6):619-20.

Lansky, E., et al. Pharmacological and therapeutical properties of pomegranate. En: *Proceedings 1st International Symposium on Pomegranate*; Megarejo, P, Martínez, J.J. Martínez J., eds., CIHEAM. Orihuela, España, 1998;Pr-07.

Maas, J.L., et al. Ellagic acid, an anticarcinogen in fruits, especially in strawberries: a review. *Hortic Sci* 1991;26:10-14.

Mazza, G., et al. Absorption of anthocyanins from blueberries and serum antioxidant status in human subjects. *J Agric Food Chem* 2002;50(26):7731-7.

O'Byrne, D.J., et al. Comparison of the antioxidant effects of Concord grape juice flavonoids and a-tocopherol on markers of oxidative stress in healthy adults. *Am J Clin Nutr* 2002:76(6): 1367-74.

Oregon Berries Web Page: http://www.oregon-berries.com

Paper, D.H. Natural products as angiogenesis inhibitors. *Planta Med* 1998:64:686-95.

Saija, A., et al. Flavonoids as antioxidant agents: importance of their interaction with biomembranes. *Free Radio Biol Med* 1995;19(4):481-6.

Stacewicz-Sapuntzakis, M., et al. Chemical composition and potential health effects of prunes: a functional food? *Crit Rev Food Sci Nutr* 2001;41(4):251-86.

USDA Database for the Flavonoid Content of Selected Foods. Visto en marzo de 2003. www.nalusda.gov/fnic/foodcomp

Vinson, J.A. Total polyphenol content of selected juices and jams. Personal communication, 2003.

Vinson, J.A., et al. Phenol antioxidant quantity and quality in foods: fruits. *J Agric Food Chem* 2001;49(11):5315-21.

Avena

Albertson, A., et al. Consumption of grain and whole-grain foods by an American population during the years 1990-1992. *J Am Diet Assoc* 1995:95:703-4.

Boushey, C.J., et al. A quantitative assessment of plasma homocysteine as a risk factor for vascular disease. Probable benefit of increasing folic acid intakes. *JAMA* 1995:274:1049-57.

Cleveland, L.E., et al. Dietary intake of whole grains. *J Am Coll Nutr* 2000:19: 331S-8S.

Cunnane, S.C. Metabolism and function alpha-linolenic acid in humans. En: *Flaxseed in Human Nutrition*. Cunnane, S.C. y Thompson, L.U., eds. Champaign, IL: AOCS Press, 1995:99-127.

Cunnane, S.C., et al. Nutritional attributes of traditional flaxseed in healthy young adults. *Am J Clin Nutr* 1995;61(1):62-8.

de Lorgeril, M., et al. Mediterranean alpha-linolenic acid-rich diet in secondary prevention of coronary heart disease. *Lancet* 1994;343(8911):1454-9.

Fung, T.T., et al. Whole-grain intake and the risk of type 2 diabetes: a prospective study in men. *Am J Clin Nutr* 2002;76(3):535-40.

Jacobs, D.R., et al. Is whole grain intake associated with reduced total and cause specific death rates in older women? The Iowa Women's Health Study. *Am J Public-Health* 19 99:89:32 2-9.

Jacobs, D.R., et al. Whole grain intake and cancer: an expanded review and meta-analysis. *Nutr Cancer* 1998;30(2):85-96.

Jacobs, D.R., et al. Whole-grain intake may reduce the risk of ischemic heart disease death in postmenopausal women: the Iowa Women's Health Study. *Am J Clin Nutr* 1998:68(2):248-57.

Johnston, L., et al. Cholesterol-lowering benefits of a whole grain oat ready-to-eat cereal. *Nutr Clin Care* 1998:1:6-12.

Katz, D.L., et al. Acute effects of oats and vitamin E on endothelial responses to ingested fat. *Am J Prev Med* 2001:20(2): 1124-9.

Kilkkinen, A., et al. Research Communication: intake of lignins is associated with serum enterolactone concentration in Finnish men and women. *J Nutr* 2003; 133(6):1830-3.

Lampi, A.M., et al. Tocopherols and tocotrienols from oil and cereal grains. En: *Functional Foods: Biochemical and Processing Aspects*, vol. 2. Shi, J., Mazza, G., Le Maguer. M., eds. Boca Raton, PL: CRC Press, LLC, 2002: 1-38.

Levine, A.S., et al. Dietary fiber: does it affect food intake and body weight? En: *Appetite and Body Weight Regulation: Sugar, fat and macronutrient substitutes*. Fernstrom, J.D., Miller, G.D., eds. Boca Raton, FL: CRC Press, Inc., 1994: 191-200.

Liu, S., et al. Is intake of breakfast cereals related to total and cause-specific mortality in men? *Am J Clin Nutr* 2003;77(3):594-9.

Liu, S., et al. Relation between a diet with a high glycemic load and plasma concentrations of high-sensitivity C-reactive protein in middle-aged women. *Am J Clin Nutr* 2002; 75(3):492-8.

Liu, S., et al. Whole grain consumption and risk of ischemic stroke in women; a prospective study. *JAMA* 2000:284:1534-40.

Liu, S., et al. Whole-grain consumption and risk of coronary heart disease: results from the Nurses' Health Study. *Am J Clin Nutr* 1999;70(3):412-9.

McKeown, N.M., et al. Whole grain intake and risk of ischemic stroke in women. *Nutr Rev* 2001:59(5): 149-152.

Miller, H.E., et al. Antioxidant content of whole grain breakfast cereals, fruits and vegetables. *J Am Coll Nutr* 2000;19(suppl):312S-9S.

Montonen, J., et al. Whole-grain and fiber intake and the incidence of type 2 diabetes. *Am J Clin Nutr* 2003;77(3):622-9.

Oomah, B.D., et al. Flaxseed products for disease prevention. En: *Functional Foods Biochemical & Processing Aspects*. Mazza, G., ed. Lancaster, PA: Technomic Publishing Company, Inc. 1998:91-138.

Pedersen, B., et al. Nutritive value of cereal products with emphasis on the effect of milling. *World Rev Nutr Diet* 1989:60:1-91.

Saltzman, E., et al. An oat-containing hypocaloric diet reduces systolic blood pressure and improves lipid profile beyond effects of weight loss in men and women. *J Nutr* 2001;131:1465-70.

Slavin, J., et al. Grain processing and nutrition. *Crit Rev Food Sci Nutr* 2000:40: 309-26.

Slavin, J., et al. Plausible mechanisms for the protectiveness of whole grains. *Am J Clin Nutr* 1999:70(3 suppl):459S-63S.

Slavin, J., et al. Whole grain consumption and chronic disease: protective mechanisms. *Nutr Cancer* 1997:27:14-21.

Thompson, L.U. Antioxidants and hormone-mediated health benefits of whole grains. *Crit Rev Food Sci Nutr* 1994;34(586):473-97.

Tousoulis, D., et al. L-arginine in cardiovascular disease: dream or reality? *Vasc Med* 2002;7(3):203-11.

Trusswell, A.S. Cereal grains and coronary heart disease. *Eur J Clin Nutr* 2002:56(1):1-14.

Brócoli

Cohen, J.H., et al. Fruit and vegetable intakes and prostate cancer risk. *J Natl Cancer Inst* 2000;92(1):61-8.

Conaway, C.C., et al. Disposition of glucosinolates and sulforaphane in humans after ingestion of steamed and fresh broccoli. *Nutr Cancer* 2000:38(2): 168-78.

Ernster, L., et al. Biochemical, physiological and medical aspects of ubiquinone function. *Biochem Biophys Acta* 1995:1271:195-204.

Fahey, J.W., et al. Antioxidant functions of sulforaphane: a potent inducer of phase 2 detoxication enzymes. *Food Chem Toxicol* 1999;37:973-9.

Jeflery, E.H., et al. Cruciferous Vegetables and Cancer Prevention. En: *Handbook of Nutraceuticals and Functionul Foods*. Wildman, R.E.C., ed. Boca Raton, FL: 2001;169-92. CRCS Press LLC.

Michnovicz, J.J., et al. Altered estrogen metabolism and excretion in humans following consumption of I3C. *Nutrition and Cancer* 1991:16:59-66.

Murray, S., et al. Effect of cruciferous vegetable consumption on heterocyclic aromatic amine metabolism in man. *Carcinogenesis* 2001;22(9):1413-20.

Nestle, M. Broccoli sprouts in cancer prevention. *Nutr Rev* 1998:56(4 Pt 1):127-30.

Osborne, M.P. Chemoprevention of breast cancer. *Surg Clin North Am* 1999:79(5): 1207-21.

Telang, N.T., et al. Inhibition of proliferation and modulation ofestradiol metabolism: novel mechanisms for breast cancer prevention by the phytochemical indole-3-carbinol. *Proc Soc Exp Biol Med* 1997:216:246-52.

Van Poppel, G., et al. Brassica vegetables and cancer prevention. Epidemiology and mechanisms. *Adv Exp Med Biol* 1999:472:159-68.

Verhagen, J., et al. Reduction of oxidative DNA-damage in humans by Brussels sprouts. *Carcinogenesis* 1995;16(4):969-70.

Verhoeven, D.E., et al. A review of mechanisms underlying anticarcinogenicity by brassica vegetables. *Chem Biol lnteract* 1997;103(2):79-129.

Verhoeven, D.T.H., et al, Epidemiological studies on brassica vegetables and cancer risk. *Cancer Epidemiol Bio Prev* 1996;5(9):733-48.

Wattenberg, L.W. Inhibition of carcinogenesis by minor anutrient constituents of the diet. *Proc Nutr Soc* 1990:49:173-83.

Calabaza

Albanes, D., et al. Alpha-tocopherol and beta carotene supplements and lung cancer incidence in the Alpha-Tocopherol, Beta-Carotene Cancer Prevention Study: Effects of base-line characteristics and study compliance. *J Nutr Cancer Inst* 1996:88:1560-70.

The Alpha-Tocopherol. Beta Carotene Cancer Prevention Study Group. The effect of vitamin E and beta carotene on the incidence of lung cancer and other cancers in male smokers. *N Engl J Med* 1994:330:1029-35.

Ascherio, A., et al. Relation of consumption of vitamin E, vitamin C, and carotenoids to risk for stroke among men in the United States. *Ann Intern Med* l999;130(12):963-70.

Bowen, P.E., et al. Variability of serum carotenoids in response to controlled diets containing six servings of fruits and vegetables per day. *Ann NY Acad Sci* 1993;691:241-3.

Cooper, D.A., et al. Dietary carotenoids and certain cancers, heart disease, and age-related macular degeneration: a review of recent research. *Nutr Rev* 1999;57:201-14.

D'Odorico, A., et al. High plasma levels of alpha- and beta-carotene are associated with a lower risk of atherosclerosis: results from the Bruneck study. *Atherosclerosis* 2000:153(1):231-9.

Erdman, J.W., Jr. Variable bioavailability of carotenoids from vegetables. *Am J Clin Nutr* 1999:70:179-80.

Kohlmeier, L., et al. Epidemiologic evidence of a role of carotenoids in cardiovascular disease prevention. *Am J Clin Nutr* 1995:62(suppl):l370S-6S.

Krinsky, N.I. The antioxidant and biological properties of the carotenoids. *Ann NY Acad Sci* 1998:854:443-7.

McVean, M., et al. Oxidants and antioxidants in Ultraviolet-induced non-melanoma skin cancer. En: *Antioxidant Status, Diet, Nutrition and Health*. Papas, A.M., ed. CRC Press 1999:401-30.

Mayne, S.T. P-Carotene, carotenoids and disease prevention in humans. *FASEB J* 1996:10:690-701.

Omenn, G.S., et al. Effects of a combination of beta carotene and vitamin A on lung cancer and cardiovascular disease. *N Engl J Med* 1996:334:1150-5.

Rock, C.L., et al. Responsiveness of serum carotenoids to a high-vegetable diet intervention designed to prevent breast cancer recurrence. *Cancer Epidemiol Biomarkers Prev* 1997:6:617-23.

Rock, C.L. Carotenoid update. *J Am Diet Assoc* 2003;103(4):423-5.

Stahl, W., et al. Carotenoids and carotenoids plus vitamin E protect against ultraviolet light-induced erythema in humans. *Am J Clin Nutr* 2000;71(3):795-8.

van Poppel, G., et al. Epidemiologic evidence for beta-carotene and cancer prevention. *Am J Clin Nutr* 1995:62(suppl):1393S-1402S.

White, W.S., et al. Ultraviolet light-induced reductions in plasma carotenoids levels. *Am J Clin Nutr* 1988:47:879-83.

Yeum, K.J., et al. Carotenoid bioavailability and bioconversion. En: *Annual Review of Nutrition*, vol. 22, 2002. McCormick, D.B., Bier, D.M., Cousins, R.J., eds. 2002:483-504.

Espinaca

Beatty, S., et al. Macular pigment and age-related macular degeneration. *Br J Ophthalmol* 1999:83:857-77.

Brown, L., et al. A prospective study of carotenoids intake and risk of cataract extraction in US men. *Am J Clin Nutr* 1999; 70(4):51 7-24.

Booth, S.L, et al. Dietary intake and adequacy of vitamin K. *J Nutr* 1998; 128(5); 785-8.

Castenmiller, J.J.M., et al. The food matrix of spinach is a limiting factor in determining the bioavailability of beta-carotene and to a lesser extent of lutein in humans. *J Nutr* 1999; 129:349-55.

Chasan-Taber, L., et al. A prospective study of carotenoids and vitamin A intakes and risk of cataract extraction in US women. *Am J Clin Nutr* 1999;70(4):431-2.

Colditz, G.A., et al. Increased green and yellow vegetable intake and lowered cancer deaths in an elderly population. *Am J Clin Nutr* 1985:41:32-6.

Ernster, L., et al. Biochemical, physiological and medical aspects of ubiquinone function. *Biochem Biophys Acta* 1995;1271:195-204.

Greenway, H.T., et al. Fruit and vegetable micronutrients in diseases of the eye. En: *Vegetables, Fruits, and Herbs in Health Promotion*. Watson, R.R., ed. CRC Press; 2001:85-98.

Hammond, B.R., et al. Macular pigment density is reduced in obese subjects. *Invest Ophthalmol Vis Sci* 2002:43:47-50.

Handelman, G.J., et al. Lutein and zeaxanthin concentrations in plasma after dietary supplementation with egg yolk. *Am J Clin Nutr* 1999;70(2):247-51.

Hu, F.B., et al. A prospective study of egg consumption and risk of cardiovascular disease in men and women. *JAMA* 1999:281(15):1387-94.

John, J.H., et al. Effects of fruit and vegetable consumption on plasma antioxidant concentrations and blood pressure: a randomized controlled trial. *Lancet* 2002; 359(93-22):1969-74.

Klein, R., et al. The association of cardiovascular disease with the long-term incidence of age-related maculopathy: the Beaver Dam Eye Study. *Ophthalmol* 2003;110(4):636-43.

Landvik, S.V., et al. Alpha-Lipoic acid in health and disease. En: *Antioxidant Status, Diet, Nutrition and Health*. Papas, A.M., ed. CRC Press, 1999:591-600.

Pratt, S. Dietary prevention of age-related macular degeneration. *J Am Optom Assoc* 1999;70(1):39-47.

Richer, S. Lutein—an opportunity for improved eye health. *JANA* 2001;4(2):6-7.

Seddon, J.M., et al. Dietary carotenoids, vitamins A, C. and E, and advanced age-related macular degeneration. Eye Disease Case-Control Study Group. *JAMA* 1994:2 72(18):1413-20.

Shao, A. The role of lutein in human health. *JANA* 2001;4(2):8-24.

Simopoulos, A.P., et al. Common purslane: a source of omega-3 fatty acids and antioxidants. *J-Am Coll Nutr* 1992;11(4):374-82.

Slattery, M.L, et al. Carotenoids and colon cancer. *Am J Clin Nutr* 2000;71(2): 575-82.

Steenge, G.R., et al. Betaine supplementation lowers plasma homocysteine in healthy men and women. *J Nutr* 2003; 133(5):1291-5.

Zeisel, S.H., et al. Concentrations of choline-containing compounds and betaine in common foods. *J Nutr* 2003;133(5):1302-7.

Leguminosas

Adiercreutz, H.A., et al. Effect of dietary components, including lignins and phy-toestrogens on enterohepatic circulation and live metabolism of estrogens and on sex hormone binding globulin. *J Steroid Biochem* 1987:27:1135-44.

The American Cancer Society, Dietary Guidelines Advisory Committee. Guide-lines on diet, nutrition and cancer prevention: reducing the risk of cancer with healthy food choices and physical activity. 1996.

Anderson, J.W., et al. Cardiovascular and renal benefits of dry bean and soybean intake. *Am J Clin Nutr* 1999:70(3 suppl):464S-74S.

Anderson, J.W., et al. Hypocholesterolemic effects of oat and bean products. *Am J Clin Nutr* 1988:48:749-53.

Barampama, Z., et al. Oligosaccharides, antinutritional factors, and protein digest-ibility of dry beans as affected by processing. *J Food Sci* 1994;59:833-8.

Bazzano, L.A., et al. Legume consumption and risk of coronary heart disease in US men and women: NHANES I Epidemiologic Follow-up Study. *Arch Int Med* 2001:161(21): 25 73-8.

Brown, L., et al. Cholesterol-lowering effects of dietary fiber; a meta-analysis. *Am J Clin Nutr* 1999:69:30-42.

Correa, P. Epidemiologic correlations between diet and cancer frequency. *Cancer Res* 1981:41:3685-9.

Deshpande, S.S. Food legumes in human nutrition: a personal perspective. *CRC Crit Rev Food Sci Nutr* 1992:32:333-63.

Geil, P.B., et al. Nutrition and health implications of dry beans: a review. *J Am Coll Nutr* 1994; 13:549-58.

Graf, E., et al. Suppression of colonic cancer by dietary phytic acid. *Nutr Cancer* 1993:19:11-9.

Jenkins, D.J.A., et al. Exceptionally low blood glucose response to dried beans: comparison with other carbohydrate foods. *Br Med J* 1980:281:578-80.

Kushi, L.H., et al. Cereals, legumes, and chronic disease risk reduction: evidence from epidemiologic studies. *Am J Clin Nutr* 1999;70(suppl):451S-8S.

Mc, Intosh, M. A diet containing food rich in soluble and insoluble fiber improves glycemic control and reduces hyperlipidemia among patients with type 2 dia-betes mellitus. *Nutr Rev* 2001;59(2):52-5.

Mazur, W., et al. Isoflavonoids and lignans in legumes: nutritional and health aspects in humans. *J Nutr Biochem* 1998:9:193-200.

Menotti, A., et al. Food intake patterns and 25-year mortality from coronary heart disease: cross-cultural correlations in the Seven Countries Study. The Seven Countries Study Research Group. *Eur J Epidemiol* 1999:15(6):507-15.

Miller, J.W. Does lowering plasma homocysteine reduce vascular disease risk? *Nutr Rev* 2001;59(7):242-4.

Morrow, B. The rebirth of legumes. *Food Technol* 1991;45(4):96-101.

Schafer, G., et al. Comparison of the effects of dried peas with those of potatoes in mixed meals on postprandial glucose and insulin concentrations in patients with type 2 diabetes. *Am J Clin Nutr* 2003:78(1):99-103.

Shutler, S.M., et al. The effect of daily baked bean (*Phaseolus vulgaris*) consumption on the plasma lipid levels of young, normo-cholesterolemic men. *Br J Nutr* 1989:61:257-63.

Slattery, M.L, et al. Plant foods and colon cancer: an assessment of specific foods and their related nutrients (United States). *Cancer Causes Control* 1997:8:575-90.

van Horn, L. Fiber, lipids. and coronary heart disease: a statement for healthcare professionals from the Nutrition Committee. American Heart Association. *Circulation* 1997:95:2701-4.

Vinson, J.A., et al. Phenol antioxidant quantity and quality in foods: vegetables. *J Agric Food Chem* 1998;46(9):3630-34.

Naranja

Amparo, C., et al. Limonene from citrus. En: *Functional Foods: Biochemical and Processing Aspects*, vol. 2. Shi, J., Mazza, G., Le Maguer, M., eds. CRC Press LLC 2002:169-88.

Block, G., et al. Ascorbic acid status and subsequent diastolic and systolic blood pressure. *Hypertension* 2001:37:261-67.

Crowell, P.L. Prevention and therapy of cancer by dietary monoterpenes. *J Nutr* 1999:129(3):775S-8S.

Gey, K.F., et al. Increased risk of cardiovascular disease at suboptimal plasma concentrations of essential antioxidants: an epidemiological update with special attention to carotene and vitamin C. *Am J Clin Nutr* 1993:57(suppl):787S-97S.

Gil-Izquierdo, A., et al. Effect of processing techniques at industrial scale on orange juice antioxidant and beneficial health compounds. *J Agric Food Chem* 2002:50(18):5107-14.

Girard, B., et al. Functional grape and citrus products. En: *Functional Foods Biochemical & Processing Aspects*. Mazza, G., ed., Lancaster, PA: Technomic Publishing Company, Inc. 1998:139-92.

Hakim, I.A., et al. Citrus peel use is associated with reduced risk of squamous cell carcinoma of the skin. *Nutr Cancer* 2000;37(2):161-8.

Hallberg, L., et al. Effect of ascorbic acid on iron absorption from different types of meals. Studies with ascorbic acid rich roods and synthetic ascorbic acid given in different amounts in different meals. *Hum Nutr Appl Nutr* 1986:40:97-113.

Halliwell, B. Vitamin C and genomic stability. *Mutat Res* 2001 ;475(1-2):29-35.

Jacques, P.P., et al. Long-term vitamin C supplement use and prevalence of early age-related lens opacities. *Am J Clin Nutr* 1997:66:911-6.

Johnston, C.S., et al. People with marginal vitamin C status are at high risk of developing vitamin C deficiency. *J Am Diet Assoc* 1999;99(7):854-6.

Johnston, C.S., et al. Stability of ascorbic acid in commercially available orange juices. *J Am Diet Assoc* 2002:102:525-9.

Leonard, S.S., et al. Antioxidant properties of fruit and vegetable juices: more to the story than ascorbic acid. *Ann Clin Lab Sci* 2002;332(2):193-200.

Levine, M., et al. Criteria and recommendations for vitamin C intake. *JAMA* 1999;281(i5):1415-23.

Liu, L., et al. Vitamin C preserves endothelial function in patients with coronary heart disease after a high-fat meal. *Clin Cardiology* 2002;25:219-24.

Loria, C.M., et al. Vitamin C status and mortality in US adults. *Am J Clin Nutr* 2000:72(1): 139-45.

Martini, L., et al. Relative bioavailability of calcium-rich dietary sources in the elderly. *Am J Clin Nutr* 2002;76(6):1345-50.

Nagy, S. Vitamin C contents of citrus fruit and their products: a review. *J Agric Food Chem* 1980; 28(1):8-18.

Proteggente, A.R., et al. The antioxidant activity of regularly consumed fruit and vegetables reflects their phenolic and vitamin C composition. *Free Radic Res* 2002:36(2):217-33.

Tangpricha, V., et al. Fortification of orange juice with vitamin D: a novel approach for enhancing vitamin D nutritional health. *Am J Clin Nutr* 2003:77(6):1478-83.

Vinson, J.A., et al. In vitro and in vivo lipoprotein antioxidant effect of a citrus extract and ascorbic acid on normal and hypercholesterolemic human subjects. *J Med Food* 2001:4(4):187-92.

Wang, Q., et al. Pectin from fruits. En: *Functional Foods: Biochemical and Processing Aspects*, vol. 2. Shi, J., Mazza, G., Le Maguer M., eds., CRC Press LLC 2002:263-310.

Nueces del nogal

Ahsan, S.K. Magnesium in health and disease. *J Pak Med Assoc* 1998:48:246-50.

Albert, C.M., et al. Nut consumption and decreased risk of sudden cardiac death in the Physicians' Health Study. *Arch Intern Med* 2002:162(12):1382-7.

Albert, C.M., et al. Nut consumption and the risk of sudden and total cardiac death in the Physicians' Health Study. *Circulation* 1999;98(suppl 1):1-582.

Ascherio, A., et al. Intake of potassium, magnesium, calcium and fiber and risk of stroke among US men. *Circulation* 1998:98:1198-1204.

Awad, A.B., et al. Phytosterols as anticancer dietary components: evidence and mechanism of action. *J Nutr* 2000:130:2127-30.

Devaraj, S., et al. gamma-Tocopherol, the new vitamin E? *Am J Clin Nutr* 2003:77(3):530-1.

Dixon, L.B., et al. Choose a diet that is low in saturated fat and cholesterol and moderate in total fat: subtle changes to a familiar message. *J Nutr* 2001:131 (2S-1):510S-26S.

Feldman, E.B. The scientific evidence for a beneficial health relationship between walnuts and coronary heart disease. *J Nutr* 2002;132(5):1062S-1101S.

Garg. M.L., et al. Macadamia nut consumption lowers plasma total and LDL cholesterol levels in hypercholesterolemic men. *J Nutr* 2003; 133:1060-3.

Hu, F.B., et al. Dietary fat intake and the risk of coronary heart disease in women. *N Engl Med* 1997:337:1491-9.

Jiang, R., et al. Nut and peanut butter consumption and risk of type 2 diabetes in women. *JAMA* 2002;288(20):2554-60.

Kris-Etherton, P.M., et al. High-monounsaturated fatty acid diets lower both plasma cholesterol and tricylglycerol concentrations. *Am J Clin Nutr* 1999; 70:1009-15.

Kris-Etherton, P.M., et al. Nuts and their bioactive constituents: effects on serum lipids and other factors that affect disease risk. *Am J Clin Nutr* 1999;70(suppl): 504S-11S.

Kris-Etherton, P.M., et al. Recent discoveries in inclusive food-based approaches and dietary patterns for reduction in risk for cardiovascular disease. *Curr Opin Lipidol* 2002:13(4):397-407.

Liu, M., et al. Mixed tocopherols inhibit platelet aggregation in humans: potential mechanisms. *Am J Clin Nutr* 2003;77(3):700-50.

Lovejoy, J.C., et al. Effect of diets enriched in almonds on insulin action and serum lipids in adults with normal glucose tolerance or type 2 diabetes. *Am J Clin Nutr* 2002;76(5):1000-6.

Morgan, W.A., et al. Pecans lower low-density lipoprotein cholesterol in people with normal lipid levels. *J Am Diet Assoc* 2000; 100:312-8.

Morris, M.C., et al. Dietary intake of antioxidant nutrients and the risk of incident Alzheimer disease in a biracial community study. *JAMA* 2002;287(24):3223-9.

Ostlund, R.E., et al. Effects of trace components of dietary fat on cholesterol metabolism: phytosterols, oxysterols, and squalene. *Nutr Rev* 2002:60(11): 349-59.

Sabate, J. Nut consumption, vegetarian diets, ischemic heart disease risk, and all cause mortality: evidence from epidemiologic studies. *Am J Clin Nutr* 1999:70(suppl):500S-3S.

Spiller, G.A., et al. Nuts and plasma lipids: an almond-based diet lowers LDL-C while preserving HDL-C. *J Am Coll Nutr* 1998:17:285-90.

Stewart, J.R., et al. Resveratrol: a candidate nutritional substance for prostate cancer prevention. *J Nutr* 2003; 133(7S):2440S-3S.

Venho, B., et al. Arginine intake, blood pressure, and the incidence of acute coronary events in men: the Kuopio Ischaemic Heart Disease Risk Factor Study. *Am J Clin Nutr* 2002;76(1):359-64.

Watkins, T.R., et al. Tocotrienols: biological and health effects. En: *Antioxidant Status, Diet, Nutrition and Health.* Papas. A.M., ed. CRC Press. 1999:479-96.

Pavo (pechuga sin piel)

Anderson, J.J.B., et al. High protein meals, insular hormones and urinary calcium excretion in human subjects. En: *Osteoporosis.* Christiansen. C., Johansen, J.S., Riis, B.D., eds. Viborg, Dinamarca: Nerhaven A/S, 1987:240-5.

Bell, J., et al. Elderly women need dietary protein to maintain bone mass. *Nutr Rev* 2002:60(10, part 1):337-41.

Bingam, S.A. High meat diets and cancer risk. *Proc Nutr Soc* 1999;58(2):243-8.

Clark, L.C., et al. Effects of selenium supplementation for cancer prevention in patients with carcinoma of the skin: a randomized controlled trial. Nutritional Prevention of Cancer Study Group. *JAMA* 1996:276:195 7-6 3.

Cordain, L., et al. Plant-animal subsistence ratios and macronutrient energy estimations in worldwide hunter-gatherer diets. *Am J Clin Nutr* 2000; 71:682-92.

Eaton, S.B., et al. An evolutionary perspective enhances understanding of human nutritional requirements. *J Nutr* 1996:126:1732-40.

Eaton, S.B., et al. Paleolithic nutrition: a consideration of its nature and current implications. *N Engl J Med* 1985:312:283-9.

Eaton, S.B., et al. Paleolithic nutrition revisited: a twelve-year retrospective on its nature and implications. *Eur J Clin Nutr* 1997:51:207-16.

Eisenstein, J., et al. High-protein weight-loss diets: are they safe and do they work? A review of the experimental and epidemiologic data. *Nutr Rev* 2002:60(7); 189-200.

Fung, T., et al. Major dietary patterns and the risk of colorectal cancer in women. *Arch Int Med* 2003;163(3):309-14.

Hamer, D.H., et al. From the farm to the kitchen table: the negative impact of anti-microbial use in animals on humans. *Nutr Rev* 2002;60(8):261-4.

Morris, M.C., et al. Dietary fats and the risk of incident Alzheimer disease. *Arch Neurol* 2003;60(2):194-200.

Norat, T., et al. Meat consumption and colorectal cancer: a review of epidemiologic evidence. *Nutr Rev* 2001;59(2);37-47.

Norrish, A.E., et al. Heterocyclicamine content of cooked meat and risk of prostate cancer. *J Natl Cancer Inst* 1999:91(23):2038-44.

O'Dea, K. Traditional diet and food preferences of Australian aboriginal hunter-gatherers. *Philos Trans R Soc Lond B Biol Sci* 1991;334:233-41.

Pawlosky, R.J., et al. Effects of beef- and fish-based diets on the kinetics of n-3 fatty acid metabolism in human subjects. *Am J Clin Nutr* 2003; 77(3)565-72.

Peregrin, T. Limiting the use of antibiotics in livestock: helping your patients understand the science behind the issue. *J Am Diet Assoc* 2002;102(6):768.

Promislow, J., et al. Protein consumption and bone mineral density in the elderly: the Rancho Bernardo study. *Am J Epidemiol* 2002:155:636-44.

Thorogood, M., et al. Risk of death from cancer and ischemic heart disease in meat and non-meat eaters. *BMJ* 1994:308:1667-70.

Salmón silvestre

Albert, C.M., et al. Fish consumption and risk of sudden cardiac death. *JAMA* 1998:279:23-8.

Bhatnagar, D., et al. Omega-3 fatty acids: their role in the prevention and treatment of atherosclerosis related risk factors and complications. *Int J Clin Pract* 2003;57(4):305-14.

Calvo, M.S., et al. Prevalence of vitamin D insufficiency in Canada and the United States: importance to health status and efficacy of current food fortification and dietary supplement use. *Nutr Rev* 2003;61(3):107-13.

Canada Food Inspection Fact Sheet. Food safety facts on mercury and fish consumption. Disponible en: http://www.inspection.gc.ca/english/corpaffr/food-facts/mercurye/shtml. Visto el 26 de junio de 2002.

Conquer, J., et al. Human health effects of docosahexaenoic acid. En: *Functional Foods: Biochemical and Processing Aspects*, vol. 2. Shi. J., Mazza. G., Le Maguer, M., eds. CRC Press LLC 2002: 311-30.

Cunningham-Rundles, S. Is the fatty acid composition of immune cells the key to normal variations in human immune response? *Am J Clin Nutr* 2003:77(5): 1096-7.

Dewailly, E., et al. Cardiovascular disease risk factors and n-3 fatty acid status in the adult population of James Bay Cree. *Am J Clin Nutr* 2002;76(i):85-92.

Dewailly. E., et al. n-3 Fatty acids and cardiovascular disease risk factors among the Inuit of Nunavik. *Am J Clin Nutr* 2001;74(4):464-73.

Doleckk, T.A., et al. Dietary polyunsaturated fatty acids and mortality in the multiple risk factor intervention trial (MRFIT). *World Rev Nutr Diet* 1991:66:205-16.

Fouike, J.E. Mercury in fish: cause for concern? *FDA Consumer*, Sept. 1994. Visto en la página web de PDA en http://www.fda.gov/fdac/reprints/mercury.html.

Freedman, D.M., et al. Sunlight and mortality from breast, ovarian, colon, prostate, and non-melanoma skin cancer: a composite death certificate based case-control study. *Occ Environ Med* 2002:59:257-62.

Freeman, M.P. Omega-3 fatty acids in psychiatry: a review. *Ann Clin Psychiat* 2000;2(3):159-65.

Harris, W.S. n-3 Long-chain polyunsaturated fatty acids reduce risk of coronary heart disease death: extending the evidence to the elderly. *Am J Clin Nutr* 2003; 77(2):279-80.

Holick, M.F. Vitamin D: the underappreciated D-lightful hormone that is important for skeletal and cellular health. *Curr Opin Endocrinol Diabetes* 2002:9:87-98.

Jones, P.J.H., et al. Effect of n-3 polyunsaturated fatty acids on risk reduction of sudden death. *Nutr Rev* 2002:60(12):407-9.

Kew, S., et al. Relation between the fatty acid composition of peripheral blood mononuclear cells and measures of immune cell function in healthy, free-living subjects aged 25-72 y. *Am J Clin Nutr* 2003;77(5):1278-86.

Kris-Etherton, P.M., et al. Fish consumption, fish oil, omega-3 fatty acids and cardiovascular disease. *Circulation* 2002:106:2747-57.

Lemaitre, R.N., et al. n-3 Polyunsaturated fatty acids, fatal ischemic heart disease, and nonfatal myocardial infarction in older adults: the Cardiovascular Health Study. *Am J Clin Nutr* 2003;77(2):319-25.

Lewis, N.M., et al. Enriched eggs as a source of n-3 polyunsaturated fatty acids for humans. *Poult Sci* 2000;79(7):971-4.

Morris, M.C., et al. Does fish oil lower blood pressure? A meta-analysis of controlled trials. *Circulation* 1993:88:523-33.

Rose, D.P., et al. Omega-3 fatty acids as cancer chemopreventive agents. *Pharmacol Ther* 1999;83(3):217-44.

Stoll, A.L. *The Omega 3 Connection*. Nueva York: Simon & Schuster, 2001, 24.

Terry, P.D., et al. Intakes of fish and marine fatty acids and the risks of cancers of the breast and prostate and of other hormone-related cancers: a review of the epidemiologic evidence. *Am J Clin Nutr* 2003; 77(3):53 2-4 3.

Tidow-Kebritchi, S., et al. Effects of diets containing fish oil and vitamin E on rheumatoid arthritis. *Nutr Rev* 2001:59(10):335-7.

Vanschoonbeek, K., et al. Fish oil consumption and reduction of arterial disease. *J Nutr* 2003;133(3):657-60.

Woodman, R.J., et al. Effects of purified eicosapentaenoic and docosahexaenoic acids on glycemic control, blood pressure, and serum lipids in type 2 diabetic patients with treated hypertension. *Am J Clin Nutr* 2002;76(5):1007-15.

Ziboh, V.A. The significance of polyunsaturated fatty acids in cutaneous biology. *Lipids* 1996;31(suppl):S249-S53.

Soya

Adiercreutz, H.H., et al. Plasma concentrations of phytoestrogens in Japanese men. *Lancet* 1993:342:1209-10.

Anderson, J.W., et al. Soy foods and health promotion. En: *Vegetables, Fruits, and Herbs in Health Promotion*. Watson, R.R,. ed. CRC Press: 2001:117-34.

Anderson, J.W. Meta-analysis of the effects of soy protein intake on serum lipids. *N Engl Med* 1995;333(5):276-82.

Bhathena, S.J., et al. Beneficial role of dietary phytoestrogens in obesity and diabetes. *Am J Clin Nutr* 2002;76(6):1191-1201.

Chang, S.K.C. Isoflavones form soybeans and soy foods. En: *Functional Foods: Biochemical and Processing Aspects*, vol. 2. Shi, J., Mazza, G., Le Maguer, M., eds. CRC Press LLC 2002: 39-70.

Dwyer, J.T., et al. Tofu and soy drinks contain phytoestrogens. *J Am Diet Assoc* 1994;94(7):739-43.

Erdman, J.W., Jr. AHA science advisory: soy protein and cardiovascular disease: a statement for healthcare professionals from the Nutrition Committee of the AHA. *Circulation* 2000;102(20):2555-9.

Haub, M.D., et al. Effect of protein source on resistive-training-induced changes in body composition and muscle size in older men. *Am J Clin Nutr* 2002:76(3): 511-7.

Jenkins, D.J.A., et al. Effects of high- and low-isoflavone soyfoods on blood lipids, oxidized LDL, homocysteine, and blood pressure in hyperlipidemic men and women. *Am J Clin Nutr* 2002; 76(1):365-72.

Kreijkamp-Kaspers, S., et al. Phyto-oestrogens and cognitive function. En: *Performance Functional Foods*. Watson, D.H., ed. CRC Press, Woodhead Publishing Limited, 2003:61-77.

Matvienko, O.A, et al. A single daily dose of soybean phytosterols in ground beef decreases serum total cholesterol and LDL cholesterol in young, mildly hypercholesterolemic men. *Am J Clin Nutr* 2002;76(1):57-64.

Messina, M., et al. Provisional recommended soy protein and isoflavones intakes for halthy adults. *Nutr Today* 2003:38(3):100-9.

Messina, M.J. Emerging evidence on the role of soy in reducing prostate cancer risk. *Nutr Rev* 2003;61(4):117-31.

Messina, M. Legumes and soybeans: overview of their nutritional profiles and health effects. *Am J Clin Nutr* 1999:70(3 suppl):439S-50S.

Messina, M.J., et al. Soy intake and cancer risk: a review of the in vitro and in vivo data. *Nutrition and Cancer* 1994:21(2)113-31.

Munro, I.C., et al. Soy isoflavones: a safety review. *Nutr Rev* 2003;61(1):1-33.

Nagata, C., et al. Soy product intake is inversely associated with serum homocysteine level in premenopausal Japanese women. *J Nutr* 2003:133(3): 797-800.

Ogura, C.H., et al. Prevalence of senile dementia in Okinawa. *Intl J Epidem* 1995; 24:373-80.

Sass, L. *The New Soy Cookbook*. San Francisco, CA: Chronicle Books. 1998.

Setchell, K.D.R., et al. Bioavailability, disposition, and dose-response effects of soy isoflavones when consumed by healthy women at physiologically typical dietary intake. *J Nutr* 2003; 133 (4): 1027-35.

Shurtleff, W., et al. *The Book of Tofu*. Berkeley, CA: Ten Speed Press, 1998. 21.

Steinberg, P.M., et al. Soy protein with isoflavones has favorable effects on endothelial function that are independent of lipid and antioxidant effects in healthy postmenopausal women. *Am J Clin Nutr* 2003:78(1):123-30.

Té

Ahmad, N., et al. Antioxidants in chemoprevention of skin cancer. *Curr Probi Dermatol* 2001:29:128-39.

Ahmad, N., et al. Green tea polyphenols and cancer: biologic mechanisms and practical implications. *Nutr Rev* 1999;57(3):78-83.

Arab, L. Tea and prevention of prostate, colon and rectal cancer. Third international scientific symposium on tea and human health: role of flavonoids in the diet. Washington, DC: United States Department of Agriculture, September 23, de 2002.

Bell, S.J., et al. A functional food product for the management of weight. *Crit Rev Food Sci Nutr* 2002:42(2): 163-78.

Benzie, I., et al. Consumption of green tea causes rapid increase in plasma antioxidant power in humans. *Nutr Cancer* 1999;34:83-87.

Cao, Y., et al. Antiangiogenic mechanisms of diet-derived polyphenols. *J Nutr Biochem* 2002:13(7):380-90.

Chung, F. Tea in cancer prevention: studies in animals and humans. Third international scientific symposium on tea and human health: role of flavonoids in the diet. Washington, DC: Departmento de Agricultura de Estados Unidos, septiembre 23 de 2002.

Duffy, S.J., et al. Short- and long-term black tea consumption reverses endothelial dysfunction in patients with coronary artery disease. *Circulation* 2001; 104:151-6.

Geleijnse, J.M., et al. Inverse association of tea and flavonoid intakes with incident myocardial infarction: the Rotterdam Study. *Am J Clin Nutr* 2002;75(5):880-6.

Geleijnse, J.M., et al. Tea flavonoids may protect against atherosclerosis: the Rotterdam Study. *Arch Intern Med* 1999;159(18):2170-4.

Hakim, I. Tea and cancer: epidemiology and clinical studies. Third international scientific symposium on tea and human health: role of flavonoids in the diet. Washington, DC: United States Department of Agriculture, September 23, 2002.

Hegarty, V.M., et al. Tea drinking and bone mineral density in older women. *Am J Clin Nutr* 2000; 71:1003-7.

McKay, D., et al. The role of tea in human health: an update. *J Am Coll Nutr* 2002; 21(1):1-13.

Mukamal, K., et al. Tea consumption and mortality after acute myocardial infarction. *Circulation* 2002:105:2476-81.

Nakayama, M., et al. Inhibition of influenza virus infection by tea. *Lett Appl Microbiol* 1990:11:38-40.

Olthof, M.R., et al. Chlorogenic acid, quercetin-3-rutinoside and black tea phenols are extensively metabolized in humans. *J Nutr* 2003;133(6):1806-14.

Serafini, M., et al. In vivo antioxidant effect of green and black tea in man. *Eur J Clin Nutr* 1996:50:28-32.

van het Hof, K.H., et al. Bioavailability of catechins from tea: the effect of milk. *Eur J Clin Nutr* 1998:52:356-9.

Yang, C.S., et al. Effects of tea consumption on nutrition and health. *J Nutr* 2000; 130(10):2409-12.

Zhu, Q.Y., et al. Regeneration of a-tocopherol in human low-density lipoprotein by green tea catechin. *J Agric Food Chem* 1999:47:2020-5.

Tomate

Beecher, G.R. Nutrient content of tomatoes and tomato products. *Proc Soc Exp Biol Med* 1998:218:98-100.

Edwards, A.J., et al. Consumption of watermelon juice increases plasma concentrations of lycopene and beta-carotene in humans. *J Nutr* 2003; 133(4):1043-50.

Ford, E.S., et al. Serum vitamins, carotenoids, and angina pectoris: findings from the National Health and Nutrition Examination Survey III. *Annals of Epidemiol* 2000;10(2):106-16.

Fuhrman, B., et al. Lycopene synergistically inhibits LDL oxidation in combination with vitamin E, glabridin, rosmarinic acid, carnosic acid, or garlic. *Antioxid Redox Signal* 2000:2:491-506.

Gartner, C., et al. Lycopene is more bioavailable from tomato paste than from fresh tomatoes. *Am J Clin Nutr* 1997:66:116-22.

Giovannucci, E. Tomatoes, tomato-based products, lycopene, and cancer: review of the epidemiologic literature, *J Natl Cancer Inst* 1999:91(4): 317-31.

Hadley, C.W., et al. The consumption of processed tomato products enhances plasma lycopene concentrations in association with a reduced lipoprotein sensitivity to oxidative damage. *J Nutr* 2003; 133(3): 727-32.

Khachik, P., et al. Lutein, lycopene, and their oxidative metabolites in chemoprevention of cancer. *J Cell Biochem* 1996;22(suppl):236-46.

Ribaya-Mercado, J.U., et al. Skin lycopene is destroyed preferentially over beta-carotene during ultraviolet irradiation in humans. *J Nutr* 19 95:125(7): 1854-9.

Riso, P., et al. Tomatoes and health promotion. En: *Vegetables. Fruits, and Herbs in Health Promotion*. Watson, R.R.. ed. CRC Press;2001:45-70.

Rissanen, T.H., et al. Low serum lycopene concentration is associated with an excess incidence of acute coronary events and stroke: the Kuopio Ischaemic Heart Disease Risk Factor Study. *Br J Nutr* 2001:85(6): 749-54.

Snowdon, D.A., et al. Antioxidants and reduced functional capacity in the elderly: findings from the Nun Study. *J Gerontol Med Sci* 1996:51A(1):M10-6.

Stahl, W., et al. Carotenoid mixtures protect multilamellar liposomes against oxidative damage: synergistic effects oflycopene and lutein. *FEBS Lett* 1998:427:305-8.

Stahl, W., et al. Dietary tomato paste protects against ultraviolet light-induced erythema in humans. *J Nutr* 2001;131(5): 1449-51.

Stewart, A.J., et al. Occurrence of flavonols in tomatoes and tomato-based products. *J Agric Food Chem* 2000:48:2663-9.

Upritchard, J.E., et al. Effect of supplementation with tomato juice, vitamin E, and vitamin C on LDL oxidation and products of inflammatory activity in type 2 diabetes. *Diabetes Care* 2000;23(6):733-8.

Zhang, S., et al. Measurement of retinoids and carotenoids in breast adipose tissue and a comparison of concentrations in breast cancer cases and control subjects. *Am J Clin Nutr* 1997:66:626-32.

Yogur

Bornet, F.R.J, et al. Immune-stimulating and gut health-promoting properties of short-chain fructo-oligosaccharides. *Nutr Rev* 2002:60(10, part 1):326-34.

Chan, J.M., et al. Dairy products, calcium, and prostate cancer risk in the Physicians' Health Study. *Am J Clin Nutr* 2001;74(4):549-54.

Duggan, C., et al. Protective nutrients and functional foods for the gastrointestinal tract. *Am J Clin Nutr* 2002; 75(5): 789-808.

Fortes, C., et al. Diet and overall survival in a cohort of very elderly people. *Epidemiol* 2000:11(4):440-5.

Gill, H.S., et al. Enhancement of immunity in the elderly by dietary supplementation with the probiotic *Bifidobacterium lactis* HN019. *Am J Clin Nutr* 2001:74(6):833-9.

Gluck, U., et al. Ingested probiotics reduce nasal colonization with pathogenic bacteria (Staphylococcus aureus, Streptococcus pneumoniae, and beta-hemolytic streptococci). *Am J Clin Nutr* 2003;77(2):517-20.

Heaney, R.P., et al. Effect of yogurt on a urinary marker of bone resorption in postmenopausal women. *J Am Diet Assoc* 2002; 102:1672-4.

Hilton, E., et al. Ingestion of yogurt containing Lactobacillus acidophilus as prophylaxis for candidal vaginitis. *Ann Intern Med* 1992:116(5):353-7.

Hooper, L.V., et al. How host-microbial interactions shape the nutrient environment of the mammalian intestine. En: *Annual Review of Nutrition*, vol. 22, 2002. McCormick. D.B., Bier, U., Cousins, R.J., eds., Palo Alto, CA: Annual Reviews; 283-308.

Isolauri, E. Probiotics in human disease. *Am J Clin Nutr* 2001:73(6, suppl):1142S-6S.

Jelen, P., et al. Functional milk and dairy products. En: *Functional Foods Biochemical & Processing Aspects*. Mazza, G., ed., Lancaster, PA: Technomic Publishing Company, Inc., 1998:357-80.

Kaur, N., et al. Applications ofinulin and oligofructose in health and nutrition. *J Biosci* 2002;27(7):703-14.

Kent, K.D., et al. Effect of whey protein isolate on intracellular glutathione and oxidant-induced cell death in human prostate epithelial cells. *Toxicol In Vitro* 2003;17(1):27-33.

Liska, D., et al. Gut restoration and chronic disease. *JANA* 2002:5(4):20-33.

Madden, J.A., et al. A review of the role of the gut microflora in irritable bowel syndrome and the effects of probiotics. *Brit J Nutr* 2002:88(suppl 1):S67-S72.

Mann, G.V., et al. Studies of a surfactant and cholesteremia in the Maasai. *J Nutr* 1974:27:464-9.

Mitral, B.K., et al. Anticarcinogenic, hypo-cholesterolemic, and antagonistic activities of lactobacillus acidophilus. *Crit Rev Microbiol* 1995; 21(3): 175-214.

Perdigon, G., et al. Antitumour activity of yogurt: study of possible immune mechanisms. *J Dairy Res* 1998:65(1):129-38.

Rachid, M.M., et al. Effect of yogurt on the inhibition of an intestinal carcinoma by increasing cellular apoptosis. *Int J Immunopathol Pharmacol* 2002; 15(3): 209-16.

Saavedra, J.M. Clinical applications of probiotic agents. *Am J Clin Nutr* 2001:73 (6, suppl):1147S-51S.

Salminen, S., et al. Demonstration of safety of probiotics—a review. *Int J Food Microbiol* 1998:44:93-106.

Sanders, M.E. Probiotics: considerations for human health. *Nutr Rev* 2003;61(3):91-9.

Seppo, L., et al. A fermented milk high in bioactive peptides has a blood pressure-lowering effect in hypertensive subjects. *Am J Clin Nutr* 2003;77(2):326-30.

Teitelbaum, J.E. et al. Nutritional impact of pre- and probiotics as protective gastrointestinal organisms. En: *Annual Review of Nutrition*, vol. 22, 2002. McCormick, D.B., Bier., D. Cousins, R.J., eds., Palo Alto, CA: Annual Reviews, 107-38.

Wong, C. W., et al. Immunomodulatory effects of dietary whey proteins in mice. *J Dairy Res* 1995;62(2):359-68.

Índice